ବ୍ୟାବହାରିକ ବୈଦିକ ଗଣିତ

(ପ୍ରଥମ ଭାଗ)

ବ୍ୟାବହାରିକ ବୈଦିକ ଗଣିତ

(ପ୍ରଥମ ଭାଗ)

ଡକ୍ଟର ନଳିନୀକାନ୍ତ ମିଶ୍ର

ବ୍ଲାକ୍ ଇଗଲ୍ ବୁକ୍ସ
ଭୁବନେଶ୍ୱର, ଓଡ଼ିଶା

BLACK EAGLE BOOKS
Dublin, USA

ବ୍ୟାବହାରିକ ବୈଦିକ ଗଣିତ / ଡକ୍ଟର ନଳିନୀକାନ୍ତ ମିଶ୍ର

ବ୍ଲାକ୍ ଇଗଲ୍ ବୁକ୍ସ : ଭୁବନେଶ୍ୱର, ଓଡ଼ିଶା ● ଡବ୍ଲିନ୍, ଯୁକ୍ତରାଷ୍ଟ୍ର ଆମେରିକା

BLACK EAGLE BOOKS

USA address:
7464 Wisdom Lane
Dublin, OH 43016

India address:
E/312, Trident Galaxy, Kalinga Nagar,
Bhubaneswar-751003, Odisha, India

E-mail: info@blackeaglebooks.org
Website: www.blackeaglebooks.org

First International Edition Published by
BLACK EAGLE BOOKS, 2024

BYABAHARIK BAIDIKA GANITA
by **Dr. Nalinikanta Mishra**

Copyright © **Nalinikanta Mishra**

All rights reserved. No part of this publication may be reproduced, stored in a retrieval system, or transmitted, in any form or by any means, electronic, mechanical, photocopying, recording or otherwise without the prior permission of the publisher.

Cover & Interior Design: Ezy's Publication

ISBN- 978-1-64560-555-3 (Paperback)

Printed in the United States of America

ଉପକ୍ରମଣିକା

'ବେଦ' ପ୍ରାୟ ଛ'ହଜାର ବର୍ଷ ତଳେ ଲିଖିତ ବା ଆପାତ ଦୃଷ୍ଟିରେ ଉର୍ଦ୍ଧ୍ୱରୁ ନିସୃତ ଏକ ଉନ୍ନତ ତଥା ବିକଶିତ ଏବଂ ପୁରାତନ ସାହିତ୍ୟ, ଯାହା ଅନନ୍ୟ ଏବଂ ଅସାଧାରଣ। କେବଳ ସେତିକି ନୁହେଁ, ଜୀବନ ଦର୍ଶନର ସର୍ବଶେଷ ବ୍ୟାଖ୍ୟା ଦେଉଥିବା ଏହି ସାହିତ୍ୟ ଅନ୍ୟ କୌଣସି ବିଭାଗ (Aspect)କୁ ଅଣଦେଖା କରିନାହିଁ; ଯଥା - ଆଧ୍ୟାତ୍ମିକତା, ଗଣିତ, ବିଜ୍ଞାନ, ରାଜନୀତି, ଧର୍ମ ଏବଂ ଅନେକ କିଛି।

'ବୈଦିକ ଗଣିତ' ବେଦର ଏକ ନିର୍ଦ୍ଦିଷ୍ଟ ଆଭିମୁଖ୍ୟକୁ ପ୍ରକାଶ କରିଥାଏ; ଯାହାକୁ ଆମେ ଗଣିତ (Mathematics) କହୁ। କଳନା ଏବଂ ଗଣନା କେଉଁ ଆଦିମ କାଳରୁ ଚାଲି ଆସିଥିବା ଏକ ପ୍ରକ୍ରିୟା ଯାହା ମଣିଷର ଜିଜ୍ଞାସା ଏବଂ ଜିଗୀଷାକୁ ଏ ଯାବତ୍ ଉଜ୍ଜୀବିତ କରିରଖିଛି। ବିଜ୍ଞାନ, ଦର୍ଶନ ଏବଂ ଜୀବନର ଅନେକ ଅନୁଦ୍‌ଘାଟିତ ଏବଂ ଉଦ୍‌ଘାଟିତ ସତ୍ୟ ଏହାରି ଉପରେ ନିର୍ଭର କରିଆସିଛି। ଆଜିର ଗଣିତ (Modern Mathematics) ମଧ୍ୟ ସମାନ ଭାବରେ ଏହାରି ଉପରେ ନିର୍ଭରଶୀଳ। ଏହା ମଧ୍ୟ ଏକ ପରମ ବିସ୍ମୟ ଯେ, ଏ ସବୁ ଜଟିଳ ଗାଣିତିକ ସମସ୍ୟା ସବୁର ସରଳସୂତ୍ର, ବେଦ ଭଳି ଏକ ସର୍ବପୁରାତନ ସାହିତ୍ୟ ଭିତରେ ଥାଇପାରେ।

ପ୍ରସ୍ତାବନା

ପୁରୀସ୍ଥିତ ଗୋବର୍ଦ୍ଧନପୀଠର ମହାମହିମ ଜଗଦ୍‌ଗୁରୁ ଶଙ୍କରାଚାର୍ଯ୍ୟ ଶ୍ରୀ ଭାରତୀକୃଷ୍ଣ ତୀର୍ଥଜୀ ମହାରାଜ (୧୮୮୪ - ୧୯୬୦)ଙ୍କ ଦ୍ୱାରା ପୁନଃ ଆବିଷ୍କୃତ (ଅଥର୍ବ ବେଦ) ଷୋଳଗୋଟି ଗାଣିତିକ ସୂତ୍ର ଏବଂ ତେରଗୋଟି ଉପସୂତ୍ର ସମ୍ବଳିତ ଗାଣିତିକ କାର୍ଯ୍ୟ ସମ୍ପାଦିତ ହୋଇଥିଲା। ଉକ୍ତ ସୂତ୍ର ଏବଂ ସେଗୁଡ଼ିକର ଉପସୂତ୍ର ବା ଅନୁସିଦ୍ଧାନ୍ତଗୁଡ଼ିକ ବିଷୟବସ୍ତୁ ଉପସ୍ଥାପନାର ଅବ୍ୟବହିତ ପୂର୍ବରୁ ଉଲ୍ଲିଖିତ କରାଯାଇଛି; ଯାହା ଆଧାରରେ ପାରମ୍ପରିକ ବା ଗତାନୁଗତିକ ପ୍ରଣାଳୀ ସମୂହକୁ ଗୁରୁତ୍ୱ ନଦେଇ ଗାଣିତିକ ସମସ୍ୟାର ତ୍ୱରିତ ସମାଧାନ ପ୍ରଣାଳୀକୁ ଏ ପୁସ୍ତକ 'ବ୍ୟାବହାରିକ ବୈଦିକ ଗଣିତ'(ପ୍ରଥମ ଭାଗ)ରେ ସନ୍ନିବେଶିତ କରାଯାଇପାରିଛି। ଉକ୍ତ ପୁସ୍ତକରେ ମୁଖ୍ୟତଃ ବିଭିନ୍ନ ବୈଦିକ ଗାଣିତିକ ସୂତ୍ର ଏବଂ ଜଟିଳ ଗାଣିତିକ କାର୍ଯ୍ୟକୁ ମାନସିକ ସ୍ତରରେ ସମ୍ପାଦନ କରାଇବା କ୍ଷେତ୍ରରେ ଉକ୍ତ ସୂତ୍ରଗୁଡ଼ିକର ପ୍ରୟୋଗ ସମ୍ବନ୍ଧୀୟ ଆଲୋଚନା ଅନ୍ତର୍ଭୁକ୍ତ। ଏ ପୁସ୍ତକରେ ଅଣପାରମ୍ପରିକ ପଦ୍ଧତି ସମ୍ବନ୍ଧୀୟ ବିଶଦ ଆଲୋଚନା କରିବାର ଚେଷ୍ଟା କରାଯାଇଛି। ପ୍ରତ୍ୟେକ ବିଷୟବସ୍ତୁର ପ୍ରାରମ୍ଭରେ ପାଠକେ ପଦ୍ଧତିର ଅଣପାରମ୍ପରିକତା ସହ ଥରେ ପରିଚିତ ହୋଇଗଲେ, ପରବର୍ତ୍ତୀ ବିଷୟବସ୍ତୁର ଅଧ୍ୟୟନ କଲାବେଳେ ସେ ଆଉ ଜଟିଳତା ଅନୁଭବ କରିବେ ନାହିଁ, ଯାହା ଏ ପୁସ୍ତକ ରଚନାର ଏକ ମୁଖ୍ୟ ଉଦ୍ଦେଶ୍ୟ।

ଏ ପୁସ୍ତକରେ ଛାତ୍ରଛାତ୍ରୀଙ୍କର ଆବଶ୍ୟକତା ଅନୁଯାୟୀ ଅଧିକ ବିଷୟବସ୍ତୁକୁ ସନ୍ନିବେଶ କରାଯିବାର ଚେଷ୍ଟା କରାଯାଇଛି। ସେମାନଙ୍କର ଭବିଷ୍ୟତରେ କୌଣସି ପ୍ରତିଯୋଗିତାମୂଳକ ପରୀକ୍ଷା ନିମିତ୍ତ ସନ୍ନିବେଶ ହୋଇଥିବା ବିଷୟବସ୍ତୁଗୁଡ଼ିକ ନିଶ୍ଚିତ ଭାବରେ ସହାୟକ ହେବ ବୋଲି ଆଶା କରାଯାଇଛି। ଏତଦ୍ ବ୍ୟତୀତ ଉକ୍ତ ପୁସ୍ତକଟି 'ଉଚ୍ଚ ପ୍ରାଥମିକସ୍ତରରୁ ଆରମ୍ଭ କରି ଉଚ୍ଚ ମାଧ୍ୟମିକସ୍ତରର ଶିକ୍ଷାର୍ଥୀମାନଙ୍କ ପାଇଁ' ଗଣିତରେ ମାନସିକ ସ୍ତରର ଦକ୍ଷତା ଅଭିବୃଦ୍ଧିରେ ସହାୟକ ହେବ।

ସୂଚୀପତ୍ର

ଅଧ୍ୟାୟ	ବିଷୟ	ପୃଷ୍ଠା
ପ୍ରଥମ ଅଧ୍ୟାୟ :	ପରମମିତ୍ର ସଂଖ୍ୟା ଏବଂ ମିଶ୍ରାଙ୍କ (Complements and Mishrank)	1
ଦ୍ୱିତୀୟ ଅଧ୍ୟାୟ :	ଯୋଗ (Addition)	10
ତୃତୀୟ ଅଧ୍ୟାୟ :	ବିୟୋଗ (Subtraction)	22
ଚତୁର୍ଥ ଅଧ୍ୟାୟ :	ଗୁଣନ (Multiplication)	
	ଗୁଣନ -୧ (Multiplication-1)	42
	ଗୁଣନ - ୨ (Multiplication-2)	58
	ଗୁଣନ -୩ (Multiplication-3)	74
ପଞ୍ଚମ ଅଧ୍ୟାୟ :	ଭାଗ ପ୍ରକ୍ରିୟା (Division)	83
ଷଷ୍ଠ ଅଧ୍ୟାୟ :	ସଂଖ୍ୟାର ବର୍ଗ (Square of Numbers)	107
ସପ୍ତମ ଅଧ୍ୟାୟ :	ପୂର୍ଣ୍ଣବର୍ଗସଂଖ୍ୟାର ବର୍ଗମୂଳ (Squareroot of Perfect square Numbers)	130
ଅଷ୍ଟମ ଅଧ୍ୟାୟ :	ସଂଖ୍ୟାର ଘନ (Cube of Numbers)	141
ନବମ ଅଧ୍ୟାୟ :	ପୂର୍ଣ୍ଣ ଘନରାଶିର ଘନମୂଳ (Cuberoot of Perfect cube Numbers)	152
ଦଶମ ଅଧ୍ୟାୟ :	ବିଭାଜ୍ୟତା ଏବଂ ବେଷ୍ଟନ ପ୍ରକ୍ରିୟା (Divisibility and Osculation)	161
ଏକାଦଶ ଅଧ୍ୟାୟ :	ସାଂଖ୍ୟିକ ପ୍ରତିରୂପ (Number Patterns)	173
ଦ୍ୱାଦଶ ଅଧ୍ୟାୟ :	କୁହୁକବର୍ଗ (Magic Squares)	184
	ଉତ୍ତରମାଳା (Answers)	191

-୦-

ପ୍ରଥମ ଅଧ୍ୟାୟ
ପରମମିତ୍ର ସଂଖ୍ୟା ଏବଂ ମିଶ୍ରାଙ୍କ (ବିନ୍ କୁଲମ୍)
COMPLEMENTS AND MISHRANK (VINCULUM)

ସଂଖ୍ୟାଗଣିତରେ ଅଙ୍କ ଏବଂ ସଂଖ୍ୟାର ଉପଯୋଗିତା ଏବଂ ଆବଶ୍ୟକତା ଅତ୍ୟନ୍ତ ଗୁରୁତ୍ୱପୂର୍ଣ୍ଣ । ପ୍ରଥମେ ଅଙ୍କ ଏବଂ ଅଙ୍କ ମାଧ୍ୟମରେ ସଂଖ୍ୟାକୁ ଜାଣିବା । ସଂଖ୍ୟାରେ ଅଙ୍କର ସ୍ଥାନୀୟମାନ ଅନୁସାରେ ସଂଖ୍ୟାର ନାମକରଣ ମଧ୍ୟ କରିପାରିବା ।

ଆମେ ଜାଣିଛେ 0, 1, 2, 3, 4, 5, 6, 7, 8 ଓ 9 କୁ ଅଙ୍କ କୁହାଯାଏ । ଏଗୁଡ଼ିକୁ ଏକଅଙ୍କ ବିଶିଷ୍ଟ ସଂଖ୍ୟା କୁହାଯାଏ ଏବଂ ଏହାର ସଂଖ୍ୟା ଦଶ । ଯେଉଁଠାରେ ଏକଅଙ୍କ ବିଶିଷ୍ଟ କ୍ଷୁଦ୍ରତମ ଏବଂ ବୃହତ୍ତମ ଅଙ୍କଦ୍ୱୟ ଯଥାକ୍ରମେ 0 ଏବଂ 9 । ଉକ୍ତ ଅଙ୍କଗୁଡ଼ିକର ସହାୟତାରେ ବିଭିନ୍ନ ସଂଖ୍ୟା ଗଠନ କରିପାରିବା ।

ଆଧାର ସଂଖ୍ୟା ଏବଂ ପରମମିତ୍ର ସଂଖ୍ୟା :

(i) 1 ର ଦକ୍ଷିଣପାର୍ଶ୍ୱରେ କେବଳ 0 ଲାଗିଥିବା ସଂଖ୍ୟାଗୁଡ଼ିକୁ ଅଥବା 10 ଏବଂ ଏହାର ଘାତ 2, 3, 4... ଇତ୍ୟାଦି ସଂଖ୍ୟାଗୁଡ଼ିକୁ **ଆଧାର ସଂଖ୍ୟା** କୁହାଯାଏ; ଯଥା : 10, 100, 1000... ଇତ୍ୟାଦି । ଆବଶ୍ୟକତା ଅନୁଯାୟୀ ଆଧାର ସଂଖ୍ୟାକୁ ବ୍ୟବହାର କରାଯାଏ ।

(ii) ଯେଉଁ ଅଙ୍କ ଦ୍ୱୟର ଯୋଗଫଳ 10, ସେମାନେ ପରସ୍ପରର **ପୂରକ ବା ପରମମିତ୍ର** ଅଟନ୍ତି । ଅନ୍ୟ ଅର୍ଥରେ ସେ ଅଙ୍କ ଦ୍ୱୟକୁ **ପରମମିତ୍ର** ସଂଖ୍ୟା କୁହାଯାଏ ।

10 ଆଧାର ବିଶିଷ୍ଟ ଅଙ୍କଗୁଡ଼ିକ ମଧ୍ୟରୁ 9 ର ପରମମିତ୍ର 1, 8 ର ପରମମିତ୍ର 2, 7 ର ପରମମିତ୍ର 3, 6ର ପରମମିତ୍ର 4 ଏବଂ 5 ର ପରମମିତ୍ର 5 । କାରଣ $9 + 1 = 10, 8 + 2 = 10, 7 + 3 = 10, 6 + 4 = 10$ ଏବଂ $5 + 5 = 10$ ।

ପାଟୀଗଣିତ ବା ସଂଖ୍ୟାଗଣିତରେ ବଡ଼ ବଡ଼ ଅଙ୍କ ବା ସଂଖ୍ୟାକୁ ନେଇ ଭିନ୍ନ ଭିନ୍ନ ପ୍ରକ୍ରିୟା ସମ୍ପାଦନ କରିବା ଅପେକ୍ଷା ବଡ଼ ଅଙ୍କର ପରମମିତ୍ର ଅଙ୍କ ବା ସଂଖ୍ୟାକୁ ନେଇ ବିଭିନ୍ନ ଗାଣିତିକ ପ୍ରକ୍ରିୟା ସମ୍ପାଦନ କରିବା ସୁବିଧାଜନକ ହୋଇଥାଏ ।

ଦୁଇଅଙ୍କ ବିଶିଷ୍ଟ ସଂଖ୍ୟା କ୍ଷେତ୍ରରେ ନିକଟତମ ଆଧାର ଅନୁଯାୟୀ ସଂଖ୍ୟାର ପରମ ମିତ୍ର ସଂଖ୍ୟା ସ୍ଥିର କରିବା ।

87 ର ପରମମିତ୍ର ବା ପୂରକ ସଂଖ୍ୟା = $100 - 87 = 13$,
92 ର ପରମମିତ୍ର ସଂଖ୍ୟା = $100 - 92 = 08$ ଇତ୍ୟାଦି ।

ଏଠାରେ 100 ହେଉଛି ଉକ୍ତ ସଂଖ୍ୟାଗୁଡ଼ିକର ନିକଟତମ ଆଧାର । ବର୍ତ୍ତମାନ 93, 78, 867 ..... ଇତ୍ୟାଦିର ପୂରକ ସଂଖ୍ୟା ସ୍ଥିର କରିବା ।

93 ର ପୂରକସଂଖ୍ୟା = $100 - 93 = 07$ (100 ଆଧାର ସଂଖ୍ୟା)
78 ର ପୂରକସଂଖ୍ୟା = $100 - 78 = 22$ (100 ଆଧାର ସଂଖ୍ୟା)
867ର ପୂରକସଂଖ୍ୟା = $1000 - 867 = 133$ (1000 ଆଧାର ସଂଖ୍ୟା)

ପ୍ରକାଶ ଥାଉ କି ବିୟୋଗଫଳ ସହଜରେ ନିର୍ଣ୍ଣୟ ପାଇଁ '**ନିଖିଳଂ ନବତଃ ଚରମଂ ଦଶତଃ**' ବୈଦିକ ସୂତ୍ରର ଆବଶ୍ୟକତା ପଡ଼େ । ଏଥିପାଇଁ ପୂରକ ସଂଖ୍ୟା ନିର୍ଣ୍ଣୟର ଆବଶ୍ୟକତା ଅଛି ।

ବଡ଼ ସଂଖ୍ୟାର ପୂରକ ସଂଖ୍ୟା ନିର୍ଣ୍ଣୟ ଦ୍ୱାରା ହିସାବ ସହଜ ଓ ଶୀଘ୍ର ହୋଇଥାଏ ଏବଂ ପାଟୀଗାଣିତିକ ପ୍ରକ୍ରିୟାଗୁଡ଼ିକ ତର୍କସିଦ୍ଧ ତଥା କୌତୂହଳଜନକ ହୋଇଥାଏ ।

ପରବର୍ତ୍ତୀ ଅଧ୍ୟାୟମାନଙ୍କରେ ଏହାର ବିଶେଷ ପ୍ରୟୋଗ ସମ୍ବନ୍ଧରେ ଜାଣିବା ।

ମିଶ୍ରାଙ୍କ (Mishranka) :

(i) 'ମିଶ୍ରାଙ୍କ' ନିର୍ଣ୍ଣୟ କୌଶଳ ଏକ ଶକ୍ତିଶାଳୀ ଏବଂ ଅର୍ଥପୂର୍ଣ୍ଣ ପ୍ରଣାଳୀ, ଯାହା ମାଧ୍ୟମରେ 5 ରୁ ଅଧିକ ସଂଖ୍ୟା 6, 7, 8 ଓ 9 କୁ କ୍ଷୁଦ୍ରତର ସଂଖ୍ୟାକୁ ଯଥାକ୍ରମେ 4, 3, 2 ଓ 1 ରେ ପରିବର୍ତ୍ତନ କରାଯାଇଥାଏ।

5 ରୁ ଅଧିକ ଅଙ୍କମାନଙ୍କୁ 5 ରୁ କମ୍ ଅଙ୍କରେ ପ୍ରକାଶ କରି ହିସାବର ମାତ୍ରାକୁ କମ୍ କରାଯାଇଥାଏ।

(ii) ଉକ୍ତ ପରିବର୍ତ୍ତିତ ଅଙ୍କ ସମୂହ ମାଧ୍ୟମରେ ବିଭିନ୍ନ ଗାଣିତିକ ପ୍ରକ୍ରିୟାର ସମ୍ପାଦନ ଶୀଘ୍ର ଏବଂ ସହଜ ହୋଇଥାଏ।

ଏକ ଅଙ୍କ ବିଶିଷ୍ଟ ସଂଖ୍ୟାଗୁଡ଼ିକ ମଧ୍ୟରୁ 5 ରୁ ଅଧିକ ଅଙ୍କଗୁଡ଼ିକୁ; ଯଥା: 6, 7, 8 ଓ 9 କୁ ମିଶ୍ରାଙ୍କ ପଦ୍ଧତିରେ ବିନ'କୁଳ ଅଙ୍କ ସଂଖ୍ୟାରେ ପରିଣତ କରାଯାଇପାରେ। ଉକ୍ତ ସଂଖ୍ୟାକୁ ରେଖାଙ୍କ ସଂଖ୍ୟା ମଧ୍ୟ କୁହାଯାଏ।

ଉଦାହରଣ ସ୍ୱରୂପ,

$9 = 10 - 1 = 1\bar{1}$, $7 = 10 - 3 = 1\bar{3}$,

$8 = 10 - 2 = 1\bar{2}$ .... ଇତ୍ୟାଦି।

$1\bar{1} = 10$ ରୁ 1 କମ୍, $1\bar{3} = 10$ ରୁ 3 କମ୍ ଏବଂ $1\bar{2} = 10$ ରୁ 2 କମ୍ ରୂପେ ବିବେଚନା କରାଯାଏ। ଏଗୁଡ଼ିକୁ **ମିଶ୍ରାଙ୍କସଂଖ୍ୟା** ମଧ୍ୟ କୁହାଯାଏ।

ଦତ୍ତ ସଂଖ୍ୟାରୁ ମିଶ୍ରାଙ୍କକୁ ପରିବର୍ତ୍ତନ ପ୍ରଣାଳୀ :

5 ରୁ ଅଧିକ ଅଙ୍କ ସମୂହଙ୍କୁ ମିଶ୍ରାଙ୍କକୁ ପରିବର୍ତ୍ତନ କରିବା ପାଇଁ ନିମ୍ନ ସୋପାନଗୁଡ଼ିକୁ ଅନୁସରଣ କରିବା ଉଚିତ।

ସୋପାନ-1 : ସଂଖ୍ୟାରେ 5ରୁ ଅଧିକ ଅଙ୍କକୁ 10 ରୁ ବିୟୋଗକରି ବିୟୋଗଫଳ ଉପରେ ଏକ ରେଖା (Vinculum) ଚିହ୍ନ ଦିଅ।

ସୋପାନ- 2 : ତତ୍ପରେ ଦତ୍ତ ସଂଖ୍ୟାର ବାମପାର୍ଶ୍ୱସ୍ଥ ଅଙ୍କରେ 1 ଯୋଗକର।

ଉଦାହରଣ :

କ୍ର.ନଂ	ଦତ୍ତ ସଂଖ୍ୟା	ମିଶ୍ରାଙ୍କକୁ ପରିବର୍ତ୍ତିତ ସଂଖ୍ୟା	ବିଶ୍ଳେଷଣ
1.	**06**	$(0 + 1)\ (10 - 6) = 1\bar{4}$	6 କୁ 10 ରୁ ବିୟୋଗ କରି ବିୟୋଗଫଳକୁ ରେଖାଦ୍ୱାରା ସୂଚାଗଲା । 6ରେ ବାମପାର୍ଶ୍ୱସ୍ଥ ଅଙ୍କ '0'ରେ 1 ଯୋଗ କରାଗଲା ।
2.	**38**	$(3 + 1)\ (10 - 8) = 4\bar{2}$	8 କୁ 10 ରୁ ବିୟୋଗ କରି ବିୟୋଗଫଳକୁ ରେଖାଦ୍ୱାରା ସୂଚାଗଲା । 8 ର ବାମପାର୍ଶ୍ୱସ୍ଥ ଅଙ୍କ 3 ରେ 1 ଯୋଗ କରାଗଲା ।
3.	**367**	$(3+ 1)\ (9 - 6)\ (10 - 7) = 4\bar{3}\bar{3}$	ଦତ୍ତ ସଂଖ୍ୟାର 6 ଓ 7 କୁ ରେଖାଦ୍ୱାରା ସୂଚାଇବାକୁ ହେଲେ 7 କୁ 10 ରୁ ଏବଂ 6 କୁ 9 ରୁ ବିୟୋଗ କରାଗଲା । 67 ର ପୂର୍ବ ସଂଖ୍ୟା 3 ରେ 1 ଯୋଗ କରାଗଲା ।
4.	**2897**	$(2 + 1)(9 - 8)\ (9 - 9)\ (10 - 7) = 3\bar{1}0\bar{3}$	ଦତ୍ତ ସଂଖ୍ୟାର 8, 9 ଓ 7 କୁ ରେଖାଦ୍ୱାରା ସୂଚାଇବାକୁ ହେଲେ 7 କୁ 10 ରୁ 9 କୁ 9 ରୁ ଏବଂ 8 କୁ 9 ରୁ ବିୟୋଗ କରାଗଲା । 897 ର ବାମପାର୍ଶ୍ୱସ୍ଥ ସଂଖ୍ୟାରେ 1 ଯୋଗ କରାଗଲା ।
5.	**2382**	$2\ (3 + 1)\ (10 - 8)\ 2 = 24\bar{2}2$	ଦତ୍ତ ସଂଖ୍ୟାରେ କେବଳ 8 କୁ ମିଶ୍ରାଙ୍କରେ ପରିଣତ କରାଯାଇ ପୂର୍ବ ସଂଖ୍ୟାରେ 1 ଯୋଗ କରାଯାଇଛି ।
6.	558	$(0 + 1)\ (9 - 5)\ (9 - 5)\ (10 - 8) = 1\overline{442}$	588 ର ପ୍ରତ୍ୟେକ ଅଙ୍କକୁ ମିଶ୍ରାଙ୍କରେ ପରିଣତ କରାଯାଇଛି ।

ବି.ଦ୍ର : କ୍ରମିକ ନମ୍ବର 3, 4 ଓ 6 କ୍ଷେତ୍ରରେ **'ନିଖିଳ ନବତଃ ଚରମଂ ଦଶତଃ'** ବୈଦିକ ସୂତ୍ରର ପ୍ରୟୋଗ କରାଯାଇଛି ।

ମନେରଖ :

(i) ସଂଖ୍ୟାରେ ପରିବର୍ତ୍ତିତ ମିଶ୍ରାଙ୍କ ଋଣାତ୍ମକ ମୂଲ୍ୟ ବହନ କରେ । ଉଦାହରଣ ସ୍ୱରୂପ,

$1\bar{4} = 10 - 4 = 6,\ 15\bar{2} = 150 - 2 = 148,$

$23\bar{2}5 = 2305 - 20 = 2285$ ଇତ୍ୟାଦି।

(ii) କୌଣସି ସଂଖ୍ୟାର ମାନ 0 ରୁ କମ୍ ହେଲେ, ସେହି ସଂଖ୍ୟାକୁ ଋଣାତ୍ମକ ସଂଖ୍ୟା ବା ବିୟୁକ୍ତାତ୍ମକ ସଂଖ୍ୟା କୁହାଯାଏ। ଯଥା :-

$-5, -3, -15$ .... ଇତ୍ୟାଦି ଋଣାତ୍ମକ।

(iii) ବିୟୁକ୍ତାତ୍ମକ ଅଙ୍କକୁ ଉକ୍ତ ଅଙ୍କର ଊର୍ଦ୍ଧ୍ୱରେ ରେଖାଚିହ୍ନ ଦିଆଯାଇ ପ୍ରକାଶ କରାଯାଏ। ଯେପରି, $-3 = \bar{3}, -5 = \bar{5}, -15 = \overline{15}$ ଇତ୍ୟାଦି।

ମିଶ୍ରାଙ୍କରୁ ଦତ୍ତ ବା ମୂଳ ସଂଖ୍ୟାକୁ ପରିବର୍ତ୍ତନ :

ସଂଖ୍ୟାରେ ଥିବା ମିଶ୍ରାଙ୍କ (ରେଖାଦ୍ୱାରା ପ୍ରଦର୍ଶିତ) ସଂଖ୍ୟାକୁ ଏହାର ମୂଳ ସଂଖ୍ୟାକୁ ପରିବର୍ତ୍ତନ ସମୟରେ ନିମ୍ନ ସୋପାନଗୁଡ଼ିକୁ ଅନୁସରଣ କରିବାକୁ ପଡ଼େ।

ସୋପାନ- 1: ରେଖାଦ୍ୱାରା ପ୍ରଦର୍ଶିତ ଅଙ୍କର ଠିକ୍ ବାମପାର୍ଶ୍ୱସ୍ଥ ଅଙ୍କରୁ 1 ବିୟୋଗ କରି ଲେଖ।

ସୋପାନ- 2: ମିଶ୍ରାଙ୍କକୁ 10 ରୁ ବିୟୋଗ କରି ସଂଖ୍ୟାକୁ ଲେଖ। ଆବଶ୍ୟକ ସ୍ଥଳେ ପୂର୍ବବର୍ତ୍ତୀ ମିଶ୍ରାଙ୍କଗୁଡ଼ିକୁ କ୍ରମଶଃ 9 ରୁ ବିୟୋଗ କର। (ନିଖିଳଂ ନବତଃ ଚରମଂ ଦଶତଃ ସୂତ୍ର ପ୍ରୟୋଗ କର)।

ଉଦାହରଣ :

କ୍ର.ନ.	ଦତ୍ତ ସଂଖ୍ୟା	ପରିବର୍ତ୍ତିତ ମୂଳ ସଂଖ୍ୟା
1.	$2\bar{2}$	(2 – 1) (10 – 2) = 18 ବା 20 – 2 = 18
2.	$35\bar{1}$	3(5 – 1) (10 – 1) = 349 ବା 350 – 1 = 349
3.	$15\bar{4}$	1(5 – 1)(10 – 4) = 146 ବା 150 – 4 = 146
4.	$22\bar{3}5$	2(2–1)(10– 3)5 = 2175 ବା 2205 – 30 = 2175
5.	$2\bar{3}\bar{3}$	(2–1)(9–3)(10 – 3) = 167 ବା 200– 33 = 167
6.	$3\bar{2}5\bar{1}2$	(3 – 1) (10 – 2) (5 – 1) (10 – 1) 2 = 28492
7.	$4\bar{1}\bar{2}3\bar{2}$	(4–1) (9 – 1) (10 – 2) (3 – 1) (10 – 2) = 38828

ଉଦାହରଣ-1 : 18 କୁ ମିଶ୍ରାଙ୍କରେ ପ୍ରକାଶ କର ।

ସମାଧାନ :

ଏଠାରେ 8 କୁ 10 ରୁ ଫେଡ଼ି 2 ପାଇବା । ଏଠାରେ 8 ର ପରମମିତ୍ର 2 ଉପରେ ରେଖା ($\bar{2}$) ଦେବା ଏବଂ 8 ର ଠିକ୍ ବାମପାର୍ଶ୍ୱସ୍ଥ ସଂଖ୍ୟା ଅଙ୍କରେ 1 ଯୋଗକରି 1 + 1 = 2 ପାଇବା ।

∴ ନିର୍ଣ୍ଣେୟ ମିଶ୍ରାଙ୍କ ସଂଖ୍ୟା = $2\bar{2}$ ।

ଉଦାହରଣ - 2:77 କୁ ମିଶ୍ରାଙ୍କରେ ପ୍ରକାଶ କର ଅଥବା 77 କୁ ଭିନ୍'କୁଲମ ବିଶିଷ୍ଟ ସଂଖ୍ୟାରେ ପ୍ରକାଶ କର ।

ସମାଧାନ :

(i) ସଂଖ୍ୟା 77 କୁ 077 ଆକାରରେ ପ୍ରଥମେ ଲେଖିବା ।

(ii) ସଂଖ୍ୟର ଏକକ ସ୍ଥାନୀୟ ଅଙ୍କ 7 । ବର୍ତ୍ତମାନ 7 ର ପରମମିତ୍ର ଅଥବା 10 ରୁ 7 ଫେଡ଼ି ଫେଡ଼ାଣଫଳ 3 ଉପରେ ରେଖାଚିହ୍ନ ଦେଇ $\bar{3}$ ପାଇବା ।

(iii) ତତ୍ପରେ ଦଶକସ୍ଥାନୀୟ ଅଙ୍କ 7 ରେ 1 ଯୋଗକରି 8 ପାଇବା।

ପୁନଶ୍ଚ 8 ର ପରମମିତ୍ର 2 ନିର୍ଣ୍ଣୟ କରି 2 ଉପରେ ରେଖାଦେଇ $\bar{2}$ ପାଇବା ଏବଂ

(iv) ତତ୍ପରେ 0 ସହ 1 ଯୋଗକରି 1 ପାଇବା।

∴ ନିର୍ଣ୍ଣେୟ ମିଶ୍ରାଙ୍କ ବିଶିଷ୍ଟ ସଂଖ୍ୟା $1\bar{2}\bar{3}$ ।

ଏହାର ଅର୍ଥ $100 - 23 = 77$

ବିକଳ୍ପ ପ୍ରଣାଳୀ :

077 ସଂଖ୍ୟାର ଏକକ ସ୍ଥାନୀୟ ଅଙ୍କକୁ 10 ରୁ ଫେଡ଼ିବା ଏବଂ ଦଶକ ସ୍ଥାନୀୟ ଅଙ୍କକୁ 9 ରୁ ଫେଡ଼ି ଯଥାକ୍ରମେ $\bar{3}$ ଓ $\bar{2}$ ପାଇବା।

ତତ୍ପରେ 0 ସହ 1 ଯୋଗକରି 1 ପାଇବା।

∴ ନିର୍ଣ୍ଣେୟ ମିଶ୍ରାଙ୍କ ବିଶିଷ୍ଟ ସଂଖ୍ୟା $1\bar{2}\bar{3}$ ହେବ।

ପରୀକ୍ଷା କରି ଦେଖ ଯେ, $100 - 23 = 77$ ।

ଉଦାହରଣ-3: 368 କୁ ମିଶ୍ରାଙ୍କ ବିଶିଷ୍ଟ ସଂଖ୍ୟାରେ ପ୍ରକାଶ କର।

ସମାଧାନ :

8 କୁ 10 ରୁ ଏବଂ 6 କୁ 9 ରୁ ଫେଡ଼ି ଉଭୟ କ୍ଷେତ୍ରରେ ଯଥାକ୍ରମେ 2 ଏବଂ 3 ପାଇବା। ଏହାକୁ ମିଶ୍ରାଙ୍କରେ ପରିଣତ କଲେ $\bar{2}$ ଏବଂ $\bar{3}$ ପାଇବା। ତତ୍ପରେ 3 ରେ 1 ଯୋଗ କରିବା।

∴ ନିର୍ଣ୍ଣେୟ ମିଶ୍ରାଙ୍କ = $(3+1)(9-6)(10-8) = 4\bar{3}\bar{2}$

ଲକ୍ଷ୍ୟ କର, 400 ରୁ 32 ବିୟୋଗ କଲେ ମଧ୍ୟ 368 ପାଇବା।

ଉଦାହରଣ-4: $2\bar{1}\bar{2}$ ମିଶ୍ରାଙ୍କ ବିଶିଷ୍ଟ ସଂଖ୍ୟାରୁ ମୂଳ ସଂଖ୍ୟା ସ୍ଥିର କର ।

ସମାଧାନ :

$2\bar{1}\bar{2} = (2-1)(9-1)(10-2) = 188$

$\therefore 2\bar{1}\bar{2} = 188$ । ବିକଳ୍ପ ଭାବେ $2\bar{1}\bar{2} = 200 - 12 = 188$

ଉଦାହରଣ-5: $2\bar{2}\bar{3}41$ ମିଶ୍ରାଙ୍କ ବିଶିଷ୍ଟ ସଂଖ୍ୟାକୁ ମୂଳସଂଖ୍ୟାରେ ପରିବର୍ତ୍ତନ କର ।

ସମାଧାନ :

$2\bar{2}\bar{3}41 = (2-1)(9-2)(10-3)\,41 = 17741$

ଉଦାହରଣ-6: $5\bar{3}7\bar{2}$ ମିଶ୍ରାଙ୍କ ବିଶିଷ୍ଟ ସଂଖ୍ୟାକୁ ମୂଳସଂଖ୍ୟାରେ ପରିବର୍ତ୍ତନ କର ।

ସମାଧାନ :

$5\bar{3}7\bar{2} = (5-1)(10-3)(7-1)(10-2) = 4768$

ଏଠାରେ ଦତ୍ତ ମିଶ୍ରାଙ୍କ ସଂଖ୍ୟାରେ 3 ଓ 2 ବିନ୍'କୁଲମ ବିଶିଷ୍ଟ । ତେଣୁ 3 ଓ 2 ର ପରମମିତ୍ର ଯଥାକ୍ରମେ 7 ଓ 8 ଲେଖି ସେମାନଙ୍କର ବାମ ପାର୍ଶ୍ୱସ୍ଥ ଅଙ୍କମାନଙ୍କରୁ 1 ଫେଡ଼ା ଯାଇଛି । ଏଠାରେ ଲକ୍ଷ୍ୟ କର,

$5\bar{3}7\bar{2} = 5070 - 302 = 4768$ ପାଇବା ।

ପ୍ରଶ୍ନାବଳୀ - 1

1. ନିମ୍ନ ସଂଖ୍ୟାଗୁଡ଼ିକୁ ମିଶ୍ରାଙ୍କ ବିଶିଷ୍ଟ ସଂଖ୍ୟାରେ ପରିବର୍ତ୍ତନ କର ।

(i) 384 (ii) 476 (iii) 1088

(iv) 2381 (v) 3617 (vi) 5673

(vii) 23829 (viii) 73281 (ix) 78 (x) 7382

2. ନିମ୍ନ ମିଶ୍ରାଙ୍କ ବିଶିଷ୍ଟ ସଂଖ୍ୟାଗୁଡ଼ିକୁ ମୂଳ ସଂଖ୍ୟାରେ ଅର୍ଥାତ୍ ମିଶ୍ରାଙ୍କବିହୀନ ସଂଖ୍ୟାରେ ପରିଣତ କର ।

(i) $24\bar{2}$ (ii) $3\bar{2}\bar{1}$ (iii) $4\bar{1}\bar{2}\bar{3}$

(iv) $1\bar{4}\bar{4}2$ (v) $2\bar{2}\bar{3}5$ (vi) $3\bar{2}\bar{4}$

(vii) $4\bar{2}\bar{1}3\bar{2}$ (viii) $3\bar{3}1\bar{3}$ (ix) $2\bar{2}\bar{4}5$

(x) $1\bar{2}\bar{3}22$ (xi) $1\bar{4}32$ (xii) $4\bar{3}0\bar{1}$

3. ନିମ୍ନ ସଂଖ୍ୟାଗୁଡ଼ିକୁ ମିଶ୍ରାଙ୍କ ବିଶିଷ୍ଟ ସଂଖ୍ୟାରେ ପରିବର୍ତ୍ତନ କର ।

(i) 86 (ii) 736 (iii) 66

(iv) 6752 (v) 8867 (vi) 2789

4. ନିମ୍ନ ମିଶ୍ରାଙ୍କ ବିଶିଷ୍ଟ ସଂଖ୍ୟାଗୁଡ଼ିକକୁ ମିଶ୍ରାଙ୍କ ବିହୀନ ସଂଖ୍ୟାରେ ପରିବର୍ତ୍ତନ କର ।

(i) $4\bar{1}\bar{3}3\bar{2}$ (ii) $2\bar{2}4\bar{4}1$ (iii) $1\bar{2}\bar{2}51$

(iv) $1\bar{3}\bar{2}2\bar{1}$ (v) $4\bar{3}\bar{2}\bar{1}2$ (vi) $2\overline{42}5$

-o-

ଦ୍ୱିତୀୟ ଅଧ୍ୟାୟ

ଯୋଗ (ADDITION)

ପାଟୀଗଣିତରେ ବ୍ୟବହୃତ ଚାରି ମୌଳିକ ପ୍ରକ୍ରିୟା ମଧ୍ୟରୁ 'ଯୋଗ' ଏକ ଗୁରୁତ୍ୱପୂର୍ଣ୍ଣ ପ୍ରକ୍ରିୟା।

ବିଦ୍ୟାଳୟମାନଙ୍କରେ ଦୁଇ ବା ତତୋଃଧିକ ସଂଖ୍ୟାମାନଙ୍କୁ ନେଇ ଯୋଗଫଳ ସ୍ଥିର କରାଯାଇଥାଏ। ଯେଉଁ ପଦ୍ଧତି (ପାରମ୍ପରିକ ବା ଗତାନୁଗତିକ) ଅବଲମ୍ବନରେ ଯୋଗଫଳ ସ୍ଥିର କରାଯାଇଥାଏ, ତାହା ସମୟସାପେକ୍ଷ ଏବଂ ତ୍ରୁଟିଯୁକ୍ତ ହେବାର ସମ୍ଭାବନା ଥାଏ। କାରଣ ଗୋଟିଏ ସ୍ତମ୍ଭର ଅଙ୍କମାନଙ୍କର ଯୋଗଫଳ (ଦୁଇ ବା ତତୋଃଧିକ ଅଙ୍କବିଶିଷ୍ଟ)ରେ ନିର୍ଣ୍ଣିତ ସଂଖ୍ୟାର ଏକକ ସ୍ଥାନୀୟ ଅଙ୍କକୁ ସଂପୃକ୍ତ ସ୍ତମ୍ଭତଳେ ରଖି ପୂର୍ବବର୍ତ୍ତୀ ସ୍ତମ୍ଭ ପାଖକୁ ଅବଶିଷ୍ଟ ଅଙ୍କକୁ ବହନ କରି ନିଆଯାଏ (carry over) ଏବଂ ତତ୍ପରେ ଏହାକୁ ଦ୍ୱିତୀୟ ସ୍ତମ୍ଭର ଅଙ୍କମାନଙ୍କର ଯୋଗଫଳ ସହ ମିଶାଯାଇଥାଏ।

ଉକ୍ତ ପଦ୍ଧତି ଅନ୍ୟ ସ୍ତମ୍ଭମାନଙ୍କ ପାଇଁ ମଧ୍ୟ ପ୍ରଯୁଜ୍ୟ ହୋଇଥାଏ। ଏହା ଦ୍ୱାରା ଯୋଗଫଳ ନିର୍ଣ୍ଣୟ ତ୍ରୁଟିମୁକ୍ତ ହେବାର ସମ୍ଭାବନା ନ ଥାଏ।

ପାରମ୍ପରିକ ପଦ୍ଧତି : ଯୋଗଫଳ ନିର୍ଣ୍ଣୟ କର : 486 + 654 + 987

```
 2 1
 4 8 6
 6 5 4
 9 8 7   (ଦକ୍ଷିଣ ଆଡୁ ବାମକୁ ଯାଇ ଯୋଗଫଳ ନିର୍ଣ୍ଣୟ)
______
2 1 2 7
```

∴ ନିର୍ଣ୍ଣେୟ ଯୋଗଫଳ = 2127 ।

(A) ବୈଦିକ ପଦ୍ଧତିରେ ଯୋଗଫଳ ନିର୍ଣ୍ଣୟ :

1. 'ପୂରଣା ପୂରଣାଭ୍ୟାମ୍' ସୂତ୍ରର ପ୍ରୟୋଗରେ ଯୋଗଫଳ ନିର୍ଣ୍ଣୟ:

ଯୋଗଫଳ ନିର୍ଣ୍ଣୟରେ କେବଳ ଅଧିକ ହିସାବର ଆବଶ୍ୟକତା ଥିଲେ ଉକ୍ତ ସୂତ୍ରର ପ୍ରୟୋଗ କରାଯାଏ । ଏଥିପାଇଁ ଏକ ଆଧାର ସଂଖ୍ୟା 10 କିମ୍ବା ତା'ର ଗୁଣିତକ (20, 30, 40, 50.....)ରେ ପହଞ୍ଚିବାକୁ ପଡ଼ିଥାଏ । ଏଥିପାଇଁ ସଂଖ୍ୟାଗୁଡ଼ିକୁ ଯୋଡ଼ି ଯୋଡ଼ି କରାଯାଏ, ଯାହା ଦ୍ୱାରା ସଂଖ୍ୟାଗୁଡ଼ିକର ସମଷ୍ଟି 10 କିମ୍ବା ତା'ର ଗୁଣିତକହେବାର ସମ୍ଭାବନା ଥାଏ । 10 ହେବା ପାଇଁ ପରମମିତ୍ର ବା ପୂରକଯୋଡ଼ି ସଂଖ୍ୟାର ଆବଶ୍ୟକତା ଅଛି । ତୁମେମାନେ ଜାଣିଛ, ଅଙ୍କଦ୍ୱୟ ପରସ୍ପରର ପୂରକ ହେବେ ଯଦି ସେମାନଙ୍କର ସମଷ୍ଟି 10 ହେଉଥିବ (10 ର ପୂରକ ସଂଖ୍ୟା) ।

ଉଦାହରଣ ସ୍ୱରୂପ, 0 ଓ 10, 1 ଓ 9, 2 ଓ 8, 3 ଓ 7, 4 ଓ 6 ଏବଂ 5 ଓ 5 । ଏଠାରେ ପ୍ରତ୍ୟେକ ଯୋଡ଼ି ସଂଖ୍ୟା ପରସ୍ପରର ପୂରକ ଅଟନ୍ତି । ନିମ୍ନ କେତେକ ଉଦାହରଣ ମାଧ୍ୟମରେ ଉକ୍ତ ସୂତ୍ରର ପ୍ରୟୋଗ ବିଧି ଜାଣିବା ।

ଉଦାହରଣ – 1 : ଯୋଗଫଳ ସ୍ଥିର କର :

26 + 59 + 394 + 66 + 11 + 14 ।

ପ୍ରଥମ ସୋପାନ : ସଂଖ୍ୟାଗୁଡ଼ିକର ଏକକ ସ୍ଥାନୀୟ ଅଙ୍କଗୁଡ଼ିକୁ ଦେଖ, ଯେଉଁଠାରେ ଅଙ୍କଦ୍ୱୟ ପରସ୍ପରର ପୂରକ ହୋଇଥିବେ । ପର୍ଯ୍ୟବେକ୍ଷଣରୁ ଜାଣିପାରିବା ଯେ, 26 + 14, 59 + 11 ଓ 394 + 66 ନିଶ୍ଚିତ ଭାବରେ 10 ର ଗୁଣିତକ ହେବେ ।

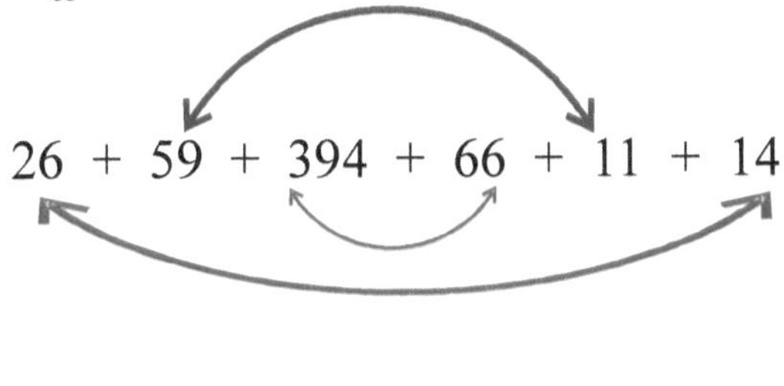

26 + 59 + 394 + 66 + 11 + 14

ଦ୍ୱିତୀୟ ସୋପାନ : ଦର୍ଶାଇଥିବା ସଂଖ୍ୟା ଯୋଡ଼ିଗୁଡ଼ିକୁ ପାଖାପାଖି ରଖି ଯୋଗଫଳ ସ୍ଥିର କର ।

$= (26 + 14) + (59 + 11) + (394 + 6) + 60$

$(\because 66 = 60 + 6)$

$= \quad 40 \quad + \quad 70 \quad + \quad 400 \quad + 60$

$= (40 + 460) + 70$

$= 500 + 70 = 570$

∴ ନିର୍ଣ୍ଣେୟ ଯୋଗଫଳ = 570 ।

ଉଦାହରଣ – 2 : ଯୋଗଫଳ ସ୍ଥିର କର :

456 + 361 + 244 + 119 + 11

ସମାଧାନ :

$456 + 361 + 244 + 119 + 11$

$= (456 + 244) + (361 + 119) + 11$

$= (400+56+200+44) + (300+61+100+19) + (10+1)$

$= (400+200)+(56+44)+(300+100)+(61+19)+(10+1)$

$= (600 + 100) + (400 + 80) + 10 + 1$

$= 700 + 480 + 11$

$= 1191$

∴ ନିର୍ଣ୍ଣେୟ ଯୋଗଫଳ = 1191 ।

ଉଦାହରଣ - 3 : ଯୋଗଫଳ ସ୍ଥିର କର : 36 + 5 + 23 + 2 + 14

ସମାଧାନ :

$= (36 + 14) + (5 + 23 + 2)$

$= 50 + 30$

$= 80$

$\therefore$ ନିର୍ଣ୍ଣେୟ ଯୋଗଫଳ = 80 ।

ଏଠାରେ ଲକ୍ଷ୍ୟ କର 36 ଓ 14 ର ଯୋଗଫଳ ପୂର୍ଣ୍ଣଭାବରେ 10 ର ଗୁଣିତକ ଅର୍ଥାତ୍ 50 ରେ ପ୍ରକାଶିତ ହେବା ବେଳେ 5, 23 ଓ 2 ର ଯୋଗଫଳ ମଧ୍ୟ ପୂର୍ଣ୍ଣଭାବରେ 10 ର ଗୁଣିତକ ଅର୍ଥାତ୍ 30 ରେ ପ୍ରକାଶିତ ହୋଇପାରୁଛି ।

2. 'ସଂକଳନ ବ୍ୟବକଳନାଭ୍ୟାମ୍' (ଯୋଗ ଏବଂ ବିୟୋଗ ଦ୍ୱାରା) ସୂତ୍ରର ଉପଯୋଗ ଦ୍ୱାରା ଯୋଗଫଳ ନିର୍ଣ୍ଣୟ :

ଉକ୍ତ ସୂତ୍ରଟି ଦୁଇଟି ଶବ୍ଦ ଦ୍ୱାରା ସଂଯୋଜିତ । ପ୍ରଥମଟି **ସଂକଳନ** ବା ଯୋଗ ଏବଂ ଦ୍ୱିତୀୟଟି **ବ୍ୟବକଳନ** ବା ବିୟୋଗକୁ ବୁଝାଇଥାଏ । ଏଠାରେ ଆବଶ୍ୟକ ସ୍ଥଳେ ଯୋଗ ଏବଂ ବିୟୋଗ ମାଧ୍ୟମରେ ସଂଖ୍ୟାମାନଙ୍କର ଯୋଗଫଳ ନିର୍ଣ୍ଣୟ କରାଯାଏ; ଅବଶ୍ୟ ଯେଉଁଠାରେ ଅନୁରୂପ ଅଙ୍କମାନଙ୍କୁ ନେଇ 10 ବା 10 ର ଗୁଣିତକରେ ପହଞ୍ଚିବା ସହଜ ହୋଇ ନଥାଏ । ଆବଶ୍ୟକ ଅନୁଯାୟୀ ଦତ୍ତ ସଂଖ୍ୟାଗୁଡ଼ିକୁ ଏକରୁ ଅଧିକ ସଂଖ୍ୟାରେ ବା ଏକାଧିକ ଭାଗ କରି ପୂର୍ଣ୍ଣଭାବରେ 10 କିମ୍ବା 10ର ଗୁଣିତକ ହେଉଥିବା ସଂଖ୍ୟାକୁ ପାଇପାରିବା । ନିମ୍ନ ଉଦାହରଣକୁ ଦେଖ ।

(i) $24 = 20 + 4$

(ii) $49 = 40 + 9$ ଅଥବା $50 - 1$

(iii) $536 = 540 - 4 = 500 + 40 - 4$

(iv) $893 = 800 + 90 + 3 = 800 + 100 - 7$ ଇତ୍ୟାଦି ।

ଆବଶ୍ୟକତା ଅନୁଯାୟୀ ଉପରୋକ୍ତ ସଂଖ୍ୟା ବିଭାଗୀକରଣ କରାଯାଏ, ଯାହା ଦ୍ୱାରା ହିସାବଟି ସହଜ ଏବଂ ସମୟସାପେକ୍ଷ ହୋଇ ନଥାଏ ।

ଉଦାହରଣ - 4 : ଯୋଗଫଳ ନିର୍ଣ୍ଣୟ କର : **74 + 69**
ସମାଧାନ :

$74 + 69 = 70 + 4 + 70 - 1$
$= (70 + 70) + (4 - 1)$
$= 140 + 3 = 143$

ଅଥବା $73 + (1 + 69) = 73 + 70$
$= 70 + 70 + 3 = 143$

∴ ନିର୍ଣ୍ଣେୟ ଯୋଗଫଳ = 143 ।

ଉଦାହରଣ - 5 : ଯୋଗଫଳ ନିର୍ଣ୍ଣୟ କର : **324+296+159+ 43**
ସମାଧାନ :

$324 + 296 + 159 + 43$
$= (300+20+4) + (300-4) + (100 + 60 -1) + (40 + 3)$
$= (300 + 300 + 100)+(60 + 40) + (4 - 4 - 1 + 3) + 20$
$= (700 + 100) + (7 - 5) + 20$
$= 800 + 22 = 822$

∴ ନିର୍ଣ୍ଣେୟ ଯୋଗଫଳ = 822 ।

ଉଦାହରଣ - 6 : ଯୋଗଫଳ ନିର୍ଣ୍ଣୟ କର :

596 + 498 + 345 + 765

ସମାଧାନ :

$596 + 498 + 345 + 765$
$= (600 - 4) + (500 - 2) + (350 - 5) + (750 + 15)$
$= (600 + 500) + (350 + 750) + (15 - 5 - 2 - 4)$
$= 1100 + 1100 + 4 = 2204$

∴ ନିର୍ଣ୍ଣେୟ ଯୋଗଫଳ = 2204 ।

3. ଶୁଦ୍ଧବିନ୍ଦୁ ସାହାଯ୍ୟରେ ଯୋଗଫଳ ନିର୍ଣ୍ଣୟ (ଏକାଧିକେନ ପୂର୍ବେଣ ସୂତ୍ରର ପ୍ରୟୋଗ) :

ଉକ୍ତ ପ୍ରଣାଳୀ, ଯୋଗର ପାରମ୍ପରିକ ପ୍ରଣାଳୀଠାରୁ ସାମାନ୍ୟ ଭିନ୍ନ। ଏହି ପ୍ରଣାଳୀର ବୈଶିଷ୍ଟ୍ୟ ହେଲା ମୂଳରୁ ଶେଷ ପର୍ଯ୍ୟନ୍ତ ପ୍ରତି ସୋପାନରେ ଗୋଟିଏ ଅଙ୍କ ସହ ଅନ୍ୟ ଗୋଟିଏ ଅଙ୍କକୁ ଉଲ୍ଲମ୍ବ କ୍ରମରେ ମିଶାଯାଏ। ମାତ୍ର ପାରମ୍ପରିକ ପ୍ରଣାଳୀରେ ପ୍ରତ୍ୟେକ ସେପାନରେ ଏକ ବଡ଼ ସଂଖ୍ୟା ସହ ଗୋଟିଏ ଅଙ୍କ ମିଶାଇବାକୁ ପଡ଼ିଥାଏ। ତେଣୁ ଯୋଗପ୍ରକ୍ରିୟାଟି ସମୟସାପେକ୍ଷ ଏବଂ କଷ୍ଟସାଧ୍ୟ ହୋଇଥାଏ। ଏଣୁ ଶୁଦ୍ଧ ଚିହ୍ନ ଦେଇ ଯୋଗ ପ୍ରକ୍ରିୟାଟିକୁ ସମାପନ କିପରି କରାଯିବ, ତା'କୁ ଅନୁଧ୍ୟାନ କରିବା। ଉକ୍ତ ପ୍ରଣାଳୀର ପ୍ରୟୋଗ ବିଧିକୁ ନିମ୍ନ କେତେକ ସୋପାନରେ ବିଭକ୍ତ କରାଯାଇଛି।

ସୋପାନ - 1: ଯୋଗ କରିବା ପାଇଁ ଥିବା ସଂଖ୍ୟାଗୁଡ଼ିକର ଅଙ୍କଗୁଡ଼ିକୁ ସ୍ଥାନ ଅନୁଯାୟୀ ତଳକୁ ତଳ ସଜାଇ ରଖ।

ସୋପାନ - 2: ପ୍ରତ୍ୟେକ ସଂଖ୍ୟାର ବାମପାର୍ଶ୍ୱରେ 0 ବସାଅ ଏବଂ କମ୍ ସଂଖ୍ୟକ ଅଙ୍କଥିବା ସଂଖ୍ୟାଗୁଡ଼ିକର ବାମପାର୍ଶ୍ୱରେ ଆବଶ୍ୟକ ସଂଖ୍ୟକ 0 ବସାଇ ସବୁ ସଂଖ୍ୟାଗୁଡ଼ିକୁ ସମଅଙ୍କ ବିଶିଷ୍ଟ ସଂଖ୍ୟାରେ ପରିଣତ କର।

ସୋପାନ - 3: ସଂଖ୍ୟାଗୁଡ଼ିକରେ ଥିବା ଏକକ ସ୍ଥାନୀୟ ଅଙ୍କଗୁଡ଼ିକୁ ଦୁଇ ଦୁଇଟି କରି ଯୋଗ (ତଳୁ ଉପରକୁ ବା ଉପରୁ ତଳକୁ) କର।

ଅଙ୍କଦ୍ୱୟର ସମଷ୍ଟି ଦୁଇ ଅଙ୍କବିଶିଷ୍ଟ ସଂଖ୍ୟା 10, 11, 12, 13, 14, 15, 16, 17 କିମ୍ବା 18 ହେବା ମାତ୍ରେ ବାମ ପାର୍ଶ୍ୱସ୍ଥ ସଂଖ୍ୟା ଉପରେ ଗୋଟିଏ ଶୁଦ୍ଧ ଚିହ୍ନ (.) ଦିଅ ଏବଂ ସଂଖ୍ୟାରୁ ଦଶକ ସ୍ଥାନୀୟ ଅଙ୍କ (1) କୁ ବାଦ୍ ଦିଅ।

ଫଳରେ ଦକ୍ଷିଣ ପାର୍ଶ୍ୱରେ ଗୋଟିଏ ଅଙ୍କ 0, 1, 2, 3, 4, 5, 6, 7, କିମ୍ବା 8 ବଳକା ରହିବ। ଏହି ବଳକା ଅଙ୍କ ସହ ସ୍ତମ୍ଭର ଅନ୍ୟ ଅଙ୍କଗୁଡ଼ିକୁ ଯୋଗ କରି ଚାଲ।

ସୋପାନ - 4 : ତତ୍ପରେ ଶୁଦ୍ଧଚିହ୍ନ ବିଶିଷ୍ଟ ଅଙ୍କକୁ ଅନ୍ୟ ଅଙ୍କ ସହ ମିଶାଇଲା ବେଳେ ଶୁଦ୍ଧ ଚିହ୍ନବିଶିଷ୍ଟ ଅଙ୍କରେ 1 ଯୋଗକର।

ଉଦାହରଣ ସ୍ୱରୂପ : $\dot{5} = 6$, $\dot{6} = 7$, $\dot{2} = 3$, $\dot{0} = 1$ ଇତ୍ୟାଦି।

ସୋପାନ - 5 : ପ୍ରତ୍ୟେକ ସ୍ତମ୍ଭର ଯୋଗଫଳ ଆନୁଭୂମିକ ରେଖାତଳେ ଠିକ୍ ଭାବରେ ଲେଖି ସଂଖ୍ୟାଗୁଡ଼ିକର ଯୋଗଫଳ ସ୍ଥିର କର।

ଉଦାହରଣ- 7 : 486, 654 ଏବଂ 987 ର ଯୋଗଫଳ ନିର୍ଣ୍ଣୟ କର।

ସମାଧାନ :

$$\begin{array}{r} 0486 \\ \dot{0}6\dot{5}4 \\ \dot{0}\dot{9}87 \\ \hline 2127 \end{array}$$

(ପ୍ରତ୍ୟେକ ସଂଖ୍ୟା ଆରମ୍ଭରେ ଶୂନ (0) ବସାଯାଇଛି ଏବଂ ସମସ୍ତ ସଂଖ୍ୟାକୁ ସମଅଙ୍କ ବିଶିଷ୍ଟକରି ତଳକୁ ତଳ ଲେଖାଯାଇଛି।)

ଏକକ ସ୍ତମ୍ଭ : ଉପରୁ ତଳ ଆଡ଼କୁ 6 + 4 = 10 ପାଇଲେ ବର୍ତ୍ତମାନ 4 ର ବାମପାର୍ଶ୍ୱସ୍ଥ ଅଙ୍କ 5 ଉପରେ ଶୁଦ୍ଧ ବିନ୍ଦୁ ଚିହ୍ନ ଦିଆଯାଇଛି ଏବଂ 0 କୁ 7 ସହ ଯୋଗ କରାଯାଇ ସ୍ତମ୍ଭ ତଳେ 7 ଲେଖାଯାଇଛି।

ଦଶକ ସ୍ତମ୍ଭ : (i) ଉପରୁ ତଳ ଆଡ଼କୁ $8 + \dot{5} = 8 + 6 = 14$ ପାଇଲେ। ବର୍ତ୍ତମାନ 5 ର ବାମପାର୍ଶ୍ୱସ୍ଥ ଅଙ୍କ 6 ଉପରେ ଶୁଦ୍ଧ ବିନ୍ଦୁ ଚିହ୍ନ ଦିଆଯାଇଛି ଏବଂ 4 କୁ 8 ସହ ଯୋଗ କରାଯାଇଛି। ଅର୍ଥାତ୍ 4 + 8 = 12 ।

(ii) ଉପ୍ରରେ 8 ର ବାମପାର୍ଶ୍ୱସ୍ଥ ଅଙ୍କ 9 ଉପରେ ଶୁଦ୍ଧ ବିନ୍ଦୁ ଚିହ୍ନ ଦିଆଯାଇ ସ୍ତମ୍ଭ ତଳେ 2 ଲେଖାଯାଇଛି।

ଶତକ ସ୍ତମ୍ଭ : (i) ଉପରୁ ତଳ ଆଡ଼କୁ $4 + \dot{6} = 4 + 7 = 11$ ପାଇଲେ। ବର୍ତ୍ତମାନ 6 ର ବାମପାର୍ଶ୍ୱସ୍ଥ ଅଙ୍କ 0 ଉପରେ ଶୁଦ୍ଧ ବିନ୍ଦୁ ଚିହ୍ନ ଦିଆଯାଇଛି ଏବଂ 1 କୁ $\dot{9}$ ସହ ଯୋଗକରାଯାଇଛି। ଅର୍ଥାତ୍ 1 + 10 = 11 ।

(ii) ତତ୍ପରେ 9 ର ବାମପାର୍ଶ୍ୱସ୍ଥ ଅଙ୍କ 0 ଉପରେ ଶୁଦ୍ଧ ବିନ୍ଦୁ ଚିହ୍ନ ଦିଆଯାଇ ସ୍ତମ୍ଭତଳେ 1 ଲେଖାଯାଇଛି ।

ସହସ୍ରକ ସ୍ତମ୍ଭ : ବର୍ତ୍ତମାନ $0 + \dot{0} + \dot{0} = 0 + 1 + 1 = 2$ କୁ ଉକ୍ତ ସ୍ତମ୍ଭ ତଳେ ଲେଖାଯାଇଛି ।

∴ ନିର୍ଣ୍ଣେୟ ଯୋଗଫଳ = 2127 ହେବ ।

ଉଦାହରଣ-8: 6489, 5642 ଏବଂ 3241ର ଯୋଗଫଳ ନିର୍ଣ୍ଣୟ କର ।

ସମାଧାନ :

$$
\begin{array}{r}
06489 \\
\dot{0}\dot{5}\dot{6}\dot{4}2 \\
03241 \\
\hline
15372
\end{array}
$$

∴ ନିର୍ଣ୍ଣେୟ ଯୋଗଫଳ = 15372

ଉଦାହରଣ-9:1926, 87, 355 ଓ 7896ର ଯୋଗଫଳ ନିର୍ଣ୍ଣୟ କର ।

ସମାଧାନ :

$$
\begin{array}{r}
01926 \\
0\dot{0}\dot{0}\dot{8}7 \\
00355 \\
\dot{0}\dot{7}\dot{8}\dot{9}6 \\
\hline
10264
\end{array}
$$

(ସୂଚନା : ପ୍ରତ୍ୟେକ ସଂଖ୍ୟା ପୂର୍ବରୁ '0' ଦେଇ ସମଅଙ୍କ ବିଶିଷ୍ଟ ସଂଖ୍ୟା କରାଗଲା । ତତ୍ପରେ ପ୍ରତ୍ୟେକ ସଂଖ୍ୟାର ବାମ ପାର୍ଶ୍ୱରେ '0' ଦିଆଗଲା ।)

∴ ନିର୍ଣ୍ଣେୟ ଯୋଗଫଳ = 10264

(B) **ଧନସଂଖ୍ୟା ଏବଂ ଋଣସଂଖ୍ୟା ସମ୍ବଳିତ ଯୋଗକ୍ରିୟା ସମ୍ପାଦନ :**

ମିଶ୍ରାଙ୍କ ବା ବିନ୍' କୁଲମ୍‌ର ପ୍ରୟୋଗରେ ଯୋଗଫଳ ନିର୍ଣ୍ଣୟ :

ଉଦାହରଣ - 10 : 232 + 4151 – 2889 + 1371 ର ମାନ କେତେ ସ୍ଥିର କର ।

ସମାଧାନ :

$$232 + 4151 - 2889 + 1371$$

$$= 232 + 4151 + \overline{2}\,\overline{8}\,\overline{8}\,\overline{9} + 1371$$

(-2889 କୁ $\overline{2}\,\overline{8}\,\overline{8}\,\overline{9}$ ରୂପେ ଲେଖାଯାଇଛି)

ସଂଖ୍ୟାଗୁଡ଼ିକୁ ତଳକୁ ତଳ ସଜାଇ ଲେଖିବା ।

$$\begin{array}{cccc} 0 & 2 & 3 & 2 \\ 4 & 1 & 5 & 1 \\ \overline{2} & \overline{8} & \overline{8} & \overline{9} \\ 1 & 3 & 7 & 1 \\ \hline 3 & \overline{2} & 7 & \overline{5} \end{array}$$

(i) ସଂଖ୍ୟାର ଅଙ୍କଗୁଡ଼ିକୁ ସ୍ଥାନ ଅନୁସାରେ ତଳକୁ ତଳ ସଜାଇ ଲେଖାଗଲା ।

(ii) ପ୍ରତ୍ୟେକ ସ୍ତମ୍ଭର ଯୋଗଫଳକୁ ନିମ୍ନରେ ଲେଖାଯାଇଛି ।

ଏକକ ସ୍ତମ୍ଭ $= 2 + 1 + \overline{9} + 1 = \overline{5}$

ଦଶକ ସ୍ତମ୍ଭ $= 3 + 5 + \overline{8} + 7 = 7$

ଶତକ ସ୍ତମ୍ଭ $= 2 + 1 + \overline{8} + 3 = \overline{2}$

ସହସ୍ରକ ସ୍ତମ୍ଭ $= 0 + 4 + \overline{2} + 1 = 3$

ବର୍ତ୍ତମାନ ମିଶ୍ରାଙ୍କଗୁଡ଼ିକୁ ଅପସାରଣ କଲେ ପାଇବା-

$$3\overline{2}7\overline{5} = (3-1)\,(10-2)\,(7-1)\,(10-5) = 2865$$

$$\therefore 232 + 4151 - 2889 + 1371 = 2865$$

ଉଦାହରଣ - 11 : 6456 – 7867 + 9430 – 5642 – 75 ର ମାନ ସ୍ଥିର କର ।

ସମାଧାନ : 6456 – 7867 + 9430 – 5642 – 75

= 6456 – 7867 + 9430 – 5642 – 0075

$$\begin{array}{r} 6\,4\,5\,6 \\ \overline{7}\,\overline{8}\,\overline{6}\,\overline{7} \\ 9\,4\,3\,0 \\ \overline{5}\,\overline{6}\,\overline{4}\,\overline{2} \\ 0\,0\,\overline{7}\,\overline{5} \\ \hline 3\,\overline{6}\,\overline{9}\,\overline{8} \end{array}$$

$3\overline{6}\overline{9}\overline{8}$ କୁ ମୂଳ ସଂଖ୍ୟାରେ ରୂପାନ୍ତର କଲେ ପାଇବା-

(3 – 1) (9 – 6) (9 – 9) (10 – 8) = 2302

∴ ନିର୍ଣ୍ଣେୟ ମାନ = 2302

ପାରମ୍ପରିକ ପଦ୍ଧତି : (6456 + 9430) – (7867 + 5642 + 75)

= 15886 – 13584 = 2302

∴ ନିର୍ଣ୍ଣେୟ ମାନ = 2302

ଉଦାହରଣ - 12 : 1600 – 924 – 308 – 80 + 200 ର ମାନ କେତେ ସ୍ଥିର କର ।

ସମାଧାନ : 1600 – 924 – 308 – 80 + 200

$$\begin{array}{r} 1\,6\,0\,0 \\ 0\,\overline{9}\,\overline{2}\,\overline{4} \\ 0\,\overline{3}\,0\,\overline{8} \\ 0\,0\,\overline{8}\,0 \\ 0\,2\,0\,0 \\ \hline 1\;\overline{4}\;\overline{10}\;\overline{12} \end{array}$$

$1\ \overline{4}\ \overline{10}\ \overline{12} = 1(\overline{4} + \overline{1})(\overline{0} + \overline{1})\ \overline{2}$

$\qquad\qquad\quad = 1\overline{5}\,\overline{1}\,\overline{2} = 1000 - 512 = 488$

ଅଥବା $1\overline{5}\,\overline{1}\,\overline{2} = (1-1)(9-5)(9-1)(10-2) = 488$

∴ ନିର୍ଣ୍ଣେୟ ମାନ = 488

ପାରମ୍ପରିକ ପଦ୍ଧତି : $(1600 + 200) - (924 + 308 + 80)$

$\qquad\qquad\qquad = 1800 - 1312 = 488$

∴ ନିର୍ଣ୍ଣେୟ ମାନ = 488 ।

ପ୍ରଶ୍ନାବଳୀ – 2

1. 'ପୂରଣା ପୂରଣାଭ୍ୟାମ୍' ସୂତ୍ରର ପ୍ରୟୋଗରେ ଯୋଗଫଳ ସ୍ଥିର କର ।
   (a) $37 + 121 + 73 + 18 + 79 + 32$
   (b) $22 + 441 + 159 + 244 + 256 + 88$
   (c) $446 + 363 + 334 + 117 + 33$
   (d) $25 + 71 + 65 + 11 + 29 + 35$
   (e) $703 + 618 + 277 + 382$

2. 'ଶୁଦ୍ଧ ବିନ୍ଦୁ' ବା 'ଏକାଧିକ' ବିନ୍ଦୁ ବ୍ୟବହାର କରି ଯୋଗଫଳ ସ୍ଥିର କର ।
   (a) $872 + 673 + 189$
   (b) $2338 + 3762 + 421 + 778$
   (c) $3142 + 5289 + 8378 + 7438$
   (d) $588 + 397 + 658 + 245$
   (e) $218 + 3257 + 643 + 879$

3. 'ସଂକଳନ ବ୍ୟବକଳନ' ସୂତ୍ରର ପ୍ରୟୋଗରେ ଯୋଗଫଳ ସ୍ଥିର କର ।

(a) 596 + 498 + 345 + 765

(b) 703 + 219 + 77 + 161

(c) 587 + 303 + 110

(d) 256 + 184 + 160

(e) 272 + 153 + 15

4. ଉପଯୁକ୍ତ ବୈଦିକ ପଦ୍ଧତି ଆଧାରରେ ନିମ୍ନଲିଖିତ ଗାଣିତିକ ଉକ୍ତିଗୁଡ଼ିକର ସରଳୀକୃତ ମାନ ନିରୂପଣ କର ।

(a) 38 + 73 – 52 + 16

(b) 13 – 83 + 254 – 78

(c) 3718 – 1481 + 2632 – 572

(d) 1761 + 2581 – 483 – 388

(e) 73294 – 63814 + 2481

-୦-

ତୃତୀୟ ଅଧ୍ୟାୟ
ବିୟୋଗ (SUBTRACTION)

ବୈଦିକ ସୂତ୍ର ସମୂହ : ସଂକଳନ ବ୍ୟବକଳନାଭ୍ୟାମ୍, ଏକ ନ୍ୟୂନେନ୍ ପୂର୍ବେଣ ଏବଂ ନିଖିଳଂ ନବତଃ ଚରମଂ ଦଶତଃ ।

ପାଟୀଗଣିତରେ ବ୍ୟବହୃତ ମୌଳିକ ପ୍ରକ୍ରିୟା ମଧ୍ୟରୁ ବିୟୋଗ ପ୍ରକ୍ରିୟା, ଯୋଗ ପ୍ରକ୍ରିୟା ଭଳି ମଧ୍ୟ ଏକ ଗୁରୁତ୍ୱପୂର୍ଣ୍ଣ ପ୍ରକ୍ରିୟା ।

ଯୋଗର ବିପରୀତ ପ୍ରକ୍ରିୟା ହେଉଛି ବିୟୋଗ ପ୍ରକ୍ରିୟା । ସାଧାରଣ ଭାବରେ ବୁଝିବା, ବିୟୋଗ ହେଉଛି ଗୋଟିଏ ନିର୍ଦ୍ଦିଷ୍ଟ ଗୋଷ୍ଠୀରୁ କିଛି ବାଦ୍ ଦେବା ପ୍ରଣାଳୀ, ଯାହାକୁ ବିୟୋଗ ପ୍ରକ୍ରିୟା କୁହାଯାଏ । ଅନ୍ୟ ଅର୍ଥରେ କହିବାକୁ ଗଲେ, ଏକ ସଂଖ୍ୟା ସ୍ଥିର କରିବା, ଯାହାକୁ ସଂପୃକ୍ତ ସଂଖ୍ୟାଦ୍ୱୟ ମଧ୍ୟରୁ କୌଣସି ଗୋଟିଏ ସଂଖ୍ୟାରେ ଯୋଗକଲେ ଅନ୍ୟ ସଂଖ୍ୟାଟି ମିଳିପାରିବ ।

ଉଦାହରଣ ସ୍ୱରୂପ, 35 ରେ କେତେ ଯୋଗ କଲେ 47 ମିଳିବ ? ନିର୍ଣ୍ଣେୟ ସଂଖ୍ୟାଟି 12 ହେବ; କାରଣ 35 ରେ 12 ଯୋଗକଲେ 47 ହେବ । ଏଠାରେ ସଂଗଠିତ ପ୍ରକ୍ରିୟାକୁ **ବିୟୋଗ ପ୍ରକ୍ରିୟା** କୁହାଯାଏ ।

ସଂକ୍ଷେପରେ ଲେଖିବା : 47 – 35 = 12

ପୁନଶ୍ଚ କହିପାରିବା : 12 ରେ କେତେ ଯୋଗ କଲେ 47 ହେବ ?

ନିର୍ଣ୍ଣେୟ ଉତ୍ତରଟି ହେବ, 35 କାରଣ 47 – 12 = 35

ପାରମ୍ପରିକ ବା ଗତାନୁଗତିକ ପଦ୍ଧତିରେ ବିୟୋଗ :

ସାଧାରଣତଃ ପାରମ୍ପରିକ ପଦ୍ଧତିରେ ବିୟୋଗ ପ୍ରକ୍ରିୟା ସଂପାଦନ କଷ୍ଟକର । କାରଣ ସାନଅଙ୍କରୁ ବଡ଼ ଅଙ୍କ ବିୟୋଗ କଲାବେଳେ ବାମ ପାର୍ଶ୍ୱରୁ (ବିୟୋଗ ସଂଗଠିତ ହେବାକୁ ଥିବା ସ୍ତମ୍ଭର ପୂର୍ବବର୍ତ୍ତୀ ସ୍ତମ୍ଭ) ଦକ୍ଷିଣ ପାର୍ଶ୍ୱକୁ 1 ଉଧାର ଆଣି ସାନ ଅଙ୍କଟିକୁ ଦୁଇ ଅଙ୍କବିଶିଷ୍ଟ ସଂଖ୍ୟାରେ ପରିଣତ କରାଯାଏ ଏବଂ ତତ୍ପରେ ବଡ଼ ସଂଖ୍ୟାଟିକୁ ବିୟୋଗ କରାଯାଇଥାଏ । ବର୍ତ୍ତମାନ ପାରମ୍ପରିକ ପଦ୍ଧତିରେ ବିୟୋଗ କିପରି କରାଯାଏ ତା'ର ଏକ ଉଦାହରଣ ନେବା ।

ଉଦାହରଣ – 1 : ଗତାନୁଗତିକ ପଦ୍ଧତିରେ 8436 ରୁ 4768 ବିୟୋଗ କର ।

ସମାଧାନ :

$$\begin{array}{r} \overset{1312}{} \\ 73216 \\ \cancel{8}\cancel{4}\cancel{3}\cancel{6} \\ (-)4768 \\ \hline 3668 \end{array}$$

∴ ନିର୍ଣ୍ଣେୟ ବିୟୋଗଫଳ = 3668

ବିଘଟନ ପ୍ରକ୍ରିୟାରେ ବିୟୋଗ କାର୍ଯ୍ୟ :

ସଂଖ୍ୟାଦ୍ୱୟକୁ ବିସ୍ତୃତ ବା ବିଘଟନ ପ୍ରଣାଳୀରେ ପ୍ରକାଶ କରି ବିୟୋଗ କାର୍ଯ୍ୟ କିପରି କରାଯାଇଛି ଅନୁଧ୍ୟାନ କର ।

ଉଦାହରଣ – 2 : 365 କୁ 632 ରୁ ବିୟୋଗ କରି ବିୟୋଗଫଳ ସ୍ଥିର କର ।

ସମାଧାନ :

$$\begin{aligned} 632 &= 600 + 30 + 2 = 500 + 120 + 12 \\ (-)\,365 &= 300 + 60 + 5 = 300 + 60 + 5 \\ \hline & 200 + 60 + 7 = 267 \end{aligned}$$

∴ ନିର୍ଣ୍ଣେୟ ବିୟୋଗଫଳ = 632 – 365 = 267

ଉଦାହରଣ-3: 521 ରୁ 497 ବିୟୋଗ କରି ବିୟୋଗଫଳ ସ୍ଥିର କର ।

ସମାଧାନ :

$$\begin{aligned} 521 &= 500 + 20 + 1 = 400 + 110 + 11 \\ (-)\,497 &= 400 + 90 + 7 = 400 + 90 + 7 \\ \hline & 0 + 20 + 4 \end{aligned}$$

∴ ନିର୍ଣ୍ଣେୟ ବିୟୋଗଫଳ = 24

ଉକ୍ତ ପ୍ରଣାଳୀରେ ସଂଖ୍ୟାଦ୍ୱୟକୁ ଆବଶ୍ୟକତା ଅନୁଯାୟୀ ବିଘଟିତ କରାଯାଏ ଏବଂ ତତ୍ପରେ ଅନୁରୂପ ସ୍ଥାନଗୁଡ଼ିକରେ ବିୟୋଗ ପ୍ରକ୍ରିୟା ସଂପାଦନ କରାଯାଏ। କିନ୍ତୁ ଉକ୍ତ ବିୟୋଗ ପ୍ରକ୍ରିୟା ସମୟ ସାପେକ୍ଷ ଅଟେ । **ସଂକଳନ ଏବଂ ବ୍ୟବକଳନ ସୂତ୍ର** ଆଧାରରେ ମଧ୍ୟ ବିୟୋଗ କ୍ରିୟା ସଂପାଦନ ସହଜ ହୁଏ।

ଉଦାହରଣ - 4: 58 ରୁ 46 କୁ ବିୟୋଗ କର।

ସମାଧାନ :

ପ୍ରୟୋଗ ବିଧି : ଏଠାରେ ବିୟୋଗ ହେବାକୁ ଥିବା ସଂଖ୍ୟାକୁ 10ର ଗୁଣିତକରେ ପ୍ରକାଶ କରିବାକୁ ହୁଏ । 10 ର ଗୁଣିତକରେ ପ୍ରକାଶ କରି ଆବଶ୍ୟକ ସଂଖ୍ୟାକୁ ଉଭୟରେ ଯୋଗ କରି ତତ୍ପରେ ବଡ଼ସଂଖ୍ୟାରୁ ସାନ ସଂଖ୍ୟାକୁ ବିୟୋଗ କରାଯାଏ ।

$58 - 46 = (58 + 4) - (46 + 4)$ (ସଂକଳନ)

$= 62 - 50 = 12$

∴ ନିର୍ଣ୍ଣେୟ ବିୟୋଗଫଳ = 12 ।

ବିକଳ୍ପ ପ୍ରଣାଳୀ : $58 - 46 = (58 - 48) + 2 = 10 + 2 = 12$

($\because 46 = 48 - 2$ ଅଥବା $-46 = -48 + 2$)

(ଦତ୍ତ ସଂଖ୍ୟା ଦ୍ୱୟର ଏକକ ସ୍ଥାନୀୟ ଅଙ୍କ ଦ୍ୱୟକୁ ସମାନ ଅଙ୍କ ବିଶିଷ୍ଟ କରାଯାଇ ବିୟୋଗ ଫଳ ନିର୍ଣ୍ଣୟ କରାଯାଇଛି।)

ଉଦାହରଣ - 5: 246 ରୁ 182 ବିୟୋଗ କରି ବିୟୋଗଫଳ ସ୍ଥିର କର।

ସମାଧାନ :

ଏଠାରେ ବିୟୋଗ ହେବାକୁ ଥିବା ସଂଖ୍ୟା 182 କୁ ନିକଟତମ ଶତକ ଅର୍ଥାତ୍ 200 ରେ ପ୍ରକାଶ କରିବାକୁ ହେଲେ ଉଭୟ ସଂଖ୍ୟାରେ 18 ଯୋଗ କରିବାକୁ ହେବ।

$246 - 182 = (246 + 18) - (182 + 18)$ (ସଂକଳନ)

$= 264 - 200 = 64$ (ବ୍ୟବକଳନ)

∴ ନିର୍ଣ୍ଣେୟ ବିୟୋଗଫଳ = 64 ।

ସୂଚନା : ପ୍ରଥମେ 200 ରୁ 182 କେତେ କମ୍ ସ୍ଥିର କରିବାକୁ ହେବ।

ବେଦଗଣିତରେ ଉକ୍ତ ବିୟୋଗ ପ୍ରକ୍ରିୟା ନିମ୍ନ ତିନୋଟି ସୂତ୍ର ଆଧାରିତ।

(1) 'ଶୁଦ୍ଧବିନ୍ଦୁ' ଓ ପରମମିତ୍ର ଅଙ୍କର ପ୍ରୟୋଗ।

(2) 'ଏକ ନ୍ୟୂନେନ୍' ଏବଂ 'ନିଖିଳଂ' ସୂତ୍ରର ପ୍ରୟୋଗ।

(3) ମିଶ୍ରାଙ୍କ (ରେଖାଙ୍କ) ପଦ୍ଧତିର ପ୍ରୟୋଗ।

1. ଶୁଦ୍ଧବିନ୍ଦୁ ଓ ପରମମିତ୍ର ଅଙ୍କ ପ୍ରୟୋଗରେ ବିୟୋଗ କ୍ରିୟା:

ପୂର୍ବପାଠରେ ଜାଣିଛ, କୌଣସି ଅଙ୍କ ଉପରେ ଶୁଦ୍ଧ ଚିହ୍ନ ବା ବିନ୍ଦୁ (.) ଥିଲେ ଅଙ୍କଟିକୁ ଶୁଦ୍ଧ ଅଙ୍କ କୁହାଯାଏ ଓ ଚିହ୍ନଯୁକ୍ତ ଅଙ୍କଟିର ମାନ ପୂର୍ବମାନ ଠାରୁ 1 ଅଧିକ ହୁଏ।

ଯଥା : $\dot{2} = 3$, $\dot{5} = 6$, $\dot{6} = 7$, $\dot{7} = 8$..... ଇତ୍ୟାଦି।

ବି.ଦ୍ର. : ଶୁଦ୍ଧ ବିନ୍ଦୁ ବା ଶୁଦ୍ଧ ଚିହ୍ନକୁ ଏକାଧିକ ଚିହ୍ନ କୁହାଯାଏ।

ଯେଉଁ ଅଙ୍କଦ୍ୱୟର ସମଷ୍ଟି 10, ସେହି ଅଙ୍କଦ୍ୱୟ ପରସ୍ପରର ପରମମିତ୍ର ଅଙ୍କ ବା ପୂରକ ଅଙ୍କ ଅଟନ୍ତି; ଯଥା : 8 ଓ 2, 4 ଓ 6, 9 ଓ 1 ଇତ୍ୟାଦି। ବର୍ତ୍ତମାନ **'ଶୁଦ୍ଧ ବିନ୍ଦୁ'** ଓ **'ପରମମିତ୍ର ଅଙ୍କ'**ର ପ୍ରୟୋଗ ବିଧିରେ ବିୟୋଗପ୍ରକ୍ରିୟା କିପରି ସଂଗଠିତ ହୁଏ ତାହା ଅନୁଧାନ କରିବା ।

ପ୍ରୟୋଗ ବିଧିର ବିଭିନ୍ନ ସୋପାନ :

(i) ସ୍ଥାନ ଅନୁଯାୟୀ ସଂଖ୍ୟାଦ୍ୱୟକୁ ତଳକୁ ତଳ ଲେଖ । ତତ୍ପରେ ସାନସଂଖ୍ୟାର ଅଙ୍କ ସଂଖ୍ୟା କମ୍ ଥିଲେ ଏହାର ବାମପାର୍ଶ୍ୱରେ '0' ଲେଖି ଉଭୟ ସଂଖ୍ୟାକୁ ସମଅଙ୍କ ବିଶିଷ୍ଟ କରିବାକୁ ହେବ।

(ii) ସଂଖ୍ୟାରେ ଥିବା ବଡ଼ ଅଙ୍କରୁ ସାନ ଅଙ୍କ ବିୟୋଗ ଅଥବା ଦୁଇଟି ଅଙ୍କ ସମାନ ଅଙ୍କ ହୋଇଥିଲା ବେଳେ ବିୟୋଗ ପାଇଁ ପାରମ୍ପରିକ ପ୍ରଣାଳୀ ଅବଲମ୍ବନ କର।

(iii) ସାନ ଅଙ୍କରୁ ବଡ଼ ଅଙ୍କ ବିୟୋଗ କଲାବେଳେ ବଡ଼ ଅଙ୍କର ପରମମିତ୍ର ଅଙ୍କ ନିର୍ଣ୍ଣୟ କରି ସାନ ଅଙ୍କ ସହ ଯୋଗ କର (ଅଥବା ବଡ଼ ଅଙ୍କରୁ ସାନ ଅଙ୍କ ବିୟୋଗ କରି ଏହାର ପରମମିତ୍ର ସଂଖ୍ୟା ନିର୍ଣ୍ଣୟ କର) ଏବଂ ବଡ଼ ଅଙ୍କର ବାମପାର୍ଶ୍ୱସ୍ଥ ଅଙ୍କ ଉପରେ ଶୁଦ୍ଧ ଚିହ୍ନ ବା ଏକାଧିକ ଚିହ୍ନ ଦେବାକୁ ହେବ ।

ଉଦାହରଣ - 6: 16 ରୁ 9 ବିୟୋଗ କର ।

ସମାଧାନ : ପ୍ରଥମ ସୋପାନ :

$$\begin{array}{r} 16 \\ (-)\ \dot{0}9 \\ \hline 07 \end{array}$$

(i) 16 ଓ 9 କୁ ସମଅଙ୍କ ବିଶିଷ୍ଟ ସଂଖ୍ୟାରେ ପରିଣତ କରାଗଲା ।

(ii) 6 ରୁ 9 କୁ ବିୟୋଗ ନ କରି 9 ରୁ 6 କୁ ବିୟୋଗ କରି ବିୟୋଗଫଳ 3 ର ପରମମିତ୍ର ଅଙ୍କ 7 କୁ ଆନୁଭୂମିକ ରେଖାର ତଳେ ଲେଖାଗଲା । ଅଥବା 9 ର ପରମ ମିତ୍ର 1 କୁ 6 ସହ ଯୋଗ କରି ଯୋଗଫଳ 7 କୁ ଆନୁଭୂମିକ ରେଖାର ନିମ୍ନରେ ଲେଖାଯାଇପାରେ ।

(iii) 9 ର ବାମପାର୍ଶ୍ୱସ୍ଥ 0 ଉପରେ ଶୁଦ୍ଧବିନ୍ଦୁ ବା ଏକାଧିକ ଚିହ୍ନ ଦେଇ $\dot{0}$ ରୂପରେ ଲେଖ ।

(iv) $\dot{0} = 1$ ହେତୁ ବାମପାର୍ଶ୍ୱସ୍ଥ ସ୍ତମ୍ଭରେ ଥିବା ଅଙ୍କଦ୍ୱୟର ବିୟୋଗଫଳ

$= 1 - \dot{0} = 1 - 1 = 0$ ହେବ ।

∴ ନିର୍ଣ୍ଣେୟ ବିୟୋଗଫଳ = 7 ।

ଉଦାହରଣ - 7 : 45 ରୁ 28 କୁ ବିୟୋଗ କର ।

ସମାଧାନ :

$$\begin{array}{r} 45 \\ (-)\ \dot{2}8 \\ \hline 17 \end{array}$$

ଦକ୍ଷିଣ ପାର୍ଶ୍ୱସ୍ଥ ସ୍ତମ୍ଭରେ ଥବା ଅଙ୍କଦ୍ୱୟର ବିୟୋଗଫଳ : 8 – 5= 3, 3 ର ପରମମିତ୍ର 7 କୁ ଆନୁଭୂମିକ ରେଖାର ତଳେ ଲେଖାଗଲା । ତତ୍ପରେ 8 ର ବାମପାର୍ଶ୍ୱସ୍ଥ ଅଙ୍କ 2 ଉପରେ ଶୁଦ୍ଧବିନ୍ଦୁ ଦିଆଗଲା ।

ବାମପାର୍ଶ୍ୱସ୍ଥ ଅଙ୍କଦ୍ୱୟର ବିୟୋଗଫଳ = $4 - \dot{2} = 4 - 3 = 1$

∴ ନିର୍ଣ୍ଣେୟ ବିୟୋଗଫଳ = 17 ।

ଉଦାହରଣ- 8 : 469 କୁ 500 ରୁ ବିୟୋଗ କରି ବିୟୋଗଫଳ ନିର୍ଣ୍ଣୟ କର ।

ସମାଧାନ :

$$\begin{array}{r} 500 \\ (-)\dot{4}69 \\ \hline 031 \end{array}$$

ବିଶ୍ଳେଷଣ :

(i) ଏକକ ଘରର ତଳ ଅଙ୍କରୁ ଉପର ଅଙ୍କକୁ ବିୟୋଗ କରାଯାଇଥିବାରୁ 9 ର ବାମ ପାର୍ଶ୍ୱସ୍ଥ ଅଙ୍କ 6 ଉପରେ ଏକାଧିକ ଚିହ୍ନ ଦିଆଯାଇଛି ।

(ii) ଏକାଧିକଚିହ୍ନ ଥିବା ଅଙ୍କର ମୂଲ୍ୟ 1 ଅଧିକ ହେବ । ତେଣୁ $\dot{6}$ ର ମୂଲ୍ୟ 7, ଦଶକ ଘରର ତଳ ଅଙ୍କ 7 ରୁ 0 ବିୟୋଗ କରାଯାଉଥିବାରୁ 6 ର ବାମପାର୍ଶ୍ୱସ୍ଥ ଅଙ୍କ 4 ଉପରେ ଏକାଧିକ ଚିହ୍ନ ଦିଆଯାଇଛି । ତତ୍ପରେ 7 ର ପରମମିତ୍ର 3 କୁ ନିମ୍ନରେ ଲେଖାଯାଇଛି ।

ବିୟୋଗ କ୍ରିୟା : $9 - 0 = 9$, 9 ର ପରମମିତ୍ର 1 ।

$\dot{6} = 7, 7 - 0 = 7$, 7 ର ପରମମିତ୍ର 3 ।

$\dot{4} = 5, 5 - 5 = 0$

$\therefore$ ନିର୍ଣ୍ଣେୟ ବିୟୋଗଫଳ = 31

ଉଦାହରଣ- 9 : 175 ରୁ 83 ବିୟୋଗ କର ।

ସମାଧାନ : **ବିୟୋଗ କ୍ରିୟା :**

$$\begin{array}{r} 175 \\ \dot{0}83 \\ \hline 092 \end{array}$$

$5 - 3 = 2$ (ଏକକ ଘର)

$8 - 7 = 1$, 1 ର ପରମମିତ୍ର 9 (ଦଶକ ଘର)

$\dot{0} = 1 \quad 1 - 1 = 0$

$\therefore$ ନିର୍ଣ୍ଣେୟ ବିୟୋଗଫଳ = 92

ଉଦାହରଣ-10: 958 କୁ 4573ରୁ ବିୟୋଗକରି ବିୟୋଗଫଳ ନିର୍ଣ୍ଣୟ କର ।

ସମାଧାନ :

$$\begin{array}{rr} & 4\,5\,7\,3 \\ (-) & \dot{0}\,9\,\dot{5}\,8 \\ \hline & 3\,6\,1\,5 \end{array}$$

ବିୟୋଗ କ୍ରିୟା :

(i) $8 - 3 = 5, 5$ ର ପରମମିତ୍ର 5

8 ର ବାମପାର୍ଶ୍ୱସ୍ଥ ଅଙ୍କ 5 ଉପରେ ଏକାଧିକ ଚିହ୍ନ ଦିଆଯାଇଛି ।

(ii) $\dot{5} = 6, 7 - 6 = 1$

(iii) $9 - 5 = 4$, 4 ର ପରମମିତ୍ର 6 ।

9 ର ବାମପାର୍ଶ୍ୱସ୍ଥ ସଂଖ୍ୟା 0 ଉପରେ ଏକାଧିକ ଚିହ୍ନ ଦିଆଯାଇଛି ।

(iv) $\dot{0} = 1, \quad 4 - 1 = 3$

$\therefore$ ନିର୍ଣ୍ଣେୟ ବିୟୋଗଫଳ =3615

2. 'ଏକ ନ୍ୟୂନେନ୍' ଏବଂ 'ନିଖିଳଂ' ସୂତ୍ର ପ୍ରୟୋଗରେ ବିୟୋଗ କ୍ରିୟା:

10 ର ଗୁଣିତକ ଗୁଡ଼ିକରୁ (100, 1000, 10000, 40000, 587000 ଇତ୍ୟାଦି) ଅନ୍ୟ ଯେକୌଣସି ସଂଖ୍ୟାକୁ ବିୟୋଗ କଲା ବେଳେ ଉକ୍ତ ସୂତ୍ରର ପ୍ରୟୋଗ, ବିୟୋଗ କ୍ରିୟାକୁ ସହଜ କରିଥାଏ।

ବିୟୋଗ ବିଧି :

(i) ପ୍ରଥମେ ସଂଖ୍ୟା ଦୁଇଟିର ଅଙ୍କଗୁଡ଼ିକୁ ସ୍ଥାନ ଅନୁସାରେ ତଳକୁ ତଳ ଲେଖ। ବିୟୋଗ ହେବାକୁ ଥିବା ସଂଖ୍ୟାର ବାମପାର୍ଶ୍ୱରେ ଆବଶ୍ୟକ ସ୍ଥଳେ ଶୂନ ବସାଇ ଉଭୟ ସଂଖ୍ୟାକୁ ସମଅଙ୍କ ବିଶିଷ୍ଟ ସଂଖ୍ୟାରେ ପରିଣତ କର।

(ii) ପ୍ରଥମ ସଂଖ୍ୟାର ବାମରୁ ପ୍ରତ୍ୟେକ ଶୂନକୁ '9' ଦ୍ୱାରା ପ୍ରତିସ୍ଥାପିତ କର; କିନ୍ତୁ ଶେଷ ଶୂନକୁ 10 ଦ୍ୱାରା ପ୍ରତିସ୍ଥାପିତ କର । (**ନିଖିଳଂ ନବତଃ ଚରମଂ ଦଶତଃ** ଅର୍ଥାତ୍ ଶେଷ ଅଙ୍କକୁ 10 ରୁ ଏବଂ ଅନ୍ୟ ସମସ୍ତ ଅଙ୍କକୁ 9 ରୁ ବିୟୋଗ)

(iii) ଶୂନ ପୂର୍ବରୁ ଥିବା ସଂଖ୍ୟାରୁ 1 ବିୟୋଗ କରି (**ଏକ ନ୍ୟୂନେନ୍ ପୂର୍ବେଣ**) ଲେଖ । ବର୍ତ୍ତମାନ ପୂର୍ବଭଳି ପାରମ୍ପରିକ ପଦ୍ଧତିରେ ବିୟୋଗ କାର୍ଯ୍ୟ ସମ୍ପାଦନ କର ।

ଉଦାହରଣ- 1 : 10000 ରୁ 482 ବିୟୋଗ କର।

ସମାଧାନ: (ପ୍ରଥମ ସୋପାନ) (ଦ୍ୱିତୀୟ ଓ ତୃତୀୟ ସୋପାନ)

```
    10000             10000            0999 10
(–)   482  ──→    (–) 00482  ──→   (–) 0048  2
──────────        ──────────       ────────────
                                       0951  8
```

∴ ନିର୍ଣ୍ଣେୟ ବିୟୋଗଫଳ = 10000 – 482 = 9518

ଉଦାହରଣ- 2 : 40000 ରୁ 1172 ବିୟୋଗ କର।

ସମାଧାନ :

```
    40000             40000            3999 10
(–)  1172  ──→    (–) 01172  ──→   (–) 0117  2
──────────        ──────────       ────────────
                                       3882  8
```

∴ ନିର୍ଣ୍ଣେୟ ବିୟୋଗଫଳ = 40000 – 1172 = 38828

ଉଦାହରଣ- 3 : 5900000 ରୁ 48965 ବିୟୋଗ କର ।

ସମାଧାନ :

$$\begin{array}{r} 5900000 \\ (-)\quad 48965 \\ \hline \end{array} \longrightarrow \begin{array}{r} 5900000 \\ (-)\,0048965 \\ \hline \end{array} \longrightarrow \begin{array}{r} 58999910 \\ (-)\ 0048965 \\ \hline 5851035 \end{array}$$

∴ ନିର୍ଣ୍ଣେୟ ବିୟୋଗଫଳ = 5900000 – 48965 = 5851035

2.(a) 10 ର ଗୁଣିତକରେ ପ୍ରକାଶିତ ହୋଇନଥିବା ସଂଖ୍ୟାଗୁଡ଼ିକରୁ କୌଣସି ସଂଖ୍ୟାକୁ ବିୟୋଗ କଲାବେଳେ ଉଧାର ଆଣିବା କ୍ରିୟାକୁ ମଧ୍ୟ ଏଡ଼ାଇ ଦିଆଯାଇପାରେ । ଏଥିପାଇଁ ପୂର୍ବୋକ୍ତ ସୂତ୍ରର ମଧ୍ୟ ଉପଯୋଗ କରାଯାଇଥାଏ ।

ପ୍ରୟୋଗବିଧି :

(i) ସଂଖ୍ୟାଦ୍ୱୟର ଅଙ୍କଗୁଡ଼ିକୁ ସ୍ଥାନ ଅନୁଯାୟୀ ତଳକୁ ତଳ ଲେଖ । ବିୟୋଗ କରାଯିବାକୁ ଥିବା ସଂଖ୍ୟାର ଅଙ୍କ ସଂଖ୍ୟା କମ୍ ଥିଲେ ଆବଶ୍ୟକତା ଅନୁଯାୟୀ ଏହାର ବାମପାର୍ଶ୍ୱରେ ‘0’ ଲେଖି ଉଭୟ ସଂଖ୍ୟାକୁ ସମଅଙ୍କ ବିଶିଷ୍ଟ ସଂଖ୍ୟାରେ ପରିଣତ କର ।

(ii) ବଡ଼ ଅଙ୍କରୁ ସାନ ଅଙ୍କ ବିୟୋଗ କଲା ବେଳେ କିମ୍ବା ଅଙ୍କରୁ ସମାନ ଅଙ୍କ ବିୟୋଗ କଲା ବେଳେ ପାରମ୍ପରିକ ପ୍ରଣାଳୀ ଅବଲମ୍ବନ କର ।

(iii) ଯଦି ଉପରେ ଥିବା ଅଙ୍କ, ତଳେ ଥିବା ଅଙ୍କଠାରୁ ସାନ ହୋଇଥାଏ, ତେବେ ଉଧାର ପ୍ରକ୍ରିୟାକୁ ଗ୍ରହଣ ନ କରି ଅଙ୍କଦ୍ୱୟ ମଧ୍ୟରେ ଥିବା ପାର୍ଥକ୍ୟ (ବଡ଼ ଅଙ୍କ - ସାନ ଅଙ୍କ) ଉପରେ ନିଖିଳଂ ସୂତ୍ର (**ନିଖିଳଂ ନବତଃ ଚରମଂ ଦଶତଃ**) ପ୍ରୟୋଗ କର ଏବଂ ଉପର ଅଙ୍କର ବାମପାର୍ଶ୍ୱସ୍ଥ ଅଙ୍କରୁ 1 ବିୟୋଗ କର ।

(iv) ଉପରିସ୍ଥ ସୋପାନର ଶେଷ ପାର୍ଥକ୍ୟର ପୂରକ ସଂଖ୍ୟାକୁ 10 ରୁ ଏବଂ ଅନ୍ୟ ସମସ୍ତ ପାର୍ଥକ୍ୟର ପୂରକ ସଂଖ୍ୟାକୁ 9 ରୁ ନିଆଯାଇ ନିଖିଳଂ ସୂତ୍ର ପ୍ରୟୋଗ କର ।

(v) ଯେଉଁ କ୍ଷେତ୍ରରେ ଆଉ ପୂରକ ସଂଖ୍ୟା ନେବାର ଆବଶ୍ୟକତା ପଡ଼ିବ ନାହିଁ ସେହିଠାରେ ସଂପୃକ୍ତ ସ୍ତମ୍ଭସ୍ଥ ଉପର ସଂଖ୍ୟାରୁ 1 ବିୟୋଗ କର । ଆଲୋଚ୍ୟ ଉଦାହରଣକୁ ଅନୁଧ୍ୟାନ କର ।

ଉଦାହରଣ - 4 : 854 ରୁ 569 ବିୟୋଗ କର ।

ସମାଧାନ : ବିୟୋଗ ପ୍ରକ୍ରିୟା :

   854
(−) 569
   285

(i) 4 ଓ 9 ମଧ୍ୟରେ ପାର୍ଥକ୍ୟ 9 − 4 = 5, 10 − 5 = 5
(ii) 6 ଓ 5 ମଧ୍ୟରେ ପାର୍ଥକ୍ୟ, 6 − 5 = 1, 9 − 1 = 8
(iii) ଉପର ସଂଖ୍ୟାର ବାମପାର୍ଶ୍ୱସ୍ଥ ଅଙ୍କ 8 − 1 = 7
ଏବଂ 7 − 5 = 2

ଉଦାହରଣ - 5 : 3659 କୁ 5854 ରୁ ବିୟୋଗ କର ।

ସମାଧାନ : ବିୟୋଗ ପ୍ରକ୍ରିୟା :

   5854
(−) 3659
   2195

(i) ∵ 4 < 9 ତେଣୁ ଏଠାରେ ଅଙ୍କଦ୍ୱୟର ପାର୍ଥକ୍ୟ
9 − 4 = 5 ଏବଂ
5 ର ପୂରକ ସଂଖ୍ୟା 10 ରୁ 10 − 5 = 5
(ii) ∵ 5 = 5 ତେଣୁ 5 − 5 = 0
0 ର ପୂରକ ସଂଖ୍ୟା 9 ରୁ 9−0=9 ପାଇବା ।

(iii) 8 > 6 ତେଣୁ ଏଠାରେ ପୂରକ ସଂଖ୍ୟା ନିର୍ଣ୍ଣୟର ଆବଶ୍ୟକତା ପଡ଼ିବ ନାହିଁ । ତେଣୁ (8 − 1) − 6 = 1 ହେବ ।
(iv) 5− 3 = 2 (ପାରମ୍ପରିକ ପ୍ରଣାଳୀର ପ୍ରୟୋଗ)
∴ ନିର୍ଣ୍ଣେୟ ବିୟୋଗଫଳ = 2195

ଉଦାହରଣ - 6 : 40269 କୁ 87652 ରୁ ବିୟୋଗ କର ।

ସମାଧାନ : ବିୟୋଗ କ୍ରିୟା

   87652
(−) 40269
   47383

(i)   9 − 2 = 7, 10 − 7 = 3
(ii) 6 − 5 = 1, 9 − 1 = 8
(iii) (6 − 1) − 2 = 5 − 2 = 3
(iv) 7 − 0 = 7
(v)   8 − 4 = 4

∴ ନିର୍ଣ୍ଣେୟ ବିୟୋଗଫଳ = 47383

ଲକ୍ଷ୍ୟ କର, ଏଠାରେ ଏକକ ସ୍ଥାନୀୟ ସ୍ତମ୍ଭରେ 2 < 9 ଏବଂ ଦଶକ ସ୍ଥାନୀୟ ସ୍ତମ୍ଭରେ 5 < 6 । ଶତକ ସ୍ଥାନୀୟ, ସହସ୍ରକ ସ୍ଥାନୀୟ ଏବଂ ଅୟୁତ ସ୍ଥାନୀୟ ଅଙ୍କ କ୍ଷେତ୍ରରେ ଉପର ଅଙ୍କ, ତଳ ଅଙ୍କଠାରୁ ବଡ଼ ।

ବ୍ୟାବହାରିକ ବୈଦିକ ଗଣିତ

3. ମିଶ୍ରାଙ୍କ (Vinculum) ପଦ୍ଧତିର ପ୍ରୟୋଗରେ ବିୟୋଗ କ୍ରିୟା :

ପୂର୍ବରୁ ସାଧାରଣ ଅଙ୍କକୁ ମିଶ୍ରାଙ୍କରେ ପରିବର୍ତ୍ତନ ବିଧି ସମ୍ବନ୍ଧରେ ଜାଣିଛ। ବର୍ତ୍ତମାନ କେତେକ ଉଦାହରଣ ଜରିଆରେ ଉକ୍ତ ପରିବର୍ତ୍ତନକୁ ଜାଣିବା।

(i) 438 କୁ ମିଶ୍ରାଙ୍କରେ ବା ରେଖାଙ୍କ ମାଧ୍ୟମରେ ପ୍ରକାଶ କଲେ
438 = 44$\bar{2}$ ପାଇବା।

∵ ଏକକ ସ୍ଥାନୀୟ ଅଙ୍କ 8 > 5, ତେଣୁ 8ର ପରମମିତ୍ର ବା ପୂରକ ସଂଖ୍ୟା 2 ନେଇ ତା' ଉପରେ ରେଖାଚିହ୍ନ ($\bar{2}$) ଦେଇ ଲେଖିବା ଏବଂ ଉକ୍ତ ଅଙ୍କର ପୂର୍ବ ଅଙ୍କ 3 ରେ 1 ଯୋଗ କରି (3+1) 4 ଲେଖିବା।

(ii) 4213883 କୁ ମିଶ୍ରାଙ୍କରେ ବା ରେଖାଙ୍କ ଦ୍ୱାରା ପ୍ରକାଶ କଲେ ପାଇବା
4213883 = 4214$\bar{1}$2$\bar{3}$

ଦ୍ରଷ୍ଟବ୍ୟ : ଯେହେତୁ ଦତ୍ତ ସଂଖ୍ୟାର ଦଶକ ଏବଂ ଶତକ ସ୍ଥାନୀୟ ଅଙ୍କଦ୍ୱୟ ପ୍ରତ୍ୟେକେ 8 ଏବଂ 8 > 5।

ଦଶକ ସ୍ଥାନୀୟ ଅଙ୍କ 8 କୁ ମିଶ୍ରାଙ୍କରେ ପ୍ରକାଶ କଲେ (10–8=2)$\bar{2}$ ହେବ ଏବଂ ପୂର୍ବବର୍ତ୍ତୀ ଅଙ୍କରେ 1 ଯୋଗ କରି 9 ପାଇବା।

ପୁନଶ୍ଚ 9 > 5। 9 କୁ ମିଶ୍ରାଙ୍କରେ ପ୍ରକାଶ କଲେ (10 – 9 = 1) ବା $\bar{1}$ ହେବ ଏବଂ ପୂର୍ବବର୍ତ୍ତୀ ଅଙ୍କ 3 ରେ 1 ଯୋଗ କରି 4 ପାଇବା।

ବର୍ତ୍ତମାନ 4213883 = 4214$\bar{1}$2$\bar{3}$ ହେବ।

ସେହିପରି ମିଶ୍ରାଙ୍କରେ ପ୍ରକାଶିତ ସଂଖ୍ୟାକୁ ରେଖାଙ୍କ ବା ମିଶ୍ରାଙ୍କ ବିହୀନ ସଂଖ୍ୟାରେ ପ୍ରକାଶ କରିବା ପାଇଁ କେତେଗୁଡ଼ିଏ ଉଦାହରଣ ମାଧ୍ୟମରେ ବୁଝିବା।

(iii) 4$\bar{2}$4$\bar{3}$ କୁ ମିଶ୍ରାଙ୍କ ବିହୀନ ସଂଖ୍ୟାରେ ପ୍ରକାଶ କରିବା।

ମିଶ୍ରାଙ୍କ ବିହୀନ ସଂଖ୍ୟାରେ ପ୍ରକାଶ କରିବା ପାଇଁ ପରବର୍ତ୍ତୀ ସୋପାନଗୁଡ଼ିକୁ ଅନୁଧ୍ୟାନ କରିବା।

(a) ରେଖାଦ୍ୱାରା ଚିହ୍ନିତ ସଂଖ୍ୟାକୁ 10 ରୁ ବିୟୋଗ କରିବା।

(b) ରେଖା ଦ୍ୱାରା ଚିହ୍ନିତ ସଂଖ୍ୟାର ଠିକ ବାମପାର୍ଶ୍ୱସ୍ଥ (ରେଖା ଦ୍ୱାରା ଚିହ୍ନିତ ହୋଇନଥିବା) ଅଙ୍କରୁ 1 ବିୟୋଗ କରିବା ।

$4\bar{2}4\bar{3} = (4-1)(10-2)(4-1)(10-3) = 3837$

(iv) $2\overline{34}$ କୁ ମିଶ୍ରାଙ୍କବିହୀନ ସଂଖ୍ୟାରେ ପ୍ରକାଶ କିରବା ।

$2\overline{34} = (2-1)(9-3)(10-4) = 166$

ବର୍ତ୍ତମାନ ମିଶ୍ରାଙ୍କ ପଦ୍ଧତିର ପ୍ରୟୋଗରେ ବିୟୋଗ କରିବା ।

ପ୍ରୟୋଗ ବିଧି :

(i) ସଂଖ୍ୟାଦ୍ୱୟର ଅଙ୍କଗୁଡ଼ିକୁ ସ୍ଥାନ ଅନୁସାରେ ତଳକୁ ତଳ ଲେଖ ।

(ii) ବିୟୋଗ ହେବାକୁ ଥବା ସଂଖ୍ୟାର ଅଙ୍କ ସଂଖ୍ୟା କମ୍ ଥିଲେ ଏହାର ବାମ ପାର୍ଶ୍ୱରେ ଆବଶ୍ୟକ ଶୂନ ବସାଇ ଉଭୟ ସଂଖ୍ୟାକୁ ସମଅଙ୍କବିଶିଷ୍ଟ ସଂଖ୍ୟାରେ ପରିଣତ କରିବାକୁ ହେବ।

(iii) ବିୟୋଗ ହେବାକୁ ଥିବା ସମସ୍ତ ଅଙ୍କ ଉପରେ ରେଖା ଚିହ୍ନ ଦିଆଯାଏ ।

(iv) ବର୍ତ୍ତମାନ ସ୍ତମ୍ଭ ଅନୁଯାୟୀ ପ୍ରତ୍ୟେକ ଧନାତ୍ମକ ଅଙ୍କ ସହ ଋଣାତ୍ମକ ଅଙ୍କକୁ ଯୋଗ କରି ଲେଖ ।

(v) ଯୋଗଫଳରେ ରେଖାଚିହ୍ନ ବା ମିଶ୍ରାଙ୍କକୁ ଅପସାରଣ କରି ବିୟୋଗଫଳକୁ ମିଶ୍ରାଙ୍କ ବିହୀନ ସଂଖ୍ୟାରେ ପ୍ରକାଶ କର।

ଉଦାହରଣ – 7 : 5671 ରୁ 2982 ବିୟୋଗ କର ।

ସମାଧାନ :

$$\begin{array}{r} 5671 \\ (-)\ 2982 \\ \hline \end{array} \longrightarrow \begin{array}{r} 5671 \\ (+)\ \overline{2982} \\ \hline 3\bar{3}\bar{1}\bar{1} \end{array}$$

(i) ବିୟୋଗ କରାଯିବାକୁ ଥିବା 2982 ର ପ୍ରତ୍ୟେକ ଅଙ୍କ ଉପରେ ରେଖାଚିହ୍ନ ଦିଆଯାଇଛି ।

(ii) ଏକକ ସ୍ଥାନୀୟ ସ୍ତମ୍ଭ : $1 + \bar{2} = \bar{1}$,

ଦଶକ ସ୍ଥାନୀୟ ସ୍ତମ୍ଭ : $7 + \bar{8} = \bar{1}$,

ଶତକ ସ୍ଥାନୀୟ ସ୍ତମ୍ଭ : $6 + \bar{9} = \bar{3}$ ଏବଂ

ସହସ୍ରକ ସ୍ଥାନୀୟ ସ୍ତମ୍ଭ : $5 + \bar{2} = 3$

(iii) $3\overline{3}\,\overline{1}\,\overline{1} = (3-1)\,(9-3)\,(9-1)\,(10-1) = 2689$

∴ ନିର୍ଣ୍ଣେୟ ବିୟୋଗଫଳ = 2689

ଉଦାହରଣ - 8 : 567 ରୁ 389 ବିୟୋଗ କର ।

ସମାଧାନ :

$$\begin{array}{r} 567 \\ (-)\ 389 \\ \hline \end{array} \longrightarrow \begin{array}{r} 567 \\ (+)\ \overline{3}\,\overline{8}\,\overline{9} \\ \hline 2\overline{2}\,\overline{2} \end{array}$$

∴ $2\overline{2}\,\overline{2} = (2-1)(9-2)(10-2) = 178$

(ବିକଳ୍ପ ଭାବେ, 200 – 22 = 178)

∴ ନିର୍ଣ୍ଣେୟ ବିୟୋଗଫଳ = 178

ଉଦାହରଣ - 9 : 46385 ରୁ 29674 କୁ ବିୟୋଗ କର ।

ସମାଧାନ :

$$\begin{array}{r} 46385 \\ (-)\ 29674 \\ \hline \end{array} \longrightarrow \begin{array}{r} 46385 \\ (+)\ \overline{2}\,\overline{9}\,\overline{6}\,\overline{7}\,\overline{4} \\ \hline 2\overline{3}\,\overline{3}\,11 \end{array}$$

$2\overline{3}\,\overline{3}11 = (2-1)(9-3)(10-3)1\ 1 = 16711$

∴ ନିର୍ଣ୍ଣେୟ ବିୟୋଗଫଳ = 16711

ଉଦାହରଣ -10 : 800 ରୁ 139 କୁ ବିୟୋଗ କରି ବିୟୋଗଫଳ ନିର୍ଣ୍ଣୟ କର ।

ସମାଧାନ :

$$\begin{array}{r} 800 \\ (-)\ 139 \\ \hline \end{array} \longrightarrow \begin{array}{r} 800 \\ (+)\ \overline{1}\,\overline{3}\,\overline{9} \\ \hline 7\overline{3}\,\overline{9} \end{array}$$

$7\overline{3}\,\overline{9}$ କୁ ମିଶ୍ରାଙ୍କ ବା ରେଖା ବିହୀନ ସଂଖ୍ୟାରେ ପରିଣତ କଲେ ପାଇବା

$7\overline{3}\,\overline{9} = (7-1)(9-3)(10-9) = 661$

∴ ନିର୍ଣ୍ଣେୟ ବିୟୋଗଫଳ = 661

ବୀଜାଙ୍କ (Digit sum) ବା (Digital Root)

କୌଣସି ସଂଖ୍ୟାରେ ଥିବା ଅଙ୍କମାନଙ୍କୁ ମିଶାଇ ଗୋଟିଏ ଅଙ୍କରେ ପରିଣତ କରାଗଲେ ଉତ୍ପନ୍ନ ସଂଖ୍ୟାକୁ ଉକ୍ତ ସଂଖ୍ୟାର ବୀଜାଙ୍କ କୁହାଯାଏ । ଉତ୍ତର ଯାଞ୍ଚ କଲାବେଳେ ବୀଜାଙ୍କର ଆବଶ୍ୟକତା ପଡ଼ିଥାଏ ।

ବିକଳ୍ପଭାବେ କୌଣସି ସଂଖ୍ୟାକୁ '9' ଦ୍ୱାରା ଭାଗକଲେ ଭାଗଶେଷ ଯାହା ରହେ, ତାହାକୁ ସେହି ସଂଖ୍ୟାର ବୀଜାଙ୍କ (Digital Root) କୁହାଯାଏ ।

ବେଦ ଗଣିତରେ ବୀଜାଙ୍କକୁ ନବଶେଷ (Navasesha) ମଧ୍ୟ କୁହାଯାଏ ।

କୌଣସି ସଂଖ୍ୟାକୁ 9 ଦ୍ୱାରା ଭାଗ କରିବାର ଅର୍ଥ ହେଲା ସଂଖ୍ୟାଟିରେ ସର୍ବାଧିକ କେତେଗୋଟି 9 ଅଛି ଜାଣିବା । ସଂଖ୍ୟାଟିରୁ 9 ଲେଖାଏଁ ଫେଡ଼ି ଚାଲିଲେ ଯାହା ଅବଶିଷ୍ଟ ରହେ, ତାହା ସଂପୃକ୍ତ ଭାଗଶେଷ ଅଥବା ସଂଖ୍ୟାଟିର ବୀଜାଙ୍କ । **କୌଣସି କ୍ଷେତ୍ରରେ ବୀଜାଙ୍କ ଋଣାତ୍ମକ ହେଲେ, ଉକ୍ତ ଋଣାତ୍ମକ ସଂଖ୍ୟା ସହ 9 ଯୋଗକରି ସଂପୃକ୍ତ ସଂଖ୍ୟାର ବୀଜାଙ୍କ ନିରୂପଣ କରାଯାଏ ।**

କୌଣସି ଏକ ସଂଖ୍ୟାର ନବଶେଷ ବା ବୀଜାଙ୍କ ନିରୂପଣ ବିଧି :

(i) ପ୍ରଥମେ ସଂଖ୍ୟାଟିରେ ଥିବା ସମସ୍ତ '9' କୁ ବାଦ୍‌ଦିଆଯାଏ ।

(ii) ସଂଖ୍ୟାଟିରେ ଥିବା ଯଦି ଏକାଧିକ ଅଙ୍କର ଯୋଗଫଳ '9' ହୁଏ ତେବେ ସଂପୃକ୍ତ ସଂଖ୍ୟାଗୁଡ଼ିକୁ ବାଦ୍ ଦିଆଯାଏ ।

(iii) ତତ୍ପରେ ଅବଶିଷ୍ଟ ଅଙ୍କମାନଙ୍କୁ ଯୋଗକରି ବା ମିଶାଇ ଏକ ଅଙ୍କବିଶିଷ୍ଟ ସଂଖ୍ୟାରେ ପ୍ରକାଶ କରାଯାଇ ସଂଖ୍ୟାଟିର ବୀଜାଙ୍କ ନିରୂପଣ କରାଯାଏ ।

(iv) ଯଦି ଗୋଟିଏ ମାତ୍ର ଅଙ୍କ ଅବଶିଷ୍ଟ ରହେ ତେବେ ଉକ୍ତ ଅଙ୍କଟି ସଂଖ୍ୟାର ବୀଜାଙ୍କ ହେବ । ଯୋଗଫଳ 9 ହୋଇଥିଲେ ବୀଜାଙ୍କ 0 ହୋଇଥାଏ । (ବୀଜାଙ୍କ 9 = ବୀଜାଙ୍କ 0) ।

ନିମ୍ନ କେତେକ ସଂଖ୍ୟା କ୍ଷେତ୍ରରେ ନବଶେଷ ନିରୂପଣ ପ୍ରଣାଳୀକୁ ଅନୁଧ୍ୟାନ କର ।

ଉଦାହରଣ ସ୍ୱରୂପ,

(1) 412 ର ବୀଜାଙ୍କ = 4 + 1 + 2 = 7

(2) 3861 ର ବୀଜାଙ୍କ = 3 + 8 + 6 + 1 = 18

ପୁନଶ୍ଚ 1 + 8 = 9 ବା 0 ।

ବିକଳ୍ପ ବୀଜାଙ୍କ ନିରୂପଣ ପ୍ରଣାଳୀ :

3861 ର ବୀଜାଙ୍କ ନିର୍ଣ୍ଣୟରେ 3, 6 ଏବଂ 8, 1 କୁ ବାଦ୍ ଦିଆଯାଏ କାରଣ

3 + 6 = 9 ଏବଂ 8 + 1 = 9

∴ ସଂଖ୍ୟାର ଅଙ୍କଗୁଡ଼ିକୁ ବାଦ୍ ଦେଲାପରେ ବୀଜାଙ୍କ 0 ହେବ ।

(3) 481945 ର ବୀଜାଙ୍କ ନିର୍ଣ୍ଣୟ ରେ

(8, 1), 9, (4, 5) କୁ ବାଦ୍ ଦେଲାପରେ ଅବଶିଷ୍ଟ ଅଙ୍କ '4' ହେବ ସଂଖ୍ୟାର ବୀଜାଙ୍କ ।

(4) 23398145 ର ବୀଜାଙ୍କ ନିର୍ଣ୍ଣୟ :

9, (8, 1), (2, 3, 4) କୁ ବାଦ୍ ଦେଲା ପରେ ଅବଶିଷ୍ଟ ଅଙ୍କ ଦ୍ୱୟ 3 ଓ 5 ର ସମଷ୍ଟି ଅର୍ଥାତ୍ ବୀଜାଙ୍କ 8 ହେବ । ଉକ୍ତ ବୀଜାଙ୍କ ବା ନବଶେଷ ନିର୍ଣ୍ଣୟ ପ୍ରଣାଳୀକୁ **'9 ର ବିଲୋପନ' (Casting out Nines)** କୁହାଯାଏ ।

ଉଦାହରଣ - 1 : 4954653 ସଂଖ୍ୟାର ବୀଜାଙ୍କ ନିରୂପଣ କର ।

ବୀଜାଙ୍କ ନିର୍ଣ୍ଣୟ :

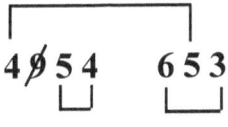

4$\not{9}$54 653

9, (5,4), (5, 4), (6, 3) ବାଦ୍ ଦେଲା ପରେ କିଛି ରହିଲା ନାହିଁ ।

∴ ବୀଜାଙ୍କ 0 ।

ଉଦାହରଣ - 2 : 123456789 ସଂଖ୍ୟାର ବୀଜାଙ୍କ ନିରୂପଣ କର ।

ବୀଜାଙ୍କ ନିର୍ଣ୍ଣୟ :

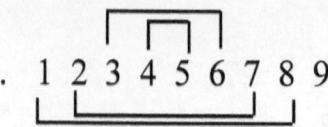

. 1 2 3 4 5 6 7 8 9

9 କୁ ବାଦ୍ ଦିଆଗଲା;

(1, 8) କୁ ବାଦ୍ ଦିଆଗଲା, (2, 7) କୁ ବାଦ୍ ଦିଆଗଲା,

(3, 6) କୁ ବାଦ୍ ଦିଆଗଲା ଏବଂ (4, 5) କୁ ବାଦ୍ ଦିଆଗଲା ।

123456789 ର ବୀଜାଙ୍କ 0 ।

ଦ୍ରଷ୍ଟବ୍ୟ : ସଂଖ୍ୟାରେ ଥିବା ଅଙ୍କମାନଙ୍କର ସମଷ୍ଟିରୁ ସଂଖ୍ୟାର ବୀଜାଙ୍କ ନିରୂପଣ ସମ୍ଭବ ।

(A) ସଂଗଠିତ ଯୋଗ ପ୍ରକ୍ରିୟାର ସଠିକତା ଯାଞ୍ଚ :

'ନବଶେଷ' ବା ବୀଜାଙ୍କର ପ୍ରୟୋଗ ବିଧି :

(i) ଯୋଗ ହେବାକୁ ଥିବା ପ୍ରତ୍ୟେକ ସଂଖ୍ୟାର ନବଶେଷ ବା ବୀଜାଙ୍କ ନିର୍ଣ୍ଣୟ କର ।

(ii) ଯୋଗଫଳର ବୀଜାଙ୍କ ନିରୂପଣ କର ।

(iii) ପ୍ରଥମ ସୋପାନରେ ନିର୍ଣ୍ଣିତ ବୀଜାଙ୍କଗୁଡ଼ିକର ଯୋଗଫଳ ନିର୍ଣ୍ଣୟ କରି ଏକ ଅଙ୍କରେ ପରିଣତ କର ।

(iv) (ii) ଓ (iii) ସୋପାନରେ ନିର୍ଣ୍ଣିତ ବୀଜାଙ୍କ ଦ୍ୱୟକୁ ମିଳାଅ ।

ଯଦି (ii) ଓ (iii) ରେ ମିଳିଥିବା ବୀଜାଙ୍କ ଦ୍ୱୟ ସମାନ ହୋଇଥିବ ତେବେ ଯୋଗଫଳ ନିର୍ଣ୍ଣୟ ଠିକ୍ ଅଛି । ଯଦି ସମାନ ନ ହୁଏ, ତେବେ ପୁଣି ଥରେ ଯୋଗ ପ୍ରକ୍ରିୟାଟିକୁ ପରଖି ଦେଖ ।

ଉଦାହରଣ - 3 : 567 ଓ 274 ର ଯୋଗଫଳ ନିର୍ଣ୍ଣୟ କରି ଏହାର ସଠିକତା ଯାଞ୍ଚ କର ।

ସମାଧାନ : 567 ର ବୀଜାଙ୍କ = 5+6+7=18 ପୁନଶ୍ଚ 1+8= 9

274 ର ବୀଜାଙ୍କ = 2 + 7 + 4 =13 ପୁନଶ୍ଚ 1+3=4

$$\begin{array}{r} 567 \\ (+)\ \dot{2}\dot{7}4 \\ \hline 841 \end{array}$$

ଯୋଗଫଳ 841 ର ବୀଜାଙ୍କ

= 8 + 4 + 1 = 13 ପୁନଶ୍ଚ 1 + 3 = 4

567 ଓ 274 ର ବୀଜାଙ୍କ ଦ୍ୱୟର ସମଷ୍ଟି = 9 + 4 = 0 + 4 = 4

ଏଠାରେ ଲକ୍ଷ୍ୟକର 567 ଓ 274 ର ବୀଜାଙ୍କ ଦ୍ୱୟର ସମଷ୍ଟି, ଯୋଗଫଳ 841ର ବୀଜାଙ୍କ ସହ ସମାନ ହେଉଛି ।

∴ ଯୋଗଫଳ ନିର୍ଣ୍ଣୟ ଠିକ୍ ଅଛି ।

ଉଦାହରଣ - 4 : 10045, 34567, 34567, 88888 ଓ 234 ର ଯୋଗଫଳ ନିର୍ଣ୍ଣୟ କରି ଏହାର ସଠିକତା ଯାଞ୍ଚ କର ।

ସମାଧାନ :

010045	ବାଜାଙ୍କ :	1
+ 034$\dot{5}$67	ବୀଜାଙ୍କ :	7
+ $\dot{0}\dot{8}\dot{8}\dot{8}\dot{8}$8	ବୀଜାଙ୍କ :	4
+ 000234	ବୀଜାଙ୍କ :	0
133734	⟶	3

(ଦତ୍ତ ସଂଖ୍ୟାଗୁଡ଼ିକର ବୀଜାଙ୍କଗୁଡ଼ିକର ସମଷ୍ଟି)

ଯୋଗଫଳର ବୀଜାଙ୍କ = 3

∴ ଯୋଗଫଳ ନିର୍ଣ୍ଣୟ ଠିକ୍ ଅଛି ।

ଉଦାହରଣ - 5 : 2075, 7321 ଓ 2460 ର ଯୋଗଫଳ ନିର୍ଣ୍ଣୟ କରି ଏହାର ସଠିକତା ଯାଞ୍ଚ କର ।

ସମାଧାନ :

02075	⟶	ବାଜାଙ୍କ : 5
07321	⟶	ବାଜାଙ୍କ : 4
$\dot{0}$2$\dot{4}$60	⟶	ବାଜାଙ୍କ : 3
11856		3

(ଦତ୍ତ ସଂଖ୍ୟାଗୁଡ଼ିର ବୀଜାଙ୍କଗୁଡ଼ିକର ସମଷ୍ଟି)

ଯୋଗଫଳ 11856 ର ବୀଜାଙ୍କ:3

∴ ଯୋଗଫଳ ନିର୍ଣ୍ଣୟ ଠିକ୍ ଅଛି ।

(B) ସଂଗଠିତ ବିୟୋଗ ପ୍ରକ୍ରିୟାର ସଠିକତା ଯାଞ୍ଚ :

'ନବଶେଷ'ର ପ୍ରୟୋଗ ବିଧି :

(i) ବିୟୋଗ ପ୍ରକ୍ରିୟାରେ ସଂପୃକ୍ତ ସଂଖ୍ୟାଦ୍ୱୟର ବୀଜାଙ୍କ ନିରୂପଣ କର ।

(ii) ବିୟୋଗଫଳର ବୀଜାଙ୍କ ନିରୂପଣ କର ।

(iii) ପ୍ରଥମ ସୋପାନରେ ନିର୍ଣ୍ଣିତ ସଂଖ୍ୟାଦ୍ୱୟର ବୀଜାଙ୍କଦ୍ୱୟର ବିୟୋଗଫଳ ନିରୂପଣ କର ।

ଯଦି ବିୟୋଗ କ୍ଷେତ୍ରରେ ସଂପୃକ୍ତ ସଂଖ୍ୟାଦ୍ୱୟର ବୀଜାଙ୍କ ଦ୍ୱୟର ବିୟୋଗଫଳ ଋଣାତ୍ମକ ହୁଏ, ତେବେ ଏଥିସହ 9 ଯୋଗ କରି ବୀଜାଙ୍କକୁ ଧନାତ୍ମକ ଅଙ୍କରେ ପ୍ରକାଶ କର ।

(iv) (ii) ଓ (iii) ସୋପାନରେ ନିର୍ଣ୍ଣିତ ବୀଜାଙ୍କ ଦ୍ୱୟକୁ ମିଳାଅ । ଯଦି ବୀଜାଙ୍କଦ୍ୱୟ ସମାନ ହୋଇଥାଏ ତେବେ ବିୟୋଗ ପ୍ରକ୍ରିୟାଟି ଠିକ୍ ଅଛି; ଅନ୍ୟଥା ବିୟୋଗ ପ୍ରକ୍ରିୟାଟି ସଂଗଠିତ ହେବାରେ କିଛି ତ୍ରୁଟି ରହିଛି । ତ୍ରୁଟି ସୁଧାରିବା ପାଇଁ ପୁଣି ଥରେ ଚେଷ୍ଟା କରିବା ଦରକାର ।

ଉଦାହରଣ - 6 : 462 ରୁ 134 ବିୟୋଗ କରି ବିୟୋଗଫଳ ନିର୍ଣ୍ଣୟ କର ଏବଂ ବିୟୋଗଫଳ ନିର୍ଣ୍ଣୟର ସଠିକତା ଯାଞ୍ଚ କର ।

ସମାଧାନ :

$$\begin{array}{r} 462 \\ +\ \overline{1}\overline{3}\overline{4} \\ \hline 33\overline{2} \end{array} \qquad 33\overline{2} = 3\ (3-1)\ (10-2) = 328$$

ଏଠାରେ 462 ର ବୀଜାଙ୍କ = 3 ଏବଂ 134 ର ବୀଜାଙ୍କ = 8

462 ଓ 134 ର ବୀଜାଙ୍କ ଦ୍ୱୟର ବିୟୋଗଫଳ

= 3 – 8 = – 5 (ଋଣାତ୍ମକ ହେତୁ) – 5 + 9 = 4

∴ ବିୟୋଗଫଳ 328 ର ବୀଜାଙ୍କ = 4

∴ ବିୟୋଗ ପ୍ରକ୍ରିୟାଟି ଠିକ୍ ଅଛି ।

ଉଦାହରଣ - 7 : 42587 –35769 = 6818 ଉକ୍ତିର ସତ୍ୟତା ନିରୂପଣ କର ।

ବିୟୋଗ ପ୍ରକ୍ରିୟା :

42587 ର ବୀଜାଙ୍କ = 8

35769 ର ବୀଜାଙ୍କ = 3

ବୀଜାଙ୍କଦ୍ୱୟର ବିୟୋଗ ଫଳ = 5

ବିୟୋଗଫଳ 6818 ର ବୀଜାଙ୍କ = 5

∴ 42587 –35769 = 6818 ଉକ୍ତିଟି ସତ୍ୟ ।

ଉଦାହରଣ - 8 : 3178 ରେ କେତେ ଯୋଗକଲେ ଯୋଗଫଳ 4087 ହେବ ? ଉତ୍ତର ନିର୍ଣ୍ଣୟ କରି ଏହାର ସଠିକତା ଯାଞ୍ଚ କର ।

ବିୟୋଗ ପ୍ରକ୍ରିୟା :

$$\begin{array}{r} 4087 \\ (+)\ \overline{3}\,\overline{1}\,\overline{7}\,\overline{8} \\ \hline 1\,\overline{1}\,1\,\overline{1} \end{array}$$

$4087 - 3178 = 4087 + \overline{3}\,\overline{1}\,\overline{7}\,\overline{8}$

$\therefore 1\overline{1}1\overline{1} = (1-1)(10-1)\,(1-1)(10-1)$

$= 0909 = 909$

∴ ନିର୍ଣ୍ଣେୟ ସଂଖ୍ୟା = 909 ।

ସଠିକତା ଯାଞ୍ଚ :

4087 ର ବୀଜାଙ୍କ = 1

3178 ର ବୀଜାଙ୍କ = 1

∴ 4087 ଓ 3178 ର ବୀଜାଙ୍କ ଦ୍ୱୟର ବିୟୋଗଫଳ = 0

ପୁନଶ୍ଚ ବିୟୋଗଫଳ 909 ର ବୀଜାଙ୍କ ମଧ୍ୟ 0

∴ ସଂଗଠିତ ବିୟୋଗ ପ୍ରକ୍ରିୟାଟି ଠିକ୍ ଅଛି ।

ଉଦାହରଣ - 9 : 6879 ରୁ 986 କୁ ବିୟୋଗ କରି ବିୟୋଗଫଳ ନିର୍ଣ୍ଣୟର ସଠିକତା ଯାଞ୍ଚ କର ।

ବିୟୋଗ ପ୍ରକିୟା :

$$6879 - 986 = 6879 + \overline{0986}$$

$$\begin{array}{r} 6879 \\ (+)\ \overline{0986} \\ \hline 6\bar{1}\bar{1}3 \end{array}$$

$$6\bar{1}\bar{1}3 = (6-1)(9-1)(10-1)\,3 = 5893$$

ସଠିକତା ଯାଞ୍ଚ :

6879 ର ବୀଜାଙ୍କ = 3

986 ର ବୀଜାଙ୍କ = 5

∴ ବୀଜାଙ୍କଦ୍ୱୟର ବିୟୋଗଫଳ = 3 – 5 = – 2

ଋଣାତ୍ମକ ହେତୁ, – 2 + 9 = 7 ।

∴ 5893 ର ବୀଜାଙ୍କ 7 ।

∴ ସଂଗଠିତ ବିୟୋଗ ପ୍ରକ୍ରିୟାଟି ଠିକ୍ ଅଛି ।

ବିଶେଷ ଦ୍ରଷ୍ଟବ୍ୟ :

କୌଣସି ସଂଖ୍ୟାରେ ଅଙ୍କମାନଙ୍କର ସ୍ଥାନ ପରିବର୍ତ୍ତନରେ ନବଶେଷ ଅପରିବର୍ତ୍ତିତ ରହେ । ତେଣୁ କୌଣସି ସଂଖ୍ୟାରେ କୌଣସି ଅଙ୍କର ସ୍ଥାନର ପରିବର୍ତ୍ତନରେ ଯୋଗ, ବିୟୋଗ ଭଳି ପାଟୀଗାଣିତିକ ପ୍ରକ୍ରିୟାରେ ଫଳାଫଳ ଭୁଲ୍ ହୋଇଯିବାର ସମ୍ଭାବନା ରହିଛି । ଉଦାହରଣ ସ୍ୱରୂପ,

927 ପରିବର୍ତ୍ତେ ଭୁଲ୍ ସ୍ୱରୂପ 729 ଲେଖିଲେ ଯୋଗଫଳ ନିର୍ଣ୍ଣୟ ଠିକ୍ ହେବନାହିଁ ।

ଅବଶ୍ୟ 927 ଏବଂ 729 ର ନବଶେଷ ବା ବୀଜାଙ୍କ ଅପରିବର୍ତ୍ତିତ ରହିଥାଏ ।

ତେଣୁ 'ନବଶେଷ' ସୂତ୍ରର ଅବତାରଣା କଲାବେଳେ କୌଣସି ସଂଖ୍ୟାର ଅଙ୍କମାନଙ୍କର ସ୍ଥାନ ପରିବର୍ତ୍ତନ କୌଣସି ମତେ ବଦଳିବା ଉଚିତ ନୁହେଁ । ଏଥିପାଇଁ ସତର୍କତା ଅବଲମ୍ବନ କରିବା ଆବଶ୍ୟକ ।

ପ୍ରଶ୍ନାବଳୀ - 3

1. ସଂଖ୍ୟାର 'ବିଘଟନ ବା ବିସ୍ତୃତିକରଣ' ବା 'ସଂକଳନ ଏବଂ ବ୍ୟବକଳନ' ସୂତ୍ର ଆଧାରରେ ପ୍ରଥମ ସଂଖ୍ୟାରୁ ଦ୍ୱିତୀୟ ସଂଖ୍ୟାକୁ ବିୟୋଗ କର ।

(a) 587 ରୁ 396 (b) 256 ରୁ 148
(c) 535 ରୁ 274 (d) 2153 ରୁ 783
(e) 2816 ରୁ 188 (f) 1372 ରୁ 896

2. 'ଶୁଦ୍ଧବିନ୍ଦୁ' ବା 'ଏକାଧିକ' ଚିହ୍ନ ମାଧ୍ୟମରେ ନିମ୍ନ କ୍ଷେତ୍ରରେ ବିୟୋଗ କରି ବିୟୋଗଫଳ ସ୍ଥିର କର ।

(a) 383 ରୁ 173 (b) 753 ରୁ 278
(c) 4573 ରୁ 988 (d) 752 ରୁ 478
(e) 4372 ରୁ 2459 (f) 1788 ରୁ 899

3. 'ଏକ ନ୍ୟୁନେନ୍' ଏବଂ 'ନିଖିଳଂ' ସୂତ୍ର ପ୍ରୟୋଗରେ ନିମ୍ନ କ୍ଷେତ୍ରରେ ବିୟୋଗ କରି ବିୟୋଗଫଳ ସ୍ଥିର କର ।

(a) 1000 ରୁ 384 (b) 10000 ରୁ 1873
(c) 10000 ରୁ 782 (d) 59000 ରୁ 7283
(e) 30000 ରୁ 2438 (f) 40000 ରୁ 1356

4. 'ନିଖିଳଂ' ଏବଂ 'ପରମମିତ୍ର' ସୂତ୍ର ଉପଯୋଗରେ ନିମ୍ନ କ୍ଷେତ୍ରରେ ବିୟୋଗ କରି ବିୟୋଗଫଳ ସ୍ଥିର କର ।

(a) 274 ରୁ 186 (b) 438 ରୁ 269
(c) 584 ରୁ 367 (d) 3328 ରୁ 1687
(e) 4382 ରୁ 1653 (f) 973 ରୁ 688

5. ଉପରୋକ୍ତ ପ୍ରତ୍ୟେକ କ୍ଷେତ୍ରରେ ବିୟୋଗ କରି ବିୟୋଗଫଳ ସ୍ଥିର କରି, ବିୟୋଗଫଳ ନିର୍ଣ୍ଣୟର ସଠିକତା ଯାଞ୍ଚ କର ।

(a) 274 ରୁ 186 (b) 438 ରୁ 269
(c) 584 ରୁ 367 (d) 3328 ରୁ 1687
(e) 4382 ରୁ 1653 (f) 3821 ରୁ 1761

-0-

ଚତୁର୍ଥ ଅଧ୍ୟାୟ
ଗୁଣନ
ଗୁଣନ - 1 (MULTIPLICATION-1)

ପାଟୀଗଣିତରେ ଯୋଗ ଓ ବିୟୋଗ ଭଳି ଗୁଣନ ଏକ ମୌଳିକପ୍ରକ୍ରିୟା । ଗୁଣନ ହେଉଛି 'କ୍ରମଯୋଗ' (Cumulative Addition) ର ଅନ୍ୟ ଏକ ରୂପ । ଉଦାହରଣ ସ୍ୱରୂପ, $5 \times 4 = 5 + 5 + 5 + 5 = 20$,

$3 \times 7 = 3 + 3 + 3 + 3 + 3 + 3 + 3 = 21$ ଇତ୍ୟାଦି ।

5×4 ର ଅର୍ଥ ଚାରିଗୋଟି 5 ର କ୍ରମଯୋଗ (Cumulative Addition) ସେହିପରି 3×7 ର ଅର୍ଥ ସାତଗୋଟି 3 ର କ୍ରମଯୋଗ

5×4ରେ 5 ଗୁଣ୍ୟ ଏବଂ 4 ଗୁଣକ ଏବଂ 3×7 ରେ 3 ଗୁଣ୍ୟ ଏବଂ 7 ଗୁଣକ ।

ଏକ ନିର୍ଦ୍ଦିଷ୍ଟ ସଂଖ୍ୟାକୁ ନିର୍ଦ୍ଦିଷ୍ଟ ଥର କ୍ରମଯୋଗ କଲେ ସଂଖ୍ୟାଦ୍ୱୟର ଗୁଣଫଳ ମିଳିଥାଏ ।

ଗୁଣ୍ୟ × ଗୁଣକ = ଗୁଣଫଳ (Multiplicand × Multiplier = Product)

ପାରମ୍ପରିକ ବା ଗତାନୁଗତିକ ପଦ୍ଧତିରେ ଗୁଣନ :

```
      4235       ..... ଗୁଣ୍ୟ (Multiplicand)
    ×   25       ..... ଗୁଣକ (Multiplier)
    ———————
      21175
(+)  8470×       ଆଂଶିକ ଗୁଣଫଳ (Partial Product)
    ———————
     105875      ......... ଗୁଣଫଳ (Product)
```

ବ୍ୟାବହାରିକ ବୈଦିକ ଗଣିତ 43

ସାଧାରଣତଃ ପାରମ୍ପରିକ ଗୁଣନ କ୍ରିୟାଦ୍ୱାରା ଗୁଣଫଳ ନିର୍ଣ୍ଣୟ ସମୟସାପେକ୍ଷ । ଯଦି ଗୁଣ୍ୟ ଓ ଗୁଣକ ଅଧିକ ଅଙ୍କବିଶିଷ୍ଟ ଗୋଟିଏ ଗୋଟିଏ ସଂଖ୍ୟା ହୋଇଥାଏ, ତେବେ କୌଣସି ଏକ ସ୍ଥାନରେ ସାମାନ୍ୟତମ ତ୍ରୁଟି ପାଇଁ ଗୁଣଫଳ ନିର୍ଣ୍ଣୟ ତ୍ରୁଟିଯୁକ୍ତ ହେବାର ସମ୍ଭାବନା ଅଛି ।

ବେଦ ଗଣିତରେ ଗୁଣନକ୍ରିୟା ପାଇଁ ଉଦ୍ଦିଷ୍ଟ ସୂତ୍ର ସମୂହ ଛାତ୍ରୀଛାତ୍ରମାନଙ୍କ ପାଇଁ ବରଦାନ ସଦୃଶ । ବୈଦିକ ସୂତ୍ର ସମୂହଦ୍ୱାରା ଗୁଣନକ୍ରିୟା ସମ୍ପାଦନ ପାଇଁ କମ୍ ସମୟ ଲାଗିବ ଏବଂ ସହଜସାଧ୍ୟ ମଧ୍ୟ ହେବ ।

1. ଗୁଣନ କେବଳ 1 ଥିବା ସଂଖ୍ୟା (11, 111, 1111...) ଦ୍ୱାରା ଯେକୌଣସି ସଂଖ୍ୟାର ଗୁଣନ କ୍ରିୟା :

(A) 11 **ଦ୍ୱାରା ଗୁଣନ :** କୌଣସି ସଂଖ୍ୟାକୁ 11, 111, 1111... ପ୍ରଭୃତି ଦ୍ୱାରା ଏ ପ୍ରକାରର ଗୁଣନକ୍ରିୟା ଗୋଟିଏ ଧାଡ଼ିରେ ସମ୍ପାଦନ କରିହେବ କି ? ନିମ୍ନ ଉଦାହରଣଗୁଡ଼ିକୁ ଲକ୍ଷ୍ୟ କର ।

ଉଦାହରଣ - 1 : 3251 କୁ 11 ଦ୍ୱାରା ଗୁଣି ଗୁଣଫଳ ସ୍ଥିର କର ।

ସମାଧାନ : ଗୁଣ୍ୟ = **3251** ଓ ଗୁଣକ = **11**

ପରିବର୍ତ୍ତିତ ଗୁଣ୍ୟ : 0(3 2 5 1) 0

(ଗୁଣ୍ୟର ଉଭୟ ପାର୍ଶ୍ୱରେ ଗୋଟିଏ ଲେଖାଏଁ ଶୂନ ରଖାଗଲା)

ଦକ୍ଷିଣପାର୍ଶ୍ୱରୁ ଦୁଇ ଦୁଇଟି ସଂଖ୍ୟାର ଯୋଗଫଳକୁ ବାମପାର୍ଶ୍ୱ ପର୍ଯ୍ୟନ୍ତ ଲେଖି ଚାଲିଲେ ପାଇବା -

$0 + 3 / 3 + 2 / 2 + 5 / 5 + 1 / 0 + 1 = 3\ 5\ 7\ 6\ 1$

$\therefore\ 3251 \times 11 = 35761$

ବିଶେଷ ଦ୍ରଷ୍ଟବ୍ୟ :

ଯଦି ଦକ୍ଷିଣପାର୍ଶ୍ୱରୁ ଦୁଇ ଦୁଇଟି ଅଙ୍କ ଯୋଗ କରିବାକୁ ଯୋଗଫଳ 10 ରୁ ଅଧିକ ହୁଏ, ତେବେ ଦଶକ ସ୍ଥାନୀୟ ଅଙ୍କକୁ ପୂର୍ବବର୍ତ୍ତୀ (ବାମପାର୍ଶ୍ୱସ୍ଥ) ସୋପାନର ଯୋଗଫଳ ସହ ଯୋଗ କରାଯାଏ ।

ଉଦାହରଣ - 2 : 4 8 7 6 2 4 ଓ 11 ର ଗୁଣଫଳ ସ୍ଥିର କର ।

ସମାଧାନ : 0 (4 8 7 6 2 4) 0

(ସଂଖ୍ୟାର ଉଭୟ ପାର୍ଶ୍ୱରେ ଗୋଟିଏ ଲେଖାଏଁ '0' ଦିଆଯାଇଛି)

ପରିବର୍ତ୍ତିତ ଗୁଣ୍ୟ : 0 4 8 7 6 2 4 0

0 + 4 / 4 + 8 / 8 + 7 / 7 + 6 / 6 + 2 / 2 + 4 / 4 + 0

(ଦକ୍ଷିଣପାର୍ଶ୍ୱରୁ ଦୁଇ ଦୁଇଟି ସଂଖ୍ୟାର ଯୋଗଫଳକୁ ବାମପାର୍ଶ୍ୱ ପର୍ଯ୍ୟନ୍ତ ଲେଖାଯାଇଛି)

= 4 / 12 / 15 / 13 / 8 / 6 / 4 (ପ୍ରତ୍ୟେକ ଅଂଶ ଏକ ଅଙ୍କ

= 5 3 6 3 8 6 4 ବିଶିଷ୍ଟ ହେବା ଆବଶ୍ୟକ)

∴ 4 8 7 6 2 4 × 11 = 5 3 6 3 8 6 4

ଉଦାହରଣ - 3 : 4 4 9 6 0 ଓ 11 ର ଗୁଣଫଳ ସ୍ଥିର କର ।

ସମାଧାନ: ପରିବର୍ତ୍ତିତ ଗୁଣ୍ୟ : 0 (4 4 9 6 0) 0

ଗୁଣଫଳ = 0 + 4 / 4 + 4 / 4 + 9 / 9 + 6 / 6 + 0 / 0 + 0

= 4 / 8 / 13 / 15 / 6 / 0

= 4 9 4 5 6 0

∴ 4 4 9 6 0 × 1 1 = 4 9 4 5 6 0

(B) 111 ଦ୍ୱାରା ଗୁଣନ :

ଉଦାହରଣ - 4 : 134 କୁ 111 ଦ୍ୱାରା ଗୁଣି ଗୁଣଫଳ ସ୍ଥିର କର ।

ସମାଧାନ: ପରିବର୍ତ୍ତିତ ଗୁଣ୍ୟ : 0 0 (1 3 4) 0 0

(ସଂଖ୍ୟାର ଉଭୟପାର୍ଶ୍ୱରେ ଦୁଇଟି ଲେଖାଏଁ ଶୂନ ଦିଆଯାଇଛି)

ଗୁଣଫଳ = 0 + 0 + 1 / 0 + 1 + 3 / 1 + 3 + 4 / 3 + 4 + 0 / 4 + 0 + 0

= 1 / 4 / 8 / 7 / 4 = 14874

(ଦକ୍ଷିଣ ପାର୍ଶ୍ୱରୁ ଆରମ୍ଭ କରି ଏକ ସାଥିରେ ତିନି ତିନୋଟି କରି ଅଙ୍କର ଯୋଗଫଳ ସ୍ଥିର କରାଯାଇଛି ।)

∴ 134 × 111 = 14874

ଉଦାହରଣ - 5 : 497 କୁ 111 ଦ୍ୱାରା ଗୁଣି ଗୁଣଫଳ ସ୍ଥିର କର ।

ସମାଧାନ: ପରିବର୍ତ୍ତିତ ଗୁଣ୍ୟ : 0 0 (4 9 7) 0 0

ଗୁଣଫଳ = 0 + 0 + 4 / 0 + 4 + 9 / 4 + 9 + 7 / 9 + 7 + 0 / 7 + 0 + 0

= 4 / 1 3 / 2 0 / 1 6 / 7

= 5 5 1 6 7

∴ 497 × 111 = 55167

(C) 1111 ଦ୍ୱାରା ଗୁଣନ :

ଉଦାହରଣ - 6 : 2172 କୁ 1111 ଦ୍ୱାରା ଗୁଣି ଗୁଣଫଳ ସ୍ଥିର କର ।

ସମାଧାନ: ପରିବର୍ତ୍ତିତ ଗୁଣ୍ୟ : 0 0 0 (2 1 7 2) 0 0 0

(ସଂଖ୍ୟାର ଉଭୟପାର୍ଶ୍ୱରେ ତିନୋଟି ଲେଖାଏଁ ଶୂନ ରଖାଯାଇଛି)

ତତ୍ପରେ ଦକ୍ଷିଣ ପାର୍ଶ୍ୱରୁ ଏକ ସାଥିରେ ଚାରି ଚାରୋଟି କରି ଅଙ୍କର ଯୋଗଫଳ ସ୍ଥିର କରାଯାଇଛି ।)

ଗୁଣଫଳ = 0 + 0 + 0 + 2 / 0 + 0 +2+1/0+2+1+7/2+1+7+2/1+7+2+0
7 + 2 + 0 + 0 / 2 + 0 + 0 + 0

= 2 / 3 / 10 / 12 / 10 / 9 / 2

= 2 4 1 3 0 9 2

∴ 2172 × 1111 = 2413092

ଉଦାହରଣ - 7 : 1112 କୁ 1111 ଦ୍ୱାରା ଗୁଣି ଗୁଣଫଳ ସ୍ଥିର କର ।

ସମାଧାନ: ପରିବର୍ତ୍ତିତ ଗୁଣ୍ୟ : 0 0 0 (1 1 1 2) 0 0 0

(ସଂଖ୍ୟାର ଉଭୟପାର୍ଶ୍ୱରେ ତିନୋଟି ଲେଖାଏଁ ଶୂନ ରଖାଯାଇଛି)

ଗୁଣଫଳ=0+0+0+1/ 0 +0 + 1 + 1 / 0 + 1 + 1 +1/1+1+1+2/ 1+1+2+0
1 + 2 + 0 + 0 / 2 + 0 + 0 + 0

= 1 2 3 5 4 3 2

∴ ନିର୍ଣ୍ଣେୟ ଗୁଣଫଳ = 1 2 3 5 4 3 2

2. ଗୁଣକ କେବଳ '9' ଥିବା ସଂଖ୍ୟା (9, 99, 999 ....) ଦ୍ୱାରା ଯେ କୌଣସି ସଂଖ୍ୟାର ଗୁଣନ କ୍ରିୟା :

ବେଦ ଗଣିତରେ **'ଏକ ନ୍ୟୁନେନ୍ ପୂର୍ବେଣ'** ଏବଂ **'ନିଖିଳଂ ନବତଃ ଚରମଂ ଦଶତଃ'** ସୂତ୍ର ଦ୍ୱୟର ପ୍ରୟୋଗରେ ଏକ ନିର୍ଦ୍ଦିଷ୍ଟ ଗୁଣନ କ୍ରିୟାର ସମାଧାନ ସମ୍ଭବ । ଗୁଣ୍ୟ, ଗୁଣକ ମଧ୍ୟରୁ ଯଦି ଗୁଣକ 9, 99, 999 .... କେବଳ . ଦ୍ୱାରା ଗଠିତ ସଂଖ୍ୟା ହୋଇଥାଏ, ତେବେ ଉପରୋକ୍ତ ସୂତ୍ର ଦ୍ୱାରା ଅତି କମ୍ ସମୟରେ ଗୁଣନ କ୍ରିୟା ସମ୍ପାଦିତ ହୋଇପାରେ । ଏଠାରେ କେତେକ ପରିସ୍ଥିତି ସମ୍ବନ୍ଧରେ ଆଲୋଚନା କରିବା । ସେଗୁଡ଼ିକ ହେଲା -

(A) ଯେତେବେଳେ ଗୁଣ୍ୟରେ ଥିବା ଅଙ୍କ ସଂଖ୍ୟା, ଗୁଣକରେ ଥିବା କେବଳ 9 ଅଙ୍କ ସଂଖ୍ୟା ସହ ସମାନ ହୋଇଥିବ ।

(B) ଯେତେବେଳେ ଗୁଣକରେ ଥିବା କେବଳ '9' ଅଙ୍କ ସଂଖ୍ୟା, ଗୁଣ୍ୟରେ ଥିବା ଅଙ୍କ ସଂଖ୍ୟା ଠାରୁ ଅଧିକ ହୋଇଥିବ ।

(C) ଯେତେବେଳେ ଗୁଣକରେ ଥିବା କେବଳ '9' ଅଙ୍କ ସଂଖ୍ୟା, ଗୁଣ୍ୟରେ ଥିବା ଅଙ୍କ ସଂଖ୍ୟା ଠାରୁ କମ୍ ହୋଇଥିବ ।

(A) ଗୁଣ୍ୟ ଏବଂ ଗୁଣକ (9, 99, 999 ....) ସମଅଙ୍କ ବିଶିଷ୍ଟ ସଂଖ୍ୟା ହୋଇଥିଲେ ଗୁଣନ କ୍ରିୟା :

ପ୍ରୟୋଗ ବିଧି :

(i) ଗୁଣ୍ୟରୁ 1 ବିୟୋଗ କରି ବିୟୋଗଫଳକୁ ବାମପାର୍ଶ୍ୱରେ ରଖ ।
(**ଏକ ନ୍ୟୁନେନ୍ ପୂର୍ବେଣ**)

(ii) ଗୁଣ୍ୟର ପ୍ରତ୍ୟେକ ଅଙ୍କକୁ ନିକଟସ୍ଥ ଆଧାର (10, 100, 1000, ...)ରୁ ବିୟୋଗ କରି ବିୟୋଗଫଳକୁ ପ୍ରଥମେ ଲେଖାଥିବା ସଂଖ୍ୟାର ଦକ୍ଷିଣପାର୍ଶ୍ୱରେ ଲେଖ । (**ନିଖିଳଂ ନବତଃ ଚରମଂ ଦଶତଃ**)

ଉଦାହରଣ - 1 : 8 ଓ 9 ର ଗୁଣଫଳ ସ୍ଥିର କର ।

ସମାଧାନ :

$$8 \times 9 = (8-1)/(10-8) = 72$$

ଅଥବା $8 \times 9 = (8-1)/(9-7) = 72$

$\therefore 8 \times 9 = 72$

ଦ୍ରଷ୍ଟବ୍ୟ : ଗୁଣ୍ୟ 8 ରୁ 1 ବିୟୋଗ କରାଯାଇ 7 କୁ ଗୁଣଫଳର ବାମପାର୍ଶ୍ୱରେ ଲେଖାଯାଇଛି ଏବଂ ନିକଟସ୍ଥ ଆଧାର 10 ରୁ 8 ବିୟୋଗ କରାଯାଇ ବିୟୋଗ ଫଳ 2 କୁ 7 ର ଦକ୍ଷିଣପାର୍ଶ୍ୱରେ ଲେଖାଯାଇଛି ।

ଅଥବା ବାମପାର୍ଶ୍ୱସ୍ଥ ସଂଖ୍ୟା 7 କୁ 9 ରୁ ବିୟୋଗ କରାଯାଇ ଗୁଣଫଳର ଦକ୍ଷିଣପାର୍ଶ୍ୱରେ ଲେଖାଯାଇ ପାରେ ।

ଉଦାହରଣ - 2 : 35 ଓ 99 ର ଗୁଣଫଳ ସ୍ଥିର କର ।

ସମାଧାନ :

$$35 \times 99 = (35-1)/(100-35) = 3465$$

ଅଥବା, $35 \times 99 = (35-1)/(99-34) = 3465$

$\therefore 35 \times 99 = 3465$

ଉଦାହରଣ - 3 : 6543 ଓ 9999 ଦ୍ୱାରା ଗୁଣି ଗୁଣଫଳ ସ୍ଥିର କର ।

ସମାଧାନ :

$6543 \times 9999 = (6543 - 1) / (10000 - 6543)$

$= 6542 / (9 - 6)(9 - 5)(9 - 4)(10 - 3)$

$= 6542 / 3457 = 65423457$

$\therefore\ 6543 \times 9999 = 65423457$

ଦ୍ରଷ୍ଟବ୍ୟ : ଗୁଣଫଳ ନିର୍ଣ୍ଣୟର ଦ୍ୱିତୀୟ ସୋପାନରେ ଚରମ ଅଙ୍କ 3 କୁ 10 ରୁ ଏବଂ ଅନ୍ୟ ସମସ୍ତ ଅଙ୍କକୁ 9 ରୁ ବିୟୋଗ କରାଯାଇ 6542 ର ଦକ୍ଷିଣ ପାର୍ଶ୍ୱରେ ଲେଖାଯାଇଛି ।

ଉଦାହରଣ - 4 : 45682 କୁ 99999 ଦ୍ୱାରା ଗୁଣି ଗୁଣଫଳ ସ୍ଥିର କର ।

ସମାଧାନ :

$45682 \times 99999 = (45682 - 1) / (100000 - 45682)$

$= 45681 / (9 - 4)(9 - 5)(9 - 6)(9 - 8)(10 - 2)$

$= 45681 / 54318 = 4568154318$

(ଗୁଣଫଳର ବାମପାର୍ଶ୍ୱସ୍ଥ ସଂଖ୍ୟା + ଗୁଣଫଳର ଦକ୍ଷିଣପାର୍ଶ୍ୱସ୍ଥ ସଂଖ୍ୟା = ଗୁଣକ)

$\therefore\ 45682 \times 99999 = 4568154318$

(B) ଗୁଣକରେ '9' ଅଙ୍କ ସଂଖ୍ୟା, ଗୁଣ୍ୟରେ ଥିବା ଅଙ୍କ ସଂଖ୍ୟା ଠାରୁ ଅଧିକ ହୋଇଥିଲେ ଗୁଣନ କ୍ରିୟା :

ପ୍ରୟୋଗ ବିଧି :

(i) ଗୁଣ୍ୟର ବାମପାର୍ଶ୍ୱରେ '0' (ଶୂନ) ବସାଇ ଗୁଣ୍ୟ ଏବଂ ଗୁଣକକୁ ସମଅଙ୍କ ବିଶିଷ୍ଟ ସଂଖ୍ୟାରେ ପରିଣତ କର । ଗୁଣ୍ୟରୁ 1 ବିୟୋଗ କରି ବିୟୋଗଫଳକୁ ବାମପାର୍ଶ୍ୱରେ ଲେଖ ।

(ii) ଗୁଣକର ନିକଟତମ ଆଧାରରୁ ନିଖିଳଂ ସୂତ୍ର ପ୍ରୟୋଗ କରି ଗୁଣ୍ୟକୁ ବିୟୋଗ କର ।

ଉଦାହରଣ - 5 : 456 କୁ 9999 ଦ୍ୱାରା ଗୁଣି ଗୁଣଫଳ ନିର୍ଣ୍ଣୟ କର ।
ସମାଧାନ :

$456 \times 9999 = 0456 \times 9999$
$= (0456 - 1) / (10000 - 0456)$
$= 455 / (9 - 0)(9 - 4)(9 - 5)(10 - 6)$
$= 455 / 9544 = 4559544$

ଅଥବା, $(456 - 1 / (9999 - 455) = 455 / 9544 = 4559544$

∴ $456 \times 99999 = 4559544$

ଉଦାହରଣ - 6 : 1332 କୁ 999999 ଦ୍ୱାରା ଗୁଣି ଗୁଣଫଳ ନିର୍ଣ୍ଣୟ କର ।
ସମାଧାନ :

$1332 \times 999999 = 001332 \times 999999$
$= (001332 - 1) / (1000000 - 001332)$
$= 1331 / 998668 = 1331998668$

ଅଥବା, $1331 / (999999 - 1331) = 1331 / 998668 = 1331998668$

∴ $1332 \times 999999 = 1331998668$

(ଲକ୍ଷ୍ୟ କର : $1331 + 998668 = 999999$)

(C) ଗୁଣକରେ '9' ଅଙ୍କ ସଂଖ୍ୟା, ଗୁଣ୍ୟର ଅଙ୍କ ସଂଖ୍ୟା ଠାରୁ କମ୍ ହୋଇଥିଲେ ଗୁଣନ କ୍ରିୟା :

ପ୍ରୟୋଗ ବିଧି :

(i) ଗୁଣକରେ ଯେତେ ସଂଖ୍ୟକ '9' ରହିଛି ସେତେଗୋଟି '0' (ଶୂନ) ଗୁଣ୍ୟର ଦକ୍ଷିଣପାର୍ଶ୍ୱରେ ରଖ ।

(ii) ତତ୍ପରେ ପରିବର୍ତ୍ତିତ ଗୁଣ୍ୟରୁ ମୂଳ ଗୁଣ୍ୟକୁ ବିୟୋଗ କର ।

ଉଦାହରଣ - 7 : 147 କୁ 99 ଦ୍ୱାରା ଗୁଣନ କରି ଗୁଣଫଳ ନିର୍ଣ୍ଣୟ କର ।
ସମାଧାନ :

ଗୁଣକରେ ଦୁଇଟି 9 ରହିଛି । ତେଣୁ ଗୁଣ୍ୟରେ ଦୁଇଟି ଶୂନ ଦେଇ ପରିବର୍ତ୍ତିତ ଗୁଣ୍ୟକୁ ଲେଖ । ଅର୍ଥାତ୍ ପରିବର୍ତ୍ତିତ ଗୁଣ୍ୟ $= 14700$

ତତ୍ପରେ ପରିବର୍ତ୍ତିତ ଗୁଣ୍ୟରୁ ଦତ୍ତ ଗୁଣ୍ୟକୁ ବିୟୋଗ କଲେ ଆବଶ୍ୟକ ଗୁଣଫଳ ପାଇବ ।

ଅର୍ଥାତ୍ ଗୁଣଫଳ = 14700 – 147 = 14700 – 00147 = 14553

ବିୟୋଗ କ୍ରିୟା :

$$\begin{array}{rr} & 14700 \\ (-) & 147 \\ \hline \end{array} \longrightarrow \begin{array}{r} 14700 \\ +\ 00\bar{1}\bar{4}\bar{7} \\ \hline 146\bar{4}\bar{7} \end{array} = 14553$$

∴ $147 \times 99 = 14553$

ବିକଳ୍ପ ପ୍ରଣାଳୀ :

ଏଠାରେ ଗୁଣ୍ୟ (147) ଏକ ତିନିଅଙ୍କ ବିଶିଷ୍ଟ ସଂଖ୍ୟା ଏବଂ ଗୁଣକ (99) ଏକ ଦୁଇଅଙ୍କ ବିଶିଷ୍ଟ ସଂଖ୍ୟା । ତେଣୁ ଗୁଣ୍ୟର ଦକ୍ଷିଣପାର୍ଶ୍ୱରୁ ଦୁଇଅଙ୍କ 47 ରଖି ଅନ୍ୟ ଅଙ୍କ 1 କୁ ବାଦ୍ ଦିଆଯିବ । ତତ୍ପରେ ପୁନଶ୍ଚ 1 କୁ ବାଦ୍ ଦିଆଯିବ ।

ଅର୍ଥାତ୍ 1 + 1 = 2 କୁ ବାଦ୍ ଦିଆଯିବ ।

ବର୍ତ୍ତମାନ ଗୁଣଫଳର ବାମପାର୍ଶ୍ୱସ୍ଥ ସଂଖ୍ୟା = 147 – 2 = 145 ହେବ

ଏବଂ ଦକ୍ଷିଣପାର୍ଶ୍ୱସ୍ଥ ସଂଖ୍ୟା = 47 ର ପୂରକ ସଂଖ୍ୟା = 100 – 47
= (9 – 4) (10 – 7) = 53

∴ ନିର୍ଣ୍ଣେୟ ଗୁଣଫଳ = 145 / 53 = 14553

ଉଦାହରଣ - 8 : 3486 କୁ 999 ଦ୍ୱାରା ଗୁଣି ଗୁଣଫଳ ସ୍ଥିର କର ।

ସମାଧାନ :

ଗୁଣ୍ୟ (3486) ଏକ ଚାରିଅଙ୍କ ବିଶିଷ୍ଟ ସଂଖ୍ୟା ଏବଂ ଗୁଣକ (999) ଏକ ତିନିଅଙ୍କ ବିଶିଷ୍ଟ ସଂଖ୍ୟା ।

ଏଠାରେ ଗୁଣ୍ୟର ଡାହାଣପଟୁ ତିନିଅଙ୍କ ରଖି ଅବଶିଷ୍ଟ 3 କୁ 1 ଅଧିକ କରି ଗୁଣ୍ୟରୁ ବାଦ୍ ଦେବା । ଅର୍ଥାତ୍ 3486 – (3 + 1) = 3482 ଗୁଣଫଳର ବାମପାର୍ଶ୍ୱ ସଂଖ୍ୟା ହେବ ।

ପୁନଶ୍ଚ 486 ର ପୂରକ (Complement) ସଂଖ୍ୟା
= 1000 – 486 = (9 – 4) (9 – 8) (10 – 6) = 514

514 ଗୁଣଫଳର ଦକ୍ଷିଣପାର୍ଶ୍ୱସ୍ଥ ସଂଖ୍ୟା ହେବ ।

∴ $3486 \times 999 = 3482 / 514 = 3482514$

ଉଦାହରଣ - 9 : 1731 କୁ 99 ର ଗୁଣଫଳ ସ୍ଥିର କର ।

ସମାଧାନ :

ଏଠାରେ 1731 ର ଦକ୍ଷିଣପାର୍ଶ୍ୱରୁ 31 ରଖି ଅବଶିଷ୍ଟ 17 କୁ 1 ଅଧିକ କରି 1731 ରୁ ବାଦ୍ ଦେବା । ଅର୍ଥାତ୍ 1731 – 18 = 1713 ହେବ।

1713 ଗୁଣଫଳର ବାମପାର୍ଶ୍ୱସ୍ଥ ସଂଖ୍ୟା ହେବ । ତତ୍ପରେ 31 ର ପୂରକ ସଂଖ୍ୟା ଅର୍ଥାତ୍ 100 – 31 = 69 ଗୁଣଫଳର ଦକ୍ଷିଣପାର୍ଶ୍ୱସ୍ଥ ସଂଖ୍ୟା ହେବ ।

$\therefore$ 1731 × 99 = 1713 / 69 = 171369

$\therefore$ ନିର୍ଣ୍ଣେୟ ଗୁଣଫଳ = 171369

3. (A) ଦୁଇଅଙ୍କ ବିଶିଷ୍ଟ ସଂଖ୍ୟାଦ୍ୱୟର ଦଶକ ଅଙ୍କ ସମାନ ଥାଇ ଏକକ ଅଙ୍କଦ୍ୱୟର ଯୋଗଫଳ 10 ହେଉଥିବା ସଂଖ୍ୟାମାନଙ୍କର ଗୁଣଫଳ ନିର୍ଣ୍ଣୟ :

ଉଦାହରଣ - 1 : 24 କୁ 26 ଦ୍ୱାରା ଗୁଣି ଗୁଣଫଳ ସ୍ଥିର କର ।

24 (ଗୁଣ୍ୟ) ଏବଂ 26 (ଗୁଣକ) ସଂଖ୍ୟାଦ୍ୱୟର ଏକକ ସ୍ଥାନୀୟ ଅଙ୍କ ଦ୍ୱୟର ସମଷ୍ଟି 10 ଏବଂ ଦଶକ ସ୍ଥାନୀୟ ଅଙ୍କଦ୍ୱୟ ସମାନ ।

ପ୍ରୟୋଗବିଧି :

(i) ଏକକ ସ୍ଥାନୀୟ ଅଙ୍କ ଦ୍ୱୟର ଗୁଣଫଳ 24, ନିର୍ଣ୍ଣୟ ଗୁଣଫଳର ଦକ୍ଷିଣପାର୍ଶ୍ୱସ୍ଥ ସଂଖ୍ୟା ହେବ ।

(ii) ଗୁଣଫଳର ବାମପାର୍ଶ୍ୱସ୍ଥ ସଂଖ୍ୟା ହେବ : 2 × (2 + 1) = 2 × 3 = 6

$$\begin{array}{r} 2\ 4 \\ \times\ \ 2\ 6 \\ \hline 2 \times 3 / 6 \times 4 = 624 \end{array}$$

ଉଦାହରଣ - 2 : 93 କୁ 97 ଦ୍ୱାରା ଗୁଣନ କରି ଗୁଣଫଳ ସ୍ଥିର କର ।

ସମାଧାନ :

ଏଠାରେ ଏକକ ସ୍ଥାନୀୟ ଅଙ୍କଦ୍ୱୟର ସମଷ୍ଟି = 3 + 7 = 10

ସଂଖ୍ୟାଦ୍ୱୟର ଦଶକ ସ୍ଥାନୀୟ ଅଙ୍କଦ୍ୱୟ ପ୍ରତ୍ୟେକ 9 ।

$\therefore$ 93 × 97 = 9 × (9 + 1) / 3 × 7 = 9 × 10 / 3 × 7

= 90 / 21

$\therefore$ 93 × 97 = 9021 ।

ଉଦାହରଣ – 3 : 39 ଓ 31 ର ଗୁଣଫଳ ସ୍ଥିର କର ।

ସମାଧାନ :

ନିର୍ଣ୍ଣେୟ ଗୁଣଫଳ = 3 × (3 + 1) / 9 × 1
= 3 × 4 / 9 × 1 = 12 / 09
= 1209

(ଏଠାରେ ଲକ୍ଷ୍ୟକର ଏକକ ସ୍ଥାନୀୟ ଅଙ୍କ ଦ୍ୱୟର ଗୁଣଫଳ 9 ହେଲେ ମଧ୍ୟ ଏହାକୁ ଦୁଇ ଅଙ୍କବିଶିଷ୍ଟ (09) ସଂଖ୍ୟାରେ ପରିଣତ କରାଯାଇଛି ।

(B) ଦୁଇଅଙ୍କ ବିଶିଷ୍ଟ ସଂଖ୍ୟାଦ୍ୱୟର ଏକକ ଅଙ୍କ ସମାନ ଥାଇ ଦଶକ ଅଙ୍କ ଦ୍ୱୟର ସମଷ୍ଟି 10 ହେଉଥିବା ସଂଖ୍ୟାଦ୍ୱୟର ଗୁଣଫଳ ନିର୍ଣ୍ଣୟ :

ଉଦାହରଣ – 4 : 68 କୁ 48 ଦ୍ୱାରା ଗୁଣି ଗୁଣଫଳ ନିର୍ଣ୍ଣୟ କର ।

ପ୍ରୟୋଗ ବିଧି :

ଗୁଣଫଳକୁ ପ୍ରଥମେ ଦୁଇଟି ଭାଗ କରିବା । ଗୋଟିଏ ବାମପକ୍ଷ ଅନ୍ୟଟି ଦକ୍ଷିଣପକ୍ଷ ।

(i) ବାମପକ୍ଷ = ଗୁଣ୍ୟ ଓ ଗୁଣକର ଦଶକ ସ୍ଥାନୀୟ ଅଙ୍କଦ୍ୱୟର ଗୁଣଫଳ + ଏକକ ସ୍ଥାନୀୟ ଅଙ୍କ

(ii) ଦକ୍ଷିଣପକ୍ଷ = ଗୁଣ୍ୟ ଓ ଗୁଣକର ଏକକ ସ୍ଥାନୀୟ ଅଙ୍କଦ୍ୱୟର ଗୁଣଫଳ ।

ସମାଧାନ :

$$\begin{array}{r} 6\ 8 \\ \times\ 4\ 8 \\ \hline (6 \times 4 + 8) / 8 \times 8 \end{array}$$

ଏଠାରେ ଲକ୍ଷ୍ୟକର ଦଶକ ସ୍ଥାନୀୟ ଅଙ୍କଦ୍ୱୟର ସମଷ୍ଟି 10 ଅର୍ଥାତ୍ 6+4=10 ଏବଂ ଏକକ ସ୍ଥାନୀୟ ଅଙ୍କଦ୍ୱୟ ସମାନ ।

68 × 48 = 32 / 64 = 3264

∴ ନିର୍ଣ୍ଣେୟ ଗୁଣଫଳ = 3264

ଉଦାହରଣ – 5 : 72 ଓ 32 ର ଗୁଣଫଳ ନିର୍ଣ୍ଣୟ କର ।

ସମାଧାନ : 72 × 32 = (7 × 3 + 2) / 2^2 = 23 / 04 = 2304

∴ ନିର୍ଣ୍ଣେୟ ଗୁଣଫଳ = 2304

(ଏଠାରେ ଗୁଣଫଳର ଦକ୍ଷିଣ ପାର୍ଶ୍ୱ 4 ହେବାରୁ ଗୋଟିଏ ଶୂନକୁ ନେଇ ଦୁଇଅଙ୍କ ବିଶିଷ୍ଟ ସଂଖ୍ୟା (04) ରେ ପରିଣତ କରାଯାଇଛି ।)

ଉଦାହରଣ - 6 : 97 କୁ 17 ଦ୍ୱାରା ଗୁଣି ଗୁଣଫଳ ନିର୍ଣ୍ଣୟ କର ।
ସମାଧାନ :

$$97 \times 17 = (9 \times 1 + 7) / 7 \times 7 = 16 / 49 = 1649$$

∴ ନିର୍ଣ୍ଣେୟ ଗୁଣଫଳ = 1649

4. କୌଣସି ସଂଖ୍ୟାକୁ 21, 31, 41, 51 .... ପ୍ରଭୃତି ସଂଖ୍ୟା ଦ୍ୱାରା ଗୁଣନ :

ଉଦାହରଣ - 1 : 37 କୁ 21 ଦ୍ୱାରା ଗୁଣି ଗୁଣଫଳ ନିର୍ଣ୍ଣୟ କର ।
ସମାଧାନ :

$$37 \times 21 = \{(37 \times 2) \times 10\} + 37$$
$$= 74 \times 10 + 37 = 740 + 37 = 777$$

∴ ନିର୍ଣ୍ଣେୟ ଗୁଣଫଳ = 777

ସୂଚନା : କୌଣସି ସଂଖ୍ୟାକୁ 21 ଦ୍ୱାରା ଗୁଣିବାକୁ ହେଲେ ପ୍ରଥମେ ସଂଖ୍ୟାକୁ (ଗୁଣ୍ୟ)କୁ 2 ଦ୍ୱାରା ଏବଂ ତତ୍ପରେ 10 ଦ୍ୱାରା ଗୁଣି ଗୁଣଫଳ ସହ ମୂଳ ସଂଖ୍ୟାକୁ ଯୋଗ କରାଯାଏ ।

ଉଦାହରଣ - 2 : 47 କୁ 31 ଦ୍ୱାରା ଗୁଣି ଗୁଣଫଳ ନିର୍ଣ୍ଣୟ କର ।
ସମାଧାନ :

$$47 \times 31 = (47 \times 3) \times 10 + 47$$
$$= 1410 + 47 = 1457$$

ସୂଚନା :

କୌଣସି ସଂଖ୍ୟାକୁ 31 ଦ୍ୱାରା ଗୁଣିବାକୁ ହେଲେ ପ୍ରଥମେ ସଂଖ୍ୟାକୁ (ଗୁଣ୍ୟ) 3 ଦ୍ୱାରା ଏବଂ ତତ୍ପରେ 10 ଦ୍ୱାରା ଗୁଣି ମୂଳ ସଂଖ୍ୟାକୁ ଯୋଗ କଲେ ସଂପୃକ୍ତ ଗୁଣଫଳ ନିର୍ଣ୍ଣୟ କରାଯାଇ ପାରିବ ।

ଉଦାହରଣ - 3 : 43 କୁ 41 ଦ୍ୱାରା ଗୁଣି ଗୁଣଫଳ ନିର୍ଣ୍ଣୟ କର ।
ସମାଧାନ : $43 \times 41 = \{(43 \times 4) \times 10\} + 43$
$$= 1720 + 43 = 1763$$

ସୂଚନା :

ଏଠାରେ 43 କୁ 41 ରେ ଗୁଣିବା ପାଇଁ ପ୍ରଥମେ 43 କୁ 4 ଦ୍ୱାରା ଏବଂ ତତ୍ପରେ 10 ଦ୍ୱାରା ଗୁଣି ଗୁଣଫଳ ସହ ମୂଳସଂଖ୍ୟାକୁ ଯୋଗ କରାଯାଇଛି; ଯାହା ଦ୍ୱାରା ଆବଶ୍ୟକ ଗୁଣଫଳ ପାଇପାରିଛେ ।

ବ୍ୟାବହାରିକ ବୈଦିକ ଗଣିତ   53

ସେହିପରି କୌଣସି ସଂଖ୍ୟାକୁ 51, 61, 71, ... ପ୍ରଭୃତି ଦ୍ୱାରା ପୁଣି ଗୁଣଫଳ ନିର୍ଣ୍ଣୟ କରାଯାଇପାରେ ।

5. ଦଶକ ସ୍ଥାନୀୟ ଅଙ୍କଦ୍ୱୟ ସମାନ ଥିବା ଦୁଇଟି ଦୁଇ ଅଙ୍କ ବିଶିଷ୍ଟ ସଂଖ୍ୟାର ଗୁଣଫଳ ନିର୍ଣ୍ଣୟ :

(A) ସଂଖ୍ୟାଦ୍ୱୟର (ଗୁଣ୍ୟ ଓ ଗୁଣକ) ଦଶକ ସ୍ଥାନୀୟ ଅଙ୍କ ଦ୍ୱୟ ପ୍ରତ୍ୟେକ 1 ।

ଉଦାହରଣ : 1 : 12 ଓ 13 ର ଗୁଣଫଳ ନିର୍ଣ୍ଣୟ କର ।

ସମାଧାନ :
$$12 \times 13 = (12 + 3) / 2 \times 3 = 15 / 6 = 156$$

ସୂଚନା : ପ୍ରଥମେ 12 ସହ 3 ଯୋଗକରି ଆବଶ୍ୟକ ଗୁଣଫଳର ବାମପାର୍ଶ୍ୱରେ ରଖ ଏବଂ 2 ଓ 3 ର ଗୁଣଫଳକୁ ଗୁଣଫଳର ଦକ୍ଷିଣପାର୍ଶ୍ୱରେ ରଖ ।

ସେହିପରି $12 \times 14 = (12 + 4) / 2 \times 4 = 16 / 8 = 168$,

$13 \times 13 = (13 + 3) / 3 \times 3 = 16 / 9 = 169$ ଇତ୍ୟାଦି ।

ଉଦାହରଣ : 2 : 13 ଓ 15 ର ଗୁଣଫଳ ନିର୍ଣ୍ଣୟ କର ।

ସମାଧାନ :
$$13 \times 15 = 13 + 5 / 3 \times 5 = 18 / 15 = 195$$

ସେହିପରି $19 \times 13 = 19 + 3 / 9 \times 3 = 22 / 27 = 247$,

$17 \times 14 = 17 + 4 / 7 \times 4 = 21 / 28 = 238$ ଇତ୍ୟାଦି ।

(B) ସଂଖ୍ୟାଦ୍ୱୟର (ଗୁଣ୍ୟ ଓ ଗୁଣକ) ଦଶକ ସ୍ଥାନୀୟ ଅଙ୍କଦ୍ୱୟ ପ୍ରତ୍ୟେକ 2 ହେଲେ ଗୁଣଫଳ ନିର୍ଣ୍ଣୟ :

ଉଦାହରଣ : 3 : 23 ଓ 21 ର ଗୁଣଫଳ ନିର୍ଣ୍ଣୟ କର ।

ସମାଧାନ : $23 \times 21 = 2(23 + 1) / 3 \times 1$
            $= 48 / 3 = 483$

ସୂଚନା : (ପ୍ରଥମେ 23 ସହ 1 ଯୋଗକରି ଦୁଇଗୁଣ ନିଅ, ଯାହା ଆବଶ୍ୟକ ଗୁଣଫଳର ବାମପାର୍ଶ୍ୱରେ ରହିବ ଏବଂ ଏକକ ସ୍ଥାନୀୟ ଅଙ୍କଦ୍ୱୟର ଗୁଣଫଳ 3×1 ଅର୍ଥାତ୍‌ 3 ଗୁଣଫଳର ଦକ୍ଷିଣପାର୍ଶ୍ୱରେ ରହିବ ।)

ସେହିପରି $21 \times 22 = 2(21 + 2) / 2 \times 1 = 46 / 2 = 462$

$25 \times 24 = 2(25 + 4) / 5 \times 4 = 58 / 20 = 600$

$23 \times 27 = 2(23 + 7) / 3 \times 7 = 60 / 21 = 621$ ଇତ୍ୟାଦି ।

(C) ସଂଖ୍ୟାଦ୍ୱୟର (ଗୁଣ୍ୟ ଓ ଗୁଣକ ଉଭୟର) ଦଶକ ସ୍ଥାନୀୟ ଅଙ୍କଦ୍ୱୟ ପ୍ରତ୍ୟେକେ 3 ହେଲେ ଗୁଣଫଳ ନିର୍ଣ୍ଣୟ :

ଉଦାହରଣ - 4 : 32 କୁ 34 ର ଗୁଣଫଳ ନିର୍ଣ୍ଣୟ କର ।

ସମାଧାନ :

$$32 \times 34 = 3(32+4)/2 \times 4 = 108/8 = 1088$$

ସୂଚନା : ପ୍ରଥମେ 32 ସହ 4 ଯୋଗକରି ତିନିଗୁଣ ନିଅ, ଯାହା ଆବଶ୍ୟକ ଗୁଣଫଳର ବାମପାର୍ଶ୍ୱରେ ରହିବ ଏବଂ ଏକକ ସ୍ଥାନୀୟ ଅଙ୍କଦ୍ୱୟର ଗୁଣଫଳ 2×4 ଅର୍ଥାତ୍ 8 ଗୁଣଫଳର ଦକ୍ଷିଣପାର୍ଶ୍ୱରେ ରହିବ ।

ସେହିପରି $35 \times 37 = 3(35+7)/5 \times 7 = 126/35 = 1295$,

$$32 \times 38 = 3(32+8)/2 \times 8 = 120/16 = 1216 \text{ ଇତ୍ୟାଦି ।}$$

(D) ସଂଖ୍ୟାଦ୍ୱୟର (ଗୁଣ୍ୟ ଓ ଗୁଣକ) ଦଶକ ସ୍ଥାନୀୟ ଅଙ୍କଦ୍ୱୟ ପ୍ରତ୍ୟେକେ 4 ହେଲେ ଗୁଣଫଳ ନିର୍ଣ୍ଣୟ :

ଉଦାହରଣ - 5 : 41 କୁ 43 ର ଗୁଣଫଳ ନିର୍ଣ୍ଣୟ କର ।

ସମାଧାନ :

$$41 \times 43 = 4(41+3)/1 \times 3 = 176/3 = 1763$$

ସୂଚନା : ପ୍ରଥମେ 41 ସହ 3 ଯୋଗକରି ଯୋଗଫଳର 4 ଗୁଣ ନିଅ, ଯାହା ଆବଶ୍ୟକ ଗୁଣଫଳର ବାମପାର୍ଶ୍ୱରେ ରହିବ । ଏକକ ସ୍ଥାନୀୟ ଅଙ୍କଦ୍ୱୟର ଗୁଣଫଳ 1×3 ଅର୍ଥାତ୍ 3 ଆବଶ୍ୟକ ଗୁଣଫଳର ଦକ୍ଷିଣପାର୍ଶ୍ୱରେ ରହିବ ।

ସେହିପରି $42 \times 49 = 4(42+9)/2 \times 9 = 204/18 = 2058$

ଉପରିସ୍ଥ ଉଦାହରଣଗୁଡ଼ିକର ଅନୁସରଣରେ ଆମେ ପାଇବା -

$52 \times 53 = 5(52+3)/2 \times 3 = 275/6 = 2756$,

$63 \times 65 = 6(63+5)/3 \times 5 = 408/15 = 4095$,

$73 \times 71 = 7(73+1)/3 \times 1 = 518/3 = 5183$,

$81 \times 82 = 8(81+2)/1 \times 2 = 665/2 = 6642$,

$93 \times 95 = 9(93+5)/3 \times 5 = 882/15 = 8835$,

6. ଏକକ ସ୍ଥାନୀୟ ଅଙ୍କଦ୍ୱୟ ସମାନ ଥାଇ ଯେକୌଣସି ଦୁଇଅଙ୍କ ବିଶିଷ୍ଟ ସଂଖ୍ୟାଦ୍ୱୟର ଗୁଣଫଳ ନିର୍ଣ୍ଣୟ କର ।

(a) ସଂଖ୍ୟାଦ୍ୱୟର (ଗୁଣ୍ୟ ଓ ଗୁଣକ) ଦଶକ ସ୍ଥାନୀୟ ଅଙ୍କଦ୍ୱୟ ପ୍ରତ୍ୟେକ ସମାନ ।

ଉଦାହରଣ - 1 : 36 ଓ 26 ର ଗୁଣଫଳ ନିର୍ଣ୍ଣୟ କର ।

ଏଠାରେ ଲକ୍ଷ୍ୟକର ଉଭୟ ଗୁଣ୍ୟ (36) ଓ ଗୁଣକ (26) ର ଏକକ ସ୍ଥାନୀୟ ଅଙ୍କଦ୍ୱୟ ସମାନ । ତେଣୁ ନିର୍ଣ୍ଣେୟ ଗୁଣଫଳ

$$= 36 \times 26 = (3 \times 2) / (3 + 2) \times 6 / 6 \times 6$$
$$= 6 / 30 / 36 = 936$$

∴ ନିର୍ଣ୍ଣେୟ ଗୁଣଫଳ = 936

ବିଶ୍ଳେଷଣ : 36 ଓ 26 ର ଗୁଣଫଳର ତିନିଗୋଟି ଭିନ୍ନ ଅଂଶ ରହିଛି ।

ପ୍ରଥମ ଅଂଶ = (3 × 2) ଶତ ଅର୍ଥାତ୍ 600
ଦ୍ୱିତୀୟ ଅଂଶ = (3 + 2) × 6 ଦଶ ଅର୍ଥାତ୍ 300
ତୃତୀୟ ଅଂଶ = (6 × 6) ଏକ ଅର୍ଥାତ୍ 36 ଏକ
∴ ନିର୍ଣ୍ଣେୟ ଗୁଣଫଳ = 600 + 300 + 36 = 936

ଗୁଣଫଳ ନିର୍ଣ୍ଣୟ ବିଧି :

ପ୍ରଥମ ଅଂଶ = (ଗୁଣ୍ୟ ଓ ଗୁଣକର ଦଶକସ୍ଥାନୀୟ ଅଙ୍କଦ୍ୱୟର ଗୁଣଫଳ) × 100
ଦ୍ୱିତୀୟ ଅଂଶ = (ସଂଖ୍ୟାଦ୍ୱୟର ଦଶକସ୍ଥାନୀୟ ଅଙ୍କଦ୍ୱୟ ସମଷ୍ଟିର 6 ଗୁଣ) × 10 ।
ତୃତୀୟ ଅଂଶ = (ସଂଖ୍ୟାଦ୍ୱୟର ଏକକ ସ୍ଥାନୀୟ ଅଙ୍କଦ୍ୱୟର ଗୁଣଫଳ) × 1

ଉଦାହରଣ- 2 : 47 ଓ 37 ର ଗୁଣଫଳ ନିର୍ଣ୍ଣୟ କର ।

ନିର୍ଣ୍ଣେୟ ଗୁଣଫଳ : $47 \times 37 = (4 \times 3) / (4 + 3) 7 / 7 \times 7$
$$= 12 / 49 / 49 = 16 / 13 / 9$$
$$= 1739$$

ଅଥବା

$47 \times 37 = (4 \times 3)$ ଶତ $+ (4 + 3) 7$ ଦଶ $+ 7 \times 7$ ଏକ
$$= 1200 + 490 + 49 = 1739$$

∴ ନିର୍ଣ୍ଣେୟ ଗୁଣଫଳ = 1739

ଉଦାହରଣ- 3 : 62 ଓ 42 ର ଗୁଣଫଳ ନିର୍ଣ୍ଣୟ କର ।
ସମାଧାନ :

$$62 \times 42 = 6 \times 4 / (6+4) 2 / 2 \times 2$$
$$= 24 / 20 / 4 = 2604$$

ଅଥବା, $62 \times 42 = (6 \times 4)$ ଶତ $+ 20$ ଦଶ $+ 4$ ଏକ
$$= 2400 + 200 + 4 = 2604$$

∴ ନିର୍ଣ୍ଣେୟ ଗୁଣଫଳ $= 2604$

7. ଯେକୌଣସି ଦୁଇଅଙ୍କ ବିଶିଷ୍ଟ ଦୁଇଟି ସଂଖ୍ୟାର ଗୁଣଫଳ ନିର୍ଣ୍ଣୟ :

ଉଦାହରଣ – 1 : 28 ଓ 31 ର ଗୁଣଫଳ ନିର୍ଣ୍ଣୟ କର ।
ସମାଧାନ :

$$28 \times 31 = (2 \times 3) / (2 \times 1) + (8 \times 3) / (8 \times 1)$$
$$= 6 / 26 / 8 = 868$$

ଅଥବା, (2×3) ଶତ $+ \{(2 \times 1) + (8 \times 3)\}$ ଦଶ $+ (8 \times 1)$ ଏକ
$$= 600 + 260 + 8 = 868$$

∴ ନିର୍ଣ୍ଣେୟ ଗୁଣଫଳ $= 868$

ଉଦାହରଣ – 2 : 45 ଓ 62 ର ଗୁଣଫଳ ନିର୍ଣ୍ଣୟ କର ।

$$45 \times 62$$
$$= (4 \times 6) 100 + [(4 \times 2) + (5 \times 6)] 10 + 5 \times 2$$
$$= 2400 + 380 + 10 = 2790$$

ଅଥବା, $45 \times 62 = (4 \times 6) / (4 \times 2) + (5 \times 6) / (5 \times 2)$
$$= 24 / 38 / 10 = 27 / 9 / 0$$
$$= 2790$$

∴ ନିର୍ଣ୍ଣେୟ ଗୁଣଫଳ $= 2790$

ପ୍ରଶ୍ନାବଳୀ - 4(1)

1. ଗୁଣଫଳ ସ୍ଥିର କର ।

(a) 8247×11 (b) 24732×11 (c) 4213×111 (d) 73×111

(e) 4217×111 (f) 421×1111 (g) 353×111 (h) 111×1111

2. ଗୁଣଫଳ ସ୍ଥିର କର ।

(a) 123×999 (b) 23×999

(c) 8284×99 (d) 43742×99999

(e) 144×9999 (f) 2321×99

(g) 1248×99 (h) 13521×999

3. ଗୁଣଫଳ ସ୍ଥିର କର ।

(a) 38×32 (b) 24×26 (c) 83×87 (d) 35×35

(e) 68×48 (f) 43×63 (g) 27×87 (h) 54×54

4. ଗୁଣଫଳ ସ୍ଥିର କର ।

(a) 62×42 (b) 73×33 (c) 47×37 (d) 36×26

(e) 42×46 (f) 31×32 (g) 47×47

-୦-

ଗୁଣନ - 2 (MULTIPLICATION-2)

ଆଧାର ବିଧି ଅନୁଯାୟୀ ଦୁଇଟି ସଂଖ୍ୟାର ଗୁଣନ :

'ନିଖିଳଂ ନବତଃ ଚରମଂ ଦଶତଃ' ସୂତ୍ର ଉପଯୋଗରେ ଅତି ସହଜରେ ଦୁଇଟି ସଂଖ୍ୟାର ଗୁଣନ କାର୍ଯ୍ୟ ସମ୍ପାଦନ କରାଯାଇପାରେ । ଅବଶ୍ୟ ଏଥିପାଇଁ ସଂଖ୍ୟା ଦୁଇଟିଯାକ ଗୋଟିଏ ନିର୍ଦ୍ଦିଷ୍ଟ ଆଧାରର ନିକଟବର୍ତ୍ତୀ ହେବା ଦରକାର ।

ଆଧାର (Base) : 1 ର ଦକ୍ଷିଣ ପାର୍ଶ୍ୱରେ ଏକ ବା ଏକାଧିକ 0 (ଶୂନ) ବସାଇଲେ ଯେଉଁ ସଂଖ୍ୟାମାନ ସୃଷ୍ଟି ହୁଏ, (10, 100, 1000.....) ସେଗୁଡ଼ିକୁ ଆବଶ୍ୟକତା ଅନୁଯାୟୀ ଅର୍ଥାତ୍ ସ୍ଥଳବିଶେଷରେ ସଂଖ୍ୟାର ଆଧାର ରୂପେ ଗ୍ରହଣ କରାଯାଇପାରେ ।

ବି.ଦ୍ର. : ଆଧାରର ସାଧାରଣ ରୂପଟି ହେଲା: 10^n (n ଏକ ଗଣନ ସଂଖ୍ୟା)

ବିଚ୍ୟୁତି (Deviations) :

କୌଣସି ସଂଖ୍ୟା ନିକଟବର୍ତ୍ତୀ ଆଧାର ଠାରୁ ଯେତିକି କମ୍ ବା ଯେତିକି ଅଧିକ, ତାକୁ ସଂପୃକ୍ତ ସଂଖ୍ୟାର ବିଚ୍ୟୁତି କୁହାଯାଏ ।

କୌଣସି ସଂଖ୍ୟା, ନିକଟବର୍ତ୍ତୀ ଆଧାର ଠାରୁ ଯେତିକି କମ୍, ତାକୁ **ଋଣାତ୍ମକ ବିଚ୍ୟୁତି** କୁହାଯାଏ । ଉକ୍ତ ବିଚ୍ୟୁତିକୁ ଋଣାତ୍ମକ ଚିହ୍ନ ଦ୍ୱାରା ପ୍ରକାଶ କରାଯାଏ । ସେହିପରି ସଂଖ୍ୟାଟି, ନିକଟବର୍ତ୍ତୀ ଆଧାର ଠାରୁ ଯେତିକି ଅଧିକ, ତାକୁ **ଧନାତ୍ମକ ବିଚ୍ୟୁତି** କୁହାଯାଏ । ଉକ୍ତ ବିଚ୍ୟୁତିକୁ ଧନାତ୍ମକ ଚିହ୍ନ ଦ୍ୱାରା ପ୍ରକାଶ କରାଯାଏ ।

ଉଦାହରଣ ସ୍ୱରୂପ, 7 ନିକଟବର୍ତ୍ତୀ ଆଧାର 10 ଠାରୁ 3 କମ୍;

ତେଣୁ 7 କ୍ଷେତ୍ରରେ ବିଚ୍ୟୁତି = 7 – 10 = (–3) ।

ପୁନଶ୍ଚ, 12, ନିକଟବର୍ତ୍ତୀ ଆଧାର 10 ଠାରୁ 2 ଅଧିକ;

ତେଣୁ 12 କ୍ଷେତ୍ରରେ ବିଚ୍ୟୁତି = 12 – 10 = (+2) ।

ସାଧାରଣତଃ ବିଚ୍ୟୁତି ନିର୍ଣ୍ଣୟ ବେଳେ 'ନିଖିଳଂ' ସୂତ୍ର ପ୍ରୟୋଗ କରାଯାଇଥାଏ ।

ଆଧାର ବିଧିର ପ୍ରୟୋଗ :

(i) ପ୍ରଥମେ ଗୁଣ୍ୟ ଓ ଗୁଣକକୁ ଯଥାକ୍ରମେ ଉପର ଓ ତଳକୁ ରଖି ଲେଖାଯାଏ ।

(ii) ନିକଟବର୍ତ୍ତୀ ଆଧାର ଠାରୁ ଉଭୟର ବିଚ୍ୟୁତି ନିର୍ଣ୍ଣୟ କରାଯାଇ ଉଭୟକୁ ସଂଖ୍ୟାଦ୍ୱୟର ଦକ୍ଷିଣପାର୍ଶ୍ୱରେ ଲେଖାଯାଏ ।

(iii) ଗୁଣଫଳ (ଉତ୍ତର)ଟି ଦୁଇଟି ଭାଗରେ ବିଭକ୍ତ ହୋଇଥାଏ ।

(a) ଗୁଣଫଳର ବାମପାର୍ଶ୍ୱରେ ସଂଖ୍ୟାଦ୍ୱୟର ଯୋଗଫଳ ବିଯୁକ୍ତ ଆଧାରରୁ ନିର୍ଣ୍ଣିତ ସଂଖ୍ୟାକୁ ଲେଖାଯାଏ । କିମ୍ବା ତୀର୍ଯ୍ୟକ ଯୋଗ କିମ୍ବା ବିୟୋଗ କ୍ରିୟା ମାଧ୍ୟମରେ ମିଳୁଥିବା ସଂଖ୍ୟାକୁ ଲେଖାଯାଏ ।

(b) ନିର୍ଣ୍ଣୟ ଗୁଣଫଳର ଦକ୍ଷିଣପାର୍ଶ୍ୱରେ ବିଚ୍ୟୁତି ଦ୍ୱୟର ଗୁଣଫଳକୁ ଲେଖାଯାଏ ।

(iv) ଗୁଣଫଳର ଦକ୍ଷିଣପାର୍ଶ୍ୱରେ ଲେଖାଯିବାକୁ ଥିବା ସଂଖ୍ୟାର ଅଙ୍କସଂଖ୍ୟା ଆଧାର ସଂଖ୍ୟାରେ ଥିବା '0' (ଶୂନ)ର ସଂଖ୍ୟା ଉପରେ ନିର୍ଭର କରେ ।

ଯଥା - 10 ଆଧାର : ଦକ୍ଷିଣପାର୍ଶ୍ୱର ଅଙ୍କ ସଂଖ୍ୟା 1,

100 ଆଧାର : ଦକ୍ଷିଣପାର୍ଶ୍ୱର ଅଙ୍କ ସଂଖ୍ୟା 2,

1000 ଆଧାର : ଦକ୍ଷିଣପାର୍ଶ୍ୱର ଅଙ୍କ ସଂଖ୍ୟା 3..... ଇତ୍ୟାଦି ।

ଉଦାହରଣ ସ୍ୱରୂପ, ଯଦି ବିଚ୍ୟୁତି ଦ୍ୱୟର ଗୁଣଫଳ 6 ହୁଏ ତେବେ,

10 ଆଧାର ପାଇଁ ଦକ୍ଷିଣପାର୍ଶ୍ୱରେ 6 ଲେଖାଯିବ,

100 ଆଧାର ପାଇଁ ଦକ୍ଷିଣପାର୍ଶ୍ୱରେ 06 ଏବଂ

1000 ଆଧାର ପାଇଁ ଦକ୍ଷିଣପାର୍ଶ୍ୱରେ 006 ଲେଖାଯିବ ।

ଉପରୋକ୍ତ ସୂତ୍ରର ପ୍ରୟୋଗବିଧିକୁ ପରବର୍ତ୍ତୀ ଉଦାହରଣ ଜରିଆରେ ଅନୁଧ୍ୟାନ କର ।

(A) ସଂଖ୍ୟାଦ୍ୱୟ (ଗୁଣ୍ୟ ଓ ଗୁଣକ) ପ୍ରତ୍ୟେକ ନିକଟବର୍ତ୍ତୀ ଆଧାର ଠାରୁ କମ୍ ହୋଇଥିଲେ ଗୁଣନ କ୍ରିୟା :

ଉଦାହରଣ - 1 : 8 ଓ 7 ର ଗୁଣଫଳ ସ୍ଥିର କର ।

ସଂଖ୍ୟା	ବିଚ୍ୟୁତି	
8	–2	ଏଠାରେ ଆଧାର = 10
× 7	–3	8 ଓ 7 ର ବିଚ୍ୟୁତି ଯଥାକ୍ରମେ (–2) ଓ (–3) ।
(8 + 7 –10) ଅଥବା (8 – 3) ଅଥବା (7 – 2)	/ (–2) × (–3)	ବିଚ୍ୟୁତିଦ୍ୱୟର ଗୁଣଫଳ = 6

∴ 8 × 3 = 5 / 6 = 56

∴ ନିର୍ଣ୍ଣେୟ ଗୁଣଫଳ = 56 ।

ବିକଳ୍ପ ପ୍ରଣାଳୀ :

$8 \times 7 = 10(8 + 7 - 10) + (-2) \times (-3)$

$= 10 \times 5 + 6 = 56$

ଏଠାରେ ଆଧାର 10 ଏବଂ ବିଚ୍ୟୁତିଦ୍ୱୟ ଯଥାକ୍ରମେ (–2) ଏବଂ (–3)

ସେହିପରି $9 \times 8 = 10\,(9 + 8 - 10) + (-1) \times (-2)$

$= 10 \times 7 + 2 = 72$

ଏଠାରେ ଆଧାର 10 ଏବଂ ବିଚ୍ୟୁତିଦ୍ୱୟ ଯଥାକ୍ରମେ (–1) ଓ (–2) ।

ଉଦାହରଣ - 2 : 95 କୁ 91 ଦ୍ୱାରା ଗୁଣି ଗୁଣଫଳ ସ୍ଥିର କର ।

ଉଭୟ ଗୁଣ୍ୟ ଏବଂ ଗୁଣକର (ନିକଟବର୍ତ୍ତୀ) ଆଧାର 100

∴ ବିଚ୍ୟୁତିଦ୍ୱୟ ଯଥାକ୍ରମେ (–5) ଓ (–9)

ବ୍ୟାବହାରିକ ବୈଦିକ ଗଣିତ 61

ଗୁଣନ ପ୍ରକ୍ରିୟା :

	ସଂଖ୍ୟା	ବିଚ୍ୟୁତି
(ଗୁଣ୍ୟ)	95	–5
(ଗୁଣକ)	91	–9

(95 + 91 – 100) / (–5) (–9)

ଅଥବା (95 – 9)

ଅଥବା (91 – 5)

(ଆଧାର 100ରେ ଦୁଇଗୋଟି '0' ଥିବାରୁ ଦକ୍ଷିଣପାର୍ଶ୍ୱ ଦୁଇଅଙ୍କ ବିଶିଷ୍ଟ ହେଲା)

∴ 95 × 91 = 86 / 45 = 8645

∴ ନିର୍ଣ୍ଣେୟ ଗୁଣଫଳ = 8645

ବିକଳ୍ପ ପ୍ରଣାଳୀ :

95 × 91 = 100 (95 + 91 – 100) + (– 5) × (–9)

= 100 × 86 + 45 = 8645

ଏଠାରେ ଆଧାର 100 ଏବଂ ବିଚ୍ୟୁତିଦ୍ୱୟ ଯଥାକ୍ରମେ –5 ଓ –9 ।

ଉଦାହରଣ - 3 : 99 କୁ 97 ଦ୍ୱାରା ଗୁଣି ଗୁଣଫଳ ସ୍ଥିର କର ।

ଗୁଣନ ପ୍ରକ୍ରିୟା :

	ସଂଖ୍ୟା	ବିଚ୍ୟୁତି
(ଗୁଣ୍ୟ)	99	–1
(ଗୁଣକ)	97	–3

ଆଧାର = 100

ଗୁଣ୍ୟ ଓ ଗୁଣକର ବିଚ୍ୟୁତିଦ୍ୱୟ ଯଥାକ୍ରମେ (–1) ଓ (–3) ।

(99 + 97 – 100) / (–1) (–3) = 96 / 03 = 9603

∴ ନିର୍ଣ୍ଣେୟ ଗୁଣଫଳ = 9603

(B) ସଂଖ୍ୟାଦ୍ୱୟ (ଗୁଣ୍ୟ ଓ ଗୁଣକ) ନିକଟବର୍ତ୍ତୀ ଆଧାର ଠାରୁ ଅଧିକ ହୋଇଥିଲେ ଗୁଣନ କ୍ରିୟା :

ଉଦାହରଣ-4 : 15 ଓ 11 ର ଗୁଣଫଳ ସ୍ଥିର କର ।

ଗୁଣନ ପ୍ରକ୍ରିୟା :

	ସଂଖ୍ୟା	ବିଚ୍ୟୁତି
(ଗୁଣ୍ୟ)	15	5
(ଗୁଣକ)	11	1

ଆଧାର = 10

ଗୁଣ୍ୟ ଓ ଗୁଣକର ବିଚ୍ୟୁତିଦ୍ୱୟ ଯଥାକ୍ରମେ 5 ଓ 1 ।

(15 + 11 – 10 / 5 × 1 = 16 / 5 = 165 ∴ ନିର୍ଣ୍ଣେୟ ଗୁଣଫଳ = 165 ।

ବିକଳ୍ପ ପ୍ରଣାଳୀ :

15 × 11 = 10(15 + 11 – 10) / 5 × 1 = 160 + 5 = 165 ।

ଉଦାହରଣ - 5 : 17 କୁ 18 ଦ୍ୱାରା ଗୁଣି ଗୁଣଫଳ ସ୍ଥିର କର ।

ଗୁଣନ ପ୍ରକ୍ରିୟା :

	ସଂଖ୍ୟା	ବିଚ୍ୟୁତି	ଆଧାର = 10
(ଗୁଣ୍ୟ)	17	7	ଗୁଣ୍ୟ ଓ ଗୁଣକର ବିଚ୍ୟୁତି ଦ୍ୱୟ
(ଗୁଣକ)	18	8	ଯଥାକ୍ରମେ 7 ଓ 8 ।

(17 + 18 – 10) / 7 × 8 = 25 / 56 = 30 / 6 = 306

ଅଥବା (18 + 7) / ଆଧାର=10ରେ ଗୋଟିଏ‘0’ଅଛି, ତେଣୁ ଆବଶ୍ୟକ

ଅଥବା (17 + 8) / ଗୁଣଫଳର ଦକ୍ଷିଣପାର୍ଶ୍ୱ ଏକ ଅଙ୍କ ବିଶିଷ୍ଟ ହୋଇଛି ।)

ବିକଳ୍ପ ପ୍ରଣାଳୀ :

17 × 18 = 10(17 + 18 – 10) + 7 × 8

= 10 × 25 + 56 = 250 + 56 = 306

∴ ନିର୍ଣ୍ଣେୟ ଗୁଣଫଳ = 306 ।

ଉଦାହରଣ - 6 : 105 ଓ 104 ର ଗୁଣଫଳ ସ୍ଥିର କର ।

ଗୁଣନ ପ୍ରକ୍ରିୟା :

	ସଂଖ୍ୟା	ବିଚ୍ୟୁତି	ଆଧାର = 100
(ଗୁଣ୍ୟ)	105	5	ଗୁଣ୍ୟ ଓ ଗୁଣକର ବିଚ୍ୟୁତିଦ୍ୱୟ
(ଗୁଣକ)	104	4	ଯଥାକ୍ରମେ 5 ଓ 4 ।

(105 + 104 – 100) / 5 × 4 = 109 / 20 = 10920

ଆଧାର = 100 ରେ ଦୁଇଟି ‘0’ ରହିଛି,

ତେଣୁ ଆବଶ୍ୟକ ଗୁଣଫଳର ଦକ୍ଷିଣପାର୍ଶ୍ୱ ଦୁଇଅଙ୍କ ବିଶିଷ୍ଟ ହୋଇଛି ।

∴ ନିର୍ଣ୍ଣେୟ ଗୁଣଫଳ = 10920 ।

ବିକଳ୍ପ ପ୍ରଣାଳୀ :

$105 \times 104 = 100\,(105 + 104 - 100) + 5 \times 4$

$= 100 \times 109 + 20 = 10900 + 20 = 10920$

∴ ନିର୍ଣ୍ଣେୟ ଗୁଣଫଳ = 10920 ।

(C) ଗୁଣ୍ୟ ଓ ଗୁଣକ ମଧ୍ୟରୁ ଗୋଟିଏ ଆଧାର ଠାରୁ ଅଧିକ ଏବଂ ଅନ୍ୟଟି ସଂପୃକ୍ତ ଆଧାର ଠାରୁ କମ୍ ହେଲେ ଗୁଣଫଳ ନିର୍ଣ୍ଣୟ :

ଉଦାହରଣ - 7 : 12 କୁ 8 ଦ୍ୱାରା ଗୁଣି ଗୁଣଫଳ ସ୍ଥିର କର ।

ଗୁଣନ ପ୍ରକ୍ରିୟା :

	ସଂଖ୍ୟା	ବିଚ୍ୟୁତି
(ଗୁଣ୍ୟ)	12	2
(ଗୁଣକ)	8	–2

ଆଧାର = 10 ଏବଂ ଗୁଣ୍ୟ ଓ ଗୁଣକର ବିଚ୍ୟୁତି ଦ୍ୱୟ ଯଥାକ୍ରମେ 2 ଓ (–2) ।

(12 + 8 – 10) / 2 × (–2)

$\therefore 12 \times 8 = 10 / -4 = 10\overline{4} = 96$

(∵ ଧନାତ୍ମକ ସଂଖ୍ୟା × ଋଣାତ୍ମକ ସଂଖ୍ୟା = ଋଣାତ୍ମକ ସଂଖ୍ୟା)

ବିକଳ୍ପ ପ୍ରଣାଳୀ :

$12 \times 8 = 10\,(12 + 8 - 10) + 2\,(-2)$

$= 10 \times 10 - 4 = 100 - 4 = 96$

∴ ନିର୍ଣ୍ଣେୟ ଗୁଣଫଳ = 96 ।

ଉଦାହରଣ - 8 : 122 କୁ 98 ଦ୍ୱାରା ଗୁଣି ଗୁଣଫଳ ସ୍ଥିର କର ।

ଗୁଣନ ପ୍ରକ୍ରିୟା :

	ସଂଖ୍ୟା	ବିଚ୍ୟୁତି
(ଗୁଣ୍ୟ)	122	22
(ଗୁଣକ)	98	–2

ଆଧାର = 100

ଗୁଣ୍ୟ ଓ ଗୁଣକର ବିଚ୍ୟୁତିଦ୍ୱୟ ଯଥାକ୍ରମେ 22 ଓ (–2) ।

(122 + 98 – 100) / 22 × (–2)

$\therefore 122 \times 98 = 120 / (-44) = 120\overline{44}$

(120–1) / (100 – 44) = 119 / 56 = 11956

ବିକଳ୍ପ ପ୍ରଣାଳୀ :

$$122 \times 98 = 100\,(122 + 98 - 100) + 22\,(-2)$$

$$= 12000 - 44 = 11956 \text{ ।}$$

∴ ନିର୍ଣ୍ଣେୟ ଗୁଣଫଳ = 11956

(D) ଆଧାର ନିକଟବର୍ତ୍ତୀ ତିନୋଟି ସଂଖ୍ୟାର ଗୁଣନ :

ଉଦାହରଣ - 1 : 12, 13 ଏବଂ 15 ଦ୍ୱାରା ଗୁଣି ଗୁଣଫଳ ସ୍ଥିର କର ।

ଗୁଣନପ୍ରକ୍ରିୟା :

ସଂଖ୍ୟା	ବିଚ୍ୟୁତି
12	2
13	3
15	5

ସୋପାନ - 1 : ଆଧାର 10 ଏବଂ 12, 13 ଓ 15 ର ସଂପୃକ୍ତ ବିଚ୍ୟୁତିଗୁଡ଼ିକ ଯଥାକ୍ରମେ 2, 3 ଓ 5 ।

ସୋପାନ - 2 : ଆଧାର ସହ ବିଚ୍ୟୁତିମାନଙ୍କର ଯୋଗଫଳ ସ୍ଥିର କର ।

$$10 + 2 + 3 + 5 = 20$$

ସୋପାନ - 3 : ଆଧାର 10 ରୁ ଦତ୍ତ ସଂଖ୍ୟାଗୁଡ଼ିକର ବିଚ୍ୟୁତିରୁ ଦୁଇ ଦୁଇଟି କରି ଗୁଣଫଳ ସ୍ଥିର କର ଏବଂ ସେମାନଙ୍କର ଯୋଗଫଳ ସ୍ଥିର କର ।

$$2 \times 3 + 3 \times 5 + 5 \times 2 = 6 + 15 + 10 = 31$$

ସୋପାନ - 4 : ସଂପୃକ୍ତ ବିଚ୍ୟୁତିମାନଙ୍କର ଗୁଣଫଳ ସ୍ଥିର କର ।

$$2 \times 3 \times 5 = 30$$

ସୋପାନ - 5 : ସୋପାନ (2), (3) ଓ (4) ରୁ ସ୍ଥିର କରାଯାଇଥିବା ସଂଖ୍ୟାଗୁଡ଼ିକୁ ନିମ୍ନ ପ୍ରକାରରେ ସଜାଇ ରଖ ।

$$\therefore 12 \times 13 \times 15 = 20 / 31 / 30 = 23 / 4 / 0 = 2340$$

ବ୍ୟାବହାରିକ ବୈଦିକ ଗଣିତ   65

ବିକଳ୍ପ ପ୍ରଣାଳୀ :

$12 \times 13 \times 15$
$= 100 (10+2+3+5) + 10 [(2\times 3) + (3\times 5) + (5\times 2)] + (2 \times 3 \times 5)$
$= 100 \times 20 + 10 \times 31 + 30$
$= 2000 + 310 + 30$
$= 2340$

∴ ନିର୍ଣ୍ଣେୟ ଗୁଣଫଳ = 2340

ଉଦାହରଣ - 2 : 15, 14 ଏବଂ 13 ର ଗୁଣଫଳ ସ୍ଥିର କର ।

ସଂଖ୍ୟା	ବିଚ୍ୟୁତି	
15	5	
14	4	ଆଧାର = 10 ଏବଂ ବିଚ୍ୟୁତିଗୁଡ଼ିକ
13	3	ଯଥାକ୍ରମେ 5, 4 ଓ 3 ।

∴ $15 \times 14 \times 13$
$= 100 (10+5+4+3) + 10 (5 \times 4 + 4 \times 3 + 3 \times 5) + 5 \times 4 \times 3$
$= 100 \times 22 + 10 \times 47 + 60$
$= 2200 + 470 + 60 = 2730$

ବିକଳ୍ପ ପ୍ରଣାଳୀ :

$15 \times 14 \times 13$
$= (10 + 5 + 4 + 3) / (5 \times 4 + 4 \times 3 + 3 \times 5) / 5 \times 4 \times 3$
$= 22 / 47 / 60 = 22 / 53 / 0 = 27 / 3 / 0$
$= 2730$

∴ ନିର୍ଣ୍ଣେୟ ଗୁଣଫଳ = 2730

ଉଦାହରଣ - 3 : 9, 8 ଏବଂ 12 ର ଗୁଣଫଳ ସ୍ଥିର କର ।

ଆଧାର 10 ରୁ ସଂଖ୍ୟାମାନଙ୍କର ବିଚ୍ୟୁତିଗୁଡ଼ିକ ଯଥାକ୍ରମେ (–1), (–2) ଓ 2

ସୋପାନ - 1 : $10 + (-1) + (-2) + 2 = 9$

ସୋପାନ - 2 : $(-1)(-2) + (-2)(2) + 2(-1)$
$= 2 - 4 - 2 = -4$

ସୋପାନ - 3 : $(-1) \times (-2) \times 2 = 4$

∴ $9 \times 8 \times 12 = 9 / \overline{4} / 4 = 9\overline{4}4 = 864$

∴ ନିର୍ଣ୍ଣେୟ ଗୁଣଫଳ = 864

ବିକଳ୍ପ ସମାଧାନ :

$9 \times 8 \times 12 = 100 \times 9 + 10(-4) + 4$
$= 900 - 40 + 4 = 904 - 40 = 864$

ଉଦାହରଣ-4 : **105, 104 ଏବଂ 109 ର ଗୁଣଫଳ ସ୍ଥିର କର ।**

ସଂଖ୍ୟା	ବିଚ୍ୟୁତି	
105	5	
104	4	ଆଧାର = 100 ଏବଂ 105, 104 ଓ 109ର
109	9	ବିଚ୍ୟୁତିଗୁଡ଼ିକ ଯଥାକ୍ରମେ 5, 4 ଓ 9 ।

ସୋପାନ - 1 : $100 + 5 + 4 + 9 = 118$

(ଆଧାର ସହ ବିଚ୍ୟୁତିମାନଙ୍କର ଯୋଗଫଳ)

ସୋପାନ - 2 : $5 \times 4 + 4 \times 9 + 9 \times 5 = 20 + 36 + 45 = 101$

(ଦୁଇ ଦୁଇଟି କରି ସଂପୃକ୍ତ ବିଚ୍ୟୁତିମାନଙ୍କର ଯୋଗଫଳ)

ସୋପାନ - 3 : $5 \times 4 \times 9 = 180$

(ବିଚ୍ୟୁତିମାନଙ୍କର ଗୁଣଫଳ)

∴ $105 \times 104 \times 109 = 118 / 101 / 180 = 119 / 02 / 80 = 1190280$

∴ ନିର୍ଣ୍ଣେୟ ଗୁଣଫଳ = 1190280

ଉଦାହରଣ - 5 : 97, 103 ଓ 104 ର ଗୁଣଫଳ ସ୍ଥିର କର ।

ସଂଖ୍ୟା	ବିଚ୍ୟୁତି	
97	–3	
103	3	100 ଆଧାର ଏବଂ 97, 103 ଓ 104 ର
104	4	ବିଚ୍ୟୁତିଗୁଡ଼ିକ ଯଥାକ୍ରମେ –3, 3 ଓ 4 ।

ସୋପାନ - 1 : $100 + (-3) + 3 + 4 = 104$

ସୋପାନ - 2 : $(-3 \times 3) + (3 \times 4) + (4 \times -3) = -9 + 12 - 12 = -9$

ସୋପାନ - 3 : $(-3) \times (3) \times 4 = -36$

$\therefore 97 \times 103 \times 104 = 104 / (-09) / (-36) = 104\overline{09}\,\overline{36}$

$= (104 - 1)\,(9 - 0)\,(9 - 9)\,(9 - 3)\,(10 - 6)$

$= 1039064$

$\therefore$ ନିର୍ଣ୍ଣେୟ ଗୁଣଫଳ = 1039064

ଉପଆଧାର (Working - Base) ବିଧି ଅନୁଯାୟୀ ଦୁଇଟି ସଂଖ୍ୟାର ଗୁଣନ :

ଯଦି ଗୁଣ୍ୟ ଓ ଗୁଣକ ମଧ୍ୟରୁ କୌଣସିଟି ଆଧାର ସଂଖ୍ୟାର (10^n ରେ ପ୍ରକାଶିତ) ନିକଟବର୍ତ୍ତୀ ହୋଇନଥାଏ, ତେବେ ଆଧାର ସଂଖ୍ୟାର ଗୁଣିତକ (10^n ର ଗୁଣିତକ)କୁ କାର୍ଯ୍ୟକାରୀ ଆଧାର ରୂପେ ନେଇ ଗୁଣନ ପ୍ରକ୍ରିୟାଟିକୁ ସଂପାଦନ କରିପାରିବା । (ବୈଦିକ ସୂତ୍ର **ଆନୁରୂପ୍ୟେଣ** ଅବଲମ୍ବନରେ ନିମ୍ନ କେତେକ କ୍ଷେତ୍ରରେ ଗୁଣଫଳ ନିର୍ଣ୍ଣୟ କରାଯାଇପାରେ ।)

ଏଠାରେ ମନେରଖିବା ଉଚିତ ହେବ ଯେ, ଆଧାର 10 ର ଘାତରେ ପ୍ରକାଶିତ ହେବାବେଳେ ଉପଆଧାର 10, 100, 1000.... ର ଗୁଣିତକରେ ପ୍ରକାଶିତ ହୋଇଥାଏ ।

ପରବର୍ତ୍ତୀ କେତେକ ଉଦାହରଣରୁ ଉପଆଧାରର ପ୍ରୟୋଗ ବିଧି ସଂପର୍କରେ ଜାଣିପାରିବା ।

ଉଦାହରଣ - 1 : 48 ଏବଂ 42 ଦ୍ୱାରା ଗୁଣି ଗୁଣଫଳ ସ୍ଥିର କର ।

ସମାଧାନ :

ଆଧାର : 100 ଉପଆଧାର : $50\left(\frac{100}{2}\right)$

50 ରୁ 48 ର ବିଚ୍ୟୁତି (–2) ଏବଂ 42 ର ବିଚ୍ୟୁତି (–8)

48	–2
42	–8
40 /	16

ଗୁଣଫଳର ବାମପାର୍ଶ୍ୱ = $\frac{40}{2}$. = 20 (∵ ଉପଆଧାର = (ଆଧାର / 2))

ଗୁଣଫଳର ଦକ୍ଷିଣପାର୍ଶ୍ୱ = ବିଚ୍ୟୁତିଦ୍ୱୟର ଗୁଣଫଳ = 16

∴ ନିର୍ଣ୍ଣେୟ ଗୁଣଫଳ = 20 / 16 = 2016

∴ ନିର୍ଣ୍ଣେୟ ଗୁଣଫଳ = 2016

ବିକଳ୍ପ ପ୍ରଣାଳୀ :

ଆଧାର : 10

ଉପଆଧାର : 40 (10 × 4)

40 ରୁ 48 ଓ 42 ର ବିଚ୍ୟୁତିଦ୍ୱୟ ଯଥାକ୍ରମେ 8 ଓ 2

48	8
42	2
50 /	16

ଗୁଣଫଳର ବାମପାର୍ଶ୍ୱ = 50 × 4 = 200

ନିର୍ଣ୍ଣେୟ ଗୁଣଫଳ = 50 × 4 / 16 (∵ ଉପଆଧାର = 4 × ଆଧାର)

= 200 / 16

= 201 / 6

= 2016

∴ ନିର୍ଣ୍ଣେୟ ଗୁଣଫଳ = 2016

ଉଦାହରଣ - 2 : 48 କୁ 49 ଦ୍ୱାରା ଗୁଣି ଗୁଣଫଳ ସ୍ଥିର କର ।

ସମାଧାନ : ଆଧାର : 10 ଉପଆଧାର : 40 (10 × 4)

ଗୁଣ୍ୟ ଓ ଗୁଣକର ବିଚ୍ୟୁତିଦ୍ୱୟ ଯଥାକ୍ରମେ 8 ଓ 9 ।

(∴ ଗୁଣ୍ୟ ଓ ଗୁଣକ ଉଭୟେ 40 ରୁ ବେଶୀ)

48	8
49	9
57 /	72

∴ ନିର୍ଣ୍ଣେୟ ଗୁଣଫଳ = 57 × 4 / 72

= 228 / 72 = 235 / 2 = 2352

∴ 48 × 49 = 2352

ଉଦାହରଣ - 3 : 251 କୁ 252 ଦ୍ୱାରା ଗୁଣି ଗୁଣଫଳ ସ୍ଥିର କର ।

ସମାଧାନ :

ଆଧାର : 1000

ଉପଆଧାର : 250 (1000 / 4)

ଗୁଣ୍ୟ ଓ ଗୁଣକର ବିଚ୍ୟୁତିଦ୍ୱୟ ଯଥାକ୍ରମେ 1 ଓ 2 ।

251	1
252	2
253 /	002

∴ ନିର୍ଣ୍ଣେୟ ଗୁଣଫଳ = $\frac{253}{4}$ / 002

ଗୁଣଫଳର ବାମପାର୍ଶ୍ୱକୁ 4 ଦ୍ୱାରା ଭାଗ କରାଯିବ ଏବଂ ଦକ୍ଷିଣ ପାର୍ଶ୍ୱ ତିନି ଅଙ୍କବିଶିଷ୍ଟ ସଂଖ୍ୟା ହେବ ।

$= 63\frac{1}{4}$ / 002 = 63 / $\frac{1}{4}$ × 1000 + 002

($\frac{1}{4}$ × 1000 କୁ ଦକ୍ଷିଣପାର୍ଶ୍ୱସ୍ଥ ସଂଖ୍ୟା ସହ ଯୋଗ କରାଗଲା ।)

$= 63 / 250 + 002 = 63252$

∴ ନିର୍ଣ୍ଣେୟ ଗୁଣଫଳ = 63252

ଉଦାହରଣ - 4 : 52 ଏବଂ 48 ର ଗୁଣଫଳ ସ୍ଥିର କର ।

ସମାଧାନ :

ଆଧାର : 100

ଉପଆଧାର : 50 $\left(\frac{100}{2}\right)$

ଗୁଣ୍ୟ ଓ ଗୁଣକର ବିଚ୍ୟୁତିଦ୍ୱୟ ଯଥାକ୍ରମେ 2 ଓ (–2)

$$\begin{array}{ll} 52 & 2 \\ 48 & -2 \\ \hline 50 \; / & -04 \end{array}$$

∴ ନିର୍ଣ୍ଣେୟ ଗୁଣଫଳ = $\frac{1}{2} \times 50 / \overline{04} = 25\overline{04}$

$= (25 - 1)(100 - 04) = 2496$

ବିକଳ୍ପ ପ୍ରଣାଳୀ :

ଆଧାର : 10, ଉପଆଧାର : 50 (5 × 10)

ଗୁଣ୍ୟ ଓ ଗୁଣକର ବିଚ୍ୟୁତିଦ୍ୱୟ ଯଥାକ୍ରମେ 2 ଓ (–2)

$$\begin{array}{ll} 52 & 2 \\ 48 & -2 \\ \hline 50 \; / & -04 \end{array}$$

∴ ଗୁଣଫଳ = $50 \times 5 / \overline{4} = 250 / \overline{4}$

$= 250\overline{4} = (250 - 1)(10 - 4) = 2496$

ଅଥବା $250\overline{4} = 2500 - 4 = 2496$

∴ ନିର୍ଣ୍ଣେୟ ଗୁଣଫଳ = 2496

ଉଦାହରଣ – 5 : 512 ଏବଂ 496 ର ଗୁଣଫଳ ସ୍ଥିର କର ।

ସମାଧାନ :

ଆଧାର : 1000

ଉପଆଧାର : 500 $\left(\dfrac{1000}{2}\right)$

ଗୁଣ୍ୟ ଓ ଗୁଣକ ଦ୍ୱୟର ବିଚ୍ୟୁତି ଯଥାକ୍ରମେ 12 ଓ (–6)

```
512     12
496    – 4
─────────
508    – 048
```

∴ ଗୁଣଫଳ = ½ (508) / –048

= 254 $\overline{048}$

= (254 – 1) (1000 –048)

= (254 –1) / (9 – 0) (9 – 4) (10 – 8)

= 253 / 952

= 253952

∴ ନିର୍ଣ୍ଣେୟ ଗୁଣଫଳ = 253952

ଉଦାହରଣ-6 : 252 ଏବଂ 299 ର ଗୁଣଫଳ ସ୍ଥିର କର ।

ସମାଧାନ :

ଆଧାର : 100, ଉପଆଧାର : 300 (3 × 100)

```
252    – 48
299    –1
─────────
251    48
```

∴ ଗୁଣଫଳ = 251 × 3 / 48 = 753 / 48

∴ ନିର୍ଣ୍ଣେୟ ଗୁଣଫଳ = 75348

ଉଦାହରଣ - 7 : 687 ଏବଂ 695 ର ଗୁଣଫଳ ସ୍ଥିର କର ।

ସମାଧାନ :

ଆଧାର : 100 ଏବଂ ଉପଆଧାର : 700 (7 × 100)

```
   687    –13
 × 695    –05
 ----------------
   682 /  65
 ×   7
 ----------------
 4774 / 65 = 477465
```

∴ ନିର୍ଣ୍ଣେୟ ଗୁଣଫଳ = 687 × 695 = 477465

ଉଦାହରଣ - 8 : 494 ଏବଂ 488 ସଂଖ୍ୟାଦ୍ୱୟର ଗୁଣଫଳ ସ୍ଥିର କର ।

ସମାଧାନ :

ଆଧାର : 1000 ଏବଂ ଉପଆଧାର : $500\left(\frac{1000}{2}\right)$

```
 494      –6
 488      –12
 ----------------
```

$\frac{482}{2}$ / 072 (ଆଧାର 1000 ରେ ଶୂନ ସଂଖ୍ୟା 3)

= 241 / 072 = 241072

∴ ନିର୍ଣ୍ଣେୟ ଗୁଣଫଳ = 241072 ।

ପ୍ରଶ୍ନାବଳୀ - 4(2)

1. 'ଆଧାର ଏବଂ ବିଚ୍ୟୁତି' ସାହାଯ୍ୟରେ ଗୁଣଫଳ ସ୍ଥିର କର ।

(a) 97×89 (b) 87×98 (c) 95×93 (d) 87×97

(e) 96×96 (f) 88×92 (g) 95×91 (h) 88×96

(i) 79×98 (j) 93×97

2. 'ଆଧାର ଏବଂ ବିଚ୍ୟୁତି' ସାହାଯ୍ୟରେ ଗୁଣଫଳ ସ୍ଥିର କର ।

(a) 133×103 (b) 107×108 (c) 102×104 (d) 123×107

(e) 103×91 (f) 103×98 (g) 107×91 (h) 987×1006

(i) 101×98 (j) 106×89 (k) 92×112

3. 'ଆଧାର ଏବଂ ବିଚ୍ୟୁତି' ସାହାଯ୍ୟରେ ଗୁଣଫଳ ସ୍ଥିର କର ।

(a) $9 \times 8 \times 11$ (b) $11 \times 12 \times 13$

(c) $9 \times 11 \times 13$ (d) $102 \times 103 \times 104$

4. 'ଉପଆଧାର ଏବଂ ବିଚ୍ୟୁତି' ସାହାଯ୍ୟରେ ଗୁଣଫଳ ସ୍ଥିର କର ।

(a) 494×488 (b) 52×48 (c) 199×198 (d) 207×211

(e) 92×122 (f) 94×109 (g) 998×1021 (h) 188×196

-୦-

ଗୁଣନ - 3 (MULTIPLICATION - 3)

ଆଲୋଚିତ ଯେତେଗୁଡ଼ିଏ ବୈଦିକ ସୂତ୍ର ଆଧାରିତ ଗୁଣନ ପ୍ରକ୍ରିୟା ରହିଛି ସେ ସବୁର ଏକ ଏକ ନିର୍ଦ୍ଦିଷ୍ଟ ପ୍ରୟୋଗଧାରା ରହିଛି । ଏଗୁଡ଼ିକର ସ୍ୱଳ୍ପ ବ୍ୟବହାର ସହ ପ୍ରୟୋଗାତ୍ମକ କ୍ରିୟା ମଧ୍ୟ ସୀମିତ । ତେଣୁ **'ଉର୍ଦ୍ଧ୍ୱ ଓ ତୀର୍ଯ୍ୟକ'** (Vertically and Cross-wise) ଏକ ସାଧାରଣ ଗାଣିତିକ ପ୍ରକ୍ରିୟା, ଯାହା ସମସ୍ତ ପ୍ରକାର ସଂଖ୍ୟାମାନଙ୍କର (ଗୁଣ୍ୟ ଓ ଗୁଣକ) ଗୁଣନକ୍ରିୟା ପାଇଁ ପ୍ରଯୁଜ୍ୟ । ବେଦଗଣିତରେ ସୂତ୍ରଟି ହେଲା **'ଉର୍ଦ୍ଧ୍ୱ ତୀର୍ଯ୍ୟଗ୍‌ଭ୍ୟାମ'** । ଉକ୍ତ ସୂତ୍ରର ପ୍ରୟୋଗ ଦ୍ୱାରା ଗୁଣ୍ୟ ଏବଂ ଗୁଣକର ଗୁଣନ ଅତି କମ୍ ସମୟରେ ଏବଂ ସହଜରେ ସମ୍ପାଦିତ ହୋଇ ପାରିବ ।

ଉକ୍ତ ପ୍ରଣାଳୀ ବା ପଦ୍ଧତିର ପ୍ରୟୋଗରେ ଅଭ୍ୟାସ ଦ୍ୱାରା ଗୁଣଫଳକୁ ଗୋଟିଏ ଧାଡ଼ିରେ ସମ୍ପାଦନ କରାଯାଇପାରିବ । ବାମପାର୍ଶ୍ୱରୁ ଅଥବା ଦକ୍ଷିଣପାର୍ଶ୍ୱରୁ ଆରମ୍ଭ କରି ଗୁଣଫଳ ନିର୍ଣ୍ଣୟ କରିହେବ ।

ଉକ୍ତ **'ଉର୍ଦ୍ଧ୍ୱ-ତୀର୍ଯ୍ୟକ'** ସୂତ୍ରକୁ ବିନ୍ଦୁ (Dot) ଏବଂ ବାଡ଼ି (Stick) ମାଧ୍ୟମରେ ଅତି ସହଜରେ ବୁଝି ହେବ । ଏହାକୁ **Dot and Stick Method** ବା **ଉର୍ଦ୍ଧ୍ୱତୀର୍ଯ୍ୟକ ପ୍ରଣାଳୀ** କୁହାଯାଏ ।

(A) ଦୁଇଟି ଦୁଇଅଙ୍କ ବିଶିଷ୍ଟ ଗୁଣ୍ୟ ଓ ଗୁଣକ କ୍ଷେତ୍ରରେ ଗୁଣନ କ୍ରିୟା :

ପ୍ରତିରୂପ (Pattern) :

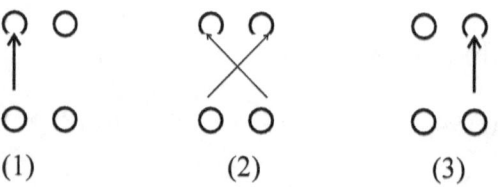

(1) (2) (3)

ଉଦାହରଣ - 1: 76 କୁ 42 ଦ୍ୱାରା ଗୁଣି ଗୁଣଫଳ ସ୍ଥିର କର ।

ସମାଧାନ :

28 14+24=38 12

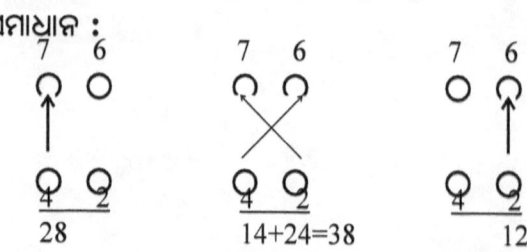

ସଂଖ୍ୟାଗୁଡ଼ିକୁ ଦକ୍ଷିଣରୁ ବାମ ବା ବାମରୁ ଦକ୍ଷିଣକୁ ସଜାଇରଖି ଲେଖିଲେ ପାଇବା

28 / 38 / 12 = 31 / 9 / 2 = 3192

ଅଥବା, 76 × 42 = 28 × 100 + 38 × 10 + 12 (ସ୍ଥାନୀୟମାନ ଅନୁଯାୟୀ)

= 2800 + 380 + 12 = 3192

∴ ନିର୍ଣ୍ଣେୟ ଗୁଣଫଳ = . 3192

ଗୁଣନ ପ୍ରକ୍ରିୟାର ସୋପାନ ସମୂହ :

ସୋପାନ - 1 : ଦକ୍ଷିଣପାର୍ଶ୍ୱସ୍ଥ ସଂଖ୍ୟାଦ୍ୱୟ (ଏକକ ସ୍ଥାନୀୟ ଅଙ୍କଦ୍ୱୟ)ର ଗୁଣନ କରାଯାଇ ଗୁଣଫଳ 12 ପାଇଲେ । (ଊର୍ଦ୍ଧ୍ୱ ପ୍ରକ୍ରିୟା)

ସୋପାନ - 2 : ତୀର୍ଯ୍ୟକ ଭାବରେ 2 ଓ 7 ର ଗୁଣଫଳ ଏବଂ 6 ଓ 4 ର ଗୁଣଫଳ ନିର୍ଣ୍ଣୟ କରି ଉଭୟର ଯୋଗଫଳ 38 ପାଇଲେ । (ତୀର୍ଯ୍ୟକ ପ୍ରକ୍ରିୟା)

ସୋପାନ - 3 : ବାମପାର୍ଶ୍ୱସ୍ଥ ସଂଖ୍ୟାଦ୍ୱୟ (ଦଶକ ସ୍ଥାନୀୟ ଅଙ୍କଦ୍ୱୟ)ର ଗୁଣନ କରାଯାଇ ଗୁଣଫଳ 28 ପାଇଲେ ।(ଊର୍ଦ୍ଧ୍ୱ ପ୍ରକ୍ରିୟା)

ସୋପାନତ୍ରୟରୁ ମିଳିଥିବା ସଂଖ୍ୟାଗୁଡ଼ିକୁ ମଧ୍ୟ ନିମ୍ନ ପ୍ରକାରରେ ଲେଖାଯାଇ ପାରେ ।

ଗୁଣ୍ୟ	76
ଗୁଣକ	× 42
ଗୁଣଫଳ	28 / 38 / 12

= 28 / 38 / 12 = 3192

∴ 76 × 42 = 3192

ଦ୍ରଷ୍ଟବ୍ୟ : ଦକ୍ଷିଣପାର୍ଶ୍ୱରୁ ସଂଖ୍ୟାମାନଙ୍କ ମଧ୍ୟରୁ ପ୍ରତ୍ୟେକ ସୋପାନରେ ଗୋଟିଏ ସଂଖ୍ୟା ରଖି ଅନ୍ୟଟିକୁ ବାମକୁ ବହନ (Carry) କରାଯାଇଛି ।

ଉଦାହରଣ - 2 : 56 : କୁ 34 ଦ୍ୱାରା ଗୁଣି ଗୁଣଫଳ ସ୍ଥିର କର ।

ସମାଧାନ :

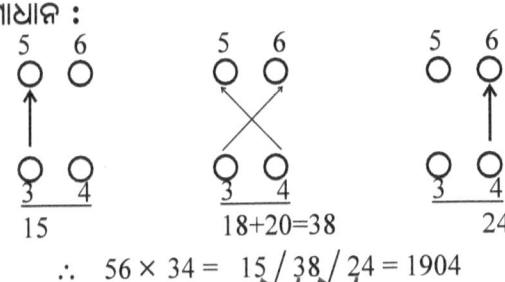

∴ 56 × 34 = 15 / 38 / 24 = 1904

ଅଥବା, $56 \times 34 = 15 \times 100 + 38 \times 10 + 24$
$= 1500 + 380 + 24 = 1904$
∴ ନିର୍ଣ୍ଣେୟ ଗୁଣଫଳ = 1904

ବିକଳ୍ପ ଲିଖନ ପ୍ରଣାଳୀ :

$$\begin{array}{r} 56 \\ \times \quad 34 \\ \hline 19/{}_38/{}_24 \end{array}$$ ଗୁଣ୍ୟ
ଗୁଣକ

$15/{}_38/{}_24$
$= 15/40/4 = 19/0/4$
$= 1904$

∴ ନିର୍ଣ୍ଣେୟ ଗୁଣଫଳ = 1904

ଉଦାହରଣ - 3 : 46 କୁ 27 ଦ୍ୱାରା ଗୁଣି ଗୁଣଫଳ ସ୍ଥିର କର ।

ସମାଧାନ :

ଗୁଣନ ପ୍ରକ୍ରିୟା :   4   6
                2   7
               ──────
               $8/{}_40/{}_42$

ସୋପାନ ସମୂହ :
(i) $6 \times 7 = 42 = {}_42$
(ii) $(4 \times 7) + (6 \times 2) = 40 = {}_40$
(iii) $4 \times 2 = 8$

$= 8/{}_40/{}_42 = 8 + 4/0 + 4/2 = 1242$

∴ ନିର୍ଣ୍ଣେୟ ଗୁଣଫଳ = 1242

ଉଦାହରଣ - 4 : 73 : କୁ 38 ଦ୍ୱାରା ଗୁଣି ଗୁଣଫଳ ସ୍ଥିର କର ।

ସମାଧାନ :

$\begin{array}{r} 7 \quad 3 \\ \times \; 3 \quad 8 \\ \hline 21/65/24 \end{array}$ — ଗୁଣ୍ୟ
— ଗୁଣକ
— ଗୁଣଫଳ

ସୋପାନ ସମୂହ :
(i) $3 \times 8 = 24 = {}_24$
(ii) $3 \times 3 + 7 \times 8 = 65 = {}_65$
(iii) $7 \times 3 = 21$

$73 \times 38 = 21/{}_65/{}_24 = 27/7/4 = 2774$

∴ ନିର୍ଣ୍ଣେୟ ଗୁଣଫଳ = 2774

(B) ତିନି ଅଙ୍କବିଶିଷ୍ଟ ଗୁଣ୍ୟ ଓ ଗୁଣକ କ୍ଷେତ୍ରରେ ଗୁଣନ କ୍ରିୟା :

ପ୍ରତିରୂପ (Pattern) :

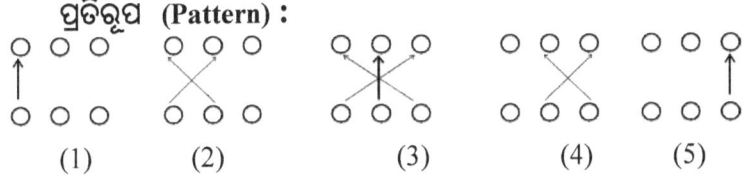

(1)   (2)   (3)   (4)   (5)

ଉଦାହରଣ – 5 : 566 କୁ 281 ଦ୍ୱାରା ଗୁଣି ଗୁଣଫଳ ସ୍ଥିର କର ।

ସମାଧାନ :

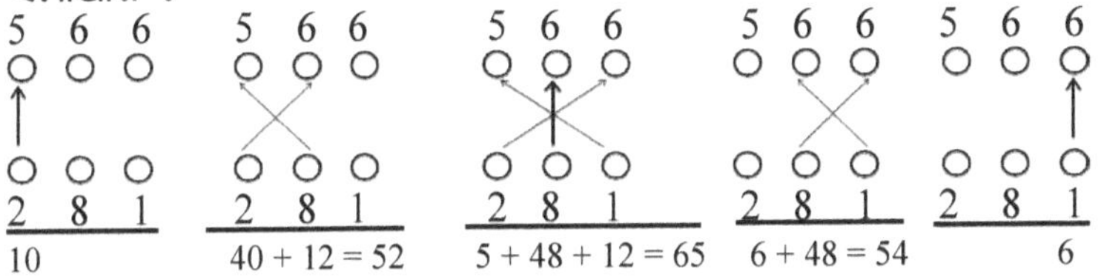

```
 5 6 6      5 6 6      5 6 6      5 6 6      5 6 6
 O O O      O O O      O O O      O O O      O O O
 ↑           ×          ↑×         ×           ↑
 O O O      O O O      O O O      O O O      O O O
 2 8 1      2 8 1      2 8 1      2 8 1      2 8 1
 10         40+12=52   5+48+12=65 6+48=54     6
```

ସଂଖ୍ୟାଗୁଡ଼ିକୁ ସଜାଇ ରଖିଲେ,

ଗୁଣଫଳ = 10 / 52 / 65 / 54 / 6 = 15 / 9 / 0 / 4 / 6 = 159046

ଅଥବା, (ସ୍ଥାନୀୟମାନ ଅନୁଯାୟୀ)

$10 \times 10000 + 52 \times 1000 + 65 \times 100 + 54 \times 10 + 6$

$= 100000 + 52000 + 6500 + 540 + 6 = 159046$

∴ ନିର୍ଣ୍ଣେୟ ଗୁଣଫଳ = 159046

ଉଦାହରଣ – 6 : 521 କୁ 234 ଦ୍ୱାରା ଗୁଣି ଗୁଣଫଳ ସ୍ଥିର କର ।

ସମାଧାନ :   ସୋପାନ ସମୂହ :

```
      5 2 1              ଗୁଣ୍ୟ     (1) 4 × 1 = 4
    × 2 3 4              ଗୁଣକ     (2) (4 × 2) + (3 × 1) = 11 = ₁1
───────────────
2×5/15+4/20+6+2/8+3/4    ଗୁଣଫଳ    (3) (5×4)+(2×1)+(2×3) = 28 = ₂8
= 10 / ₁9 / ₂8 / ₁1 / 4            (4) (5 × 3) + (2 × 2) = 19 = ₁9
= 12 / 1 / 9 / 1 / 4               (5) 5 × 2 = 10
  ∴ 521 × 234 = 121914            (ଦକ୍ଷିଣପାର୍ଶ୍ୱରୁ ଆରମ୍ଭ)
    ∴ ନିର୍ଣ୍ଣେୟ ଗୁଣଫଳ = 121914
```

78   ବ୍ୟାବହାରିକ ବୈଦିକ ଗଣିତ

ଉଦାହରଣ – 7 : 214 କୁ 23 ଦ୍ୱାରା ଗୁଣି ଗୁଣଫଳ ସ୍ଥିର କର ।

ସମାଧାନ :   ସୋପାନ ସମୂହ :

```
    2 1 4          (1) 4 × 3 = 12 = ₁2
  × 0 2 3          (2) (3 × 1) + (4 × 2) = 11 = ₁1
  ─────────
  0/4/8/₁1+₁2      (3) (3 × 2) + (4 × 0) + (1 × 2) = 8
= 4/9/2/2          (4) (2 × 2) + (0 × 1) = 4
= 4922             (5) 2 × 0 = 0
```

(23 ର ବାମପାର୍ଶ୍ୱରେ 0 ଦେଇ ସଂଖ୍ୟାଟିକୁ ତିନି ଅଙ୍କ ବିଶିଷ୍ଟ ସଂଖ୍ୟାରେ ପରିଣତ କରାଯାଇଛି)

∴ 214 × 23 = 4922

∴ ନିର୍ଣ୍ଣେୟ ଗୁଣଫଳ = 4922

ଉଦାହରଣ – 8 : 763 କୁ 348 ଦ୍ୱାରା ଗୁଣି ଗୁଣଫଳ ସ୍ଥିର କର ।

ସମାଧାନ :   ସୋପାନ ସମୂହ :

```
    7  6  3         (1) 3 × 8 = 24 = ₂4
  × 3  4  8         (2) (6 × 8) + (3 × 4) = 60 = ₆0
  ───────────
  21/₄6/₈9/₆0/₂4    (3) (7 × 8) + (3 × 3) + (6 × 4) = 89 = ₈9
                    (4) (7 × 4) + (6 × 3) = 46 = ₄6
                    (5) 7 × 3 = 21
```

∴ ନିର୍ଣ୍ଣେୟ ଗୁଣଫଳ = 21/₄6/₈9/₆0/₂4 = 26/5/5/2/4 = 265524

(C) ଚାରି ଅଙ୍କବିଶିଷ୍ଟ ଗୁଣ୍ୟ ଓ ଗୁଣକ କ୍ଷେତ୍ରରେ ଗୁଣନ କ୍ରିୟା :

ଦୁଇଟି ଚାରି ଅଙ୍କବିଶିଷ୍ଟ ସଂଖ୍ୟାର ଗୁଣନ ପୂର୍ବଭଳି କରାଯାଇପାରିବ । କେବଳ ଏହାରା ପ୍ରତିରୂପ (Pattern) ବଦଳିଯିବ ।

ଦ୍ରଷ୍ଟବ୍ୟ : ଦୁଇ ଅଙ୍କବିଶିଷ୍ଟ ସଂଖ୍ୟାଦ୍ୱୟର ଗୁଣଫଳ ପାଇଁ ଆବଶ୍ୟକ ସୋପାନ ସଂଖ୍ୟା 3 ବେଳେ ତିନି ଅଙ୍କବିଶିଷ୍ଟ ସଂଖ୍ୟାଦ୍ୱୟର ଗୁଣଫଳ ପାଇଁ ଆବଶ୍ୟକ ସୋପାନ ସଂଖ୍ୟା 5 । ତେଣୁ ଚାରିଅଙ୍କ ବିଶିଷ୍ଟ ସଂଖ୍ୟା କ୍ଷେତ୍ରରେ ସୋପାନ ସଂଖ୍ୟା 7 ହେବ ।

ତାହାର ଚିତ୍ରଭିତ୍ତିକ ପ୍ରକ୍ରିୟାକରଣକୁ ଭଲ ଭାବରେ ଲକ୍ଷ୍ୟ କର ।

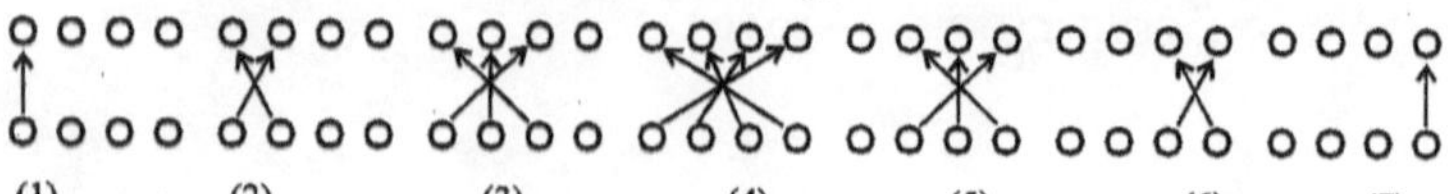

```
○○○○  ○○○○  ○○○○  ○○○○  ○○○○  ○○○○  ○○○○
 ↑      ╳    ╳╳    ╳╳╳   ╳╳     ╳      ↑
○○○○  ○○○○  ○○○○  ○○○○  ○○○○  ○○○○  ○○○○
 (1)   (2)   (3)   (4)   (5)   (6)   (7)
```

ବର୍ତ୍ତମାନ ଚିତ୍ରଭିତ୍ତିକ (pattern) ଗୁଣନ ପ୍ରକ୍ରିୟାକରଣକୁ ଭିତ୍ତିକରି କେତେକ ଉଦାହରଣକୁ ଅନୁଧ୍ୟାନ କରିବା ।

ଉଦାହରଣ - 9 : 3124 କୁ 2015 ଦ୍ୱାରା ଗୁଣି ଗୁଣଫଳ ସ୍ଥିର କର ।

ସମାଧାନ :	**ସୋପାନ ସମୂହ :**
3 1 2 4	(1) $4 \times 5 = 20 = {}_{2}0$
× 2 0 1 5	(2) $(2 \times 5) + (1 \times 4) = 14 = {}_{1}4$
$6/2/7/{}_{2}4/7/{}_{1}4+{}_{2}0$	(3) $(1 \times 5) + (0 \times 4) + (2 \times 1) = 7$
$=6/2/9/4/8/6/0$	(4) $(3 \times 5)+(2\times 4)+(1\times 1)+(0\times 2)= 24= {}_{2}4$
$= 6\,2\,9\,4\,8\,6\,0$	(5) $(3 \times 1) + (2 \times 2) + (1 \times 0) = 7$
	(6) $(3 \times 0) + (2 \times 1) = 2$
	(7) $3 \times 2 = 6$

$\therefore 3124 \times 2015 = 6294860$

$\therefore$ ନିର୍ଣ୍ଣେୟ ଗୁଣଫଳ = 6294860

ଉଦାହରଣ - 10 : 4763 କୁ 73 ଦ୍ୱାରା ଗୁଣି ଗୁଣଫଳ ସ୍ଥିର କର ।

ସମାଧାନ :	**ସୋପାନ ସମୂହ :**
4 7 6 3	(1) $3 \times 3 = 9$
× 0 0 7 3	(2) $(6 \times 3) + (7 \times 3) = 39 = {}_{3}9$
$0/0/{}_{2}8/{}_{6}1/{}_{6}3/{}_{3}9/9$	(3) $(7 \times 3) + (0 \times 3) + (6 \times 7) = 63 = {}_{6}3$
$= 0/3/4/7/6/9/9$	(4) $(4\times 3)+(0\times 3)+(7\times 7)+(0\times 6) = 61={}_{6}1$
$= 3\,4\,7\,6\,9\,9$	(5) $(4 \times 7) + (0 \times 6) + (0 \times 7) = 28 = {}_{2}8$
	(6) $(4 \times 0) + (0 \times 7) = 0$
	(7) $4 \times 0 = 0$

$\therefore 4763 \times 73 = 347699$

ବର୍ତ୍ତମାନ ତୁମେ ଦେଖିଲ, ଉର୍ଦ୍ଧ୍ୱତୀର୍ଯ୍ୟକ ଗୁଣନ ପ୍ରଣାଳୀରେ କିପରି ଆମେ ଦୁଇଟି ଦୁଇ / ତିନି / ଚାରି ଅଙ୍କ ବିଶିଷ୍ଟ ସଂଖ୍ୟାର ଗୁଣନକୁ ଅତି ସହଜରେ ଗୁଣିପାରୁଛେ । କିନ୍ତୁ ଯେଉଁ ସଂଖ୍ୟାର ଅଙ୍କଗୁଡ଼ିକ 6, 7, 8 ଓ 9 ଆଦି ଥାଏ ସେହି ଅଙ୍କମାନଙ୍କୁ ନେଇ (ଉର୍ଦ୍ଧ୍ୱତୀର୍ଯ୍ୟକ) ଗୁଣନ ବେଳେ ଆମକୁ ସାମାନ୍ୟ କଷ୍ଟ ଲାଗେ । ତେଣୁ ତାକୁ ସରଳ କରିବା ପାଇଁ ଆମେ ପ୍ରଥମେ ଦତ୍ତ ସଂଖ୍ୟାର ମିଶ୍ରାଙ୍କ (ରଣାଙ୍କ)

ନିର୍ଣ୍ଣୟ କରି ତା'ର ଅଙ୍କଗୁଡ଼ିକୁ ଅର୍ଥାତ୍ 6, 7, 8 ଓ 9 କୁ ଯଥାକ୍ରମେ 4, 3, 2 ଓ 1 ରେ ପରିଣତ କରିବା ପରେ **'ଊର୍ଦ୍ଧ୍ୱତୀର୍ଯ୍ୟକ'** ପ୍ରଣାଳୀରେ ଗୁଣନ କଲେ ସହଜରେ ଗୁଣଫଳ ସ୍ଥିର କରିପାରିବା ।

ଉଦାହରଣ -11 : 87 କୁ 79 ଦ୍ୱାରା ଗୁଣି ଗୁଣଫଳ ସ୍ଥିର କର ।

ସମାଧାନ :

ଗୁଣ୍ୟ ଓ ଗୁଣକର ଅଙ୍କମାନ 5 ଠାରୁ ଅଧିକ । ତେଣୁ ଉକ୍ତ ଅଙ୍କଗୁଡ଼ିକୁ ମିଶ୍ରାଙ୍କ ବା ଋଣାଙ୍କରେ ପ୍ରକାଶ କରିବା ।

$$\begin{array}{r} 8\ 7 \\ \times\ 7\ 9 \\ \hline \end{array} \longrightarrow \begin{array}{r} 1\,\bar{1}\,\bar{3} \\ \times\ 1\,\bar{2}\,\bar{1} \\ \hline \end{array}$$

$$= 1 / \bar{3} / \bar{2} / 7 / 3 = 1\,\bar{3}\,\bar{2}\,7\,3$$

$$= (1-1) / (9-3) / 10-2) / 7 / 3 = 68\,73$$

∴ ନିର୍ଣ୍ଣେୟ ଗୁଣଫଳ = 6873

ଉଦାହରଣ - 12 : 567 କୁ 274 ରେ ଗୁଣି ଗୁଣଫଳ ସ୍ଥିର କର ।

ସମାଧାନ :

$$\begin{array}{r} 5\ 6\ 7 \\ \times\ 2\ 7\ 4 \\ \hline \end{array} \qquad \begin{array}{r} 6\ \bar{3}\ \bar{3} \\ \times 3\ \bar{3}\ 4 \\ \hline \end{array}$$

$$18/ \overline{27} / 24/ \bar{3} / \overline{12} = 16 / \bar{5} / 4 / \bar{4} / \bar{2}$$

$$= 1\,6\,\bar{5}\,4\,\bar{4}\,\bar{2}$$

$$= 1(6-1)\,(10-5)\,(4-1)\,(9-4)\,(10-2)$$

$$= 155358$$

∴ ନିର୍ଣ୍ଣେୟ ଗୁଣଫଳ = 155358

ବୀଜାଙ୍କ (Digit Sum) ସାହାଯ୍ୟରେ ସଂଖ୍ୟାମାନଙ୍କର ନିର୍ଣ୍ଣିତ ଗୁଣଫଳର ସଠିକତା ନିର୍ଣ୍ଣୟ :

ଯୋଗଫଳ ଓ ବିୟୋଗଫଳ ପରି ଗୁଣଫଳର ସଠିକତା ନିର୍ଣ୍ଣୟ ଅତ୍ୟନ୍ତ ଆବଶ୍ୟକ; କାରଣ ଛାତ୍ରଛାତ୍ରୀମାନେ ସାଧାରଣତଃ ବଡ଼ବଡ଼ ଗୁଣନ କଲାବେଳେ କିଛି ନା କିଛି ତ୍ରୁଟି କରିଥା'ନ୍ତି । ପୁନଶ୍ଚ ଗୁଣନ କ୍ରିୟାରେ ଅଗ୍ରସର ହେଲାବେଳେ ଯୋଗ ଓ ଗୁଣନ ଉଭୟର ମଧ୍ୟ ସମ୍ମୁଖୀନ ହୋଇଥା'ନ୍ତି । ପୂର୍ବରୁ ଯୋଗଫଳ ଓ

ବିୟୋଗଫଳର ସଠିକତା ଯାଞ୍ଚ ସମୟରେ **ବୀଜାଙ୍କ ବା ନବଶେଷର** ସାହାଯ୍ୟ ନେଇଥିଲେ । ସେହିପରି ଏକାଧିକ ସଂଖ୍ୟାର ଗୁଣଫଳର ମଧ୍ୟ ସଠିକତା ପାଇଁ ନବଶେଷର ସାହାଯ୍ୟ ନେବା । ଯୋଗଫଳ ଓ ବିୟୋଗଫଳ ସଠିକତା ନିର୍ଣ୍ଣୟ ପାଇଁ ଗ୍ରହଣ କରିଥିବା ପ୍ରୟୋଗ ବିଧିକୁ ମନେପକାଅ ।

(i) ସଂଖ୍ୟାଗୁଡ଼ିକର ବୀଜାଙ୍କଗୁଡ଼ିକର ସମଷ୍ଟି, ସେମାନଙ୍କର ଯୋଗଫଳର ବୀଜାଙ୍କ ସହ ସମାନ ହେଲେ ଫଳାଫଳ ନିର୍ଣ୍ଣୟ ଠିକ୍ ହୋଇଥାଏ ।

(ii) ସଂଖ୍ୟାଦ୍ୱୟର ବୀଜାଙ୍କଗୁଡ଼ିକର ଅନ୍ତର / ବିୟୋଗ ସେମାନଙ୍କର ବିୟୋଗଫଳର ବୀଜାଙ୍କ ସହ ସମାନ ହେଲେ ଫଳାଫଳ ନିର୍ଣ୍ଣୟ ଠିକ୍ ହୋଇଥାଏ ।

ସେହିପରି ଗୁଣଫଳ ନିର୍ଣ୍ଣୟର ସଠିକତା ଯାଞ୍ଚ ପାଇଁ ମନେରଖିବା ଉଚିତ ହେବ ଯେ, ସଂଖ୍ୟାଗୁଡ଼ିକର ବୀଜାଙ୍କଗୁଡ଼ିକର ଗୁଣଫଳ, ସଂଖ୍ୟାଗୁଡ଼ିକର ଗୁଣଫଳର ବୀଜାଙ୍କ ସହ ସମାନ ହେଲେ ଗୁଣଫଳ ନିର୍ଣ୍ଣୟ ଠିକ୍ ଅଛି ବୋଲି ଜଣାପଡ଼ିବ ।

ଉଦାହରଣ-1: 38 କୁ 53 ରେ ଗୁଣି ଗୁଣଫଳ ନିର୍ଣ୍ଣୟର ସଠିକତା ଯାଞ୍ଚ କର ।

ସମାଧାନ :

3 8 ....ଗୁଣ୍ୟ

× 5 3 ....ଗୁଣକ

15 / 49 / 24 ⟶ 2014 ଗୁଣଫଳ

ଗୁଣ୍ୟ 38 ର ବୀଜାଙ୍କ ବା ନବଶେଷ = 2

ଗୁଣକ 53 ର ବୀଜାଙ୍କ ବା ନବଶେଷ = 8

ଗୁଣ୍ୟ ଓ ଗୁଣକର ବୀଜାଙ୍କ ଦ୍ୱୟର ଗୁଣଫଳ = 2 × 8 = 16

∴ ବୀଜାଙ୍କ = 1 + 6 = 7

ନିର୍ଣ୍ଣିତ ଗୁଣଫଳ 2014 ର ବୀଜାଙ୍କ = 7

∴ ଗୁଣଫଳ ନିର୍ଣ୍ଣୟ ଠିକ୍ ଅଛି ।

ଉଦାହରଣ - 2 : 224 ଓ 181 ର ଗୁଣଫଳ ନିର୍ଣ୍ଣୟର ସଠିକତା ଯାଞ୍ଚ କର ।

ସମାଧାନ :

2 2 4

× 1 8 1

$2 / {}_{1}8 / {}_{2}2 / {}_{3}4 / 4 = 40544$ ∴ ନିର୍ଣ୍ଣେୟ ଗୁଣଫଳ = 40544

ଗୁଣ୍ୟ 224 ର ବୀଜାଙ୍କ = 8, ଗୁଣକ 181 ର ବୀଜାଙ୍କ = 1
ଗୁଣ୍ୟ ଓ ଗୁଣକର ବୀଜାଙ୍କ ଦ୍ୱୟର ଗୁଣଫଳ = 8
ଏବଂ ନିର୍ଣ୍ଣିତ ଗୁଣଫଳ 40544 ର ବୀଜାଙ୍କ = 8
∴ ନିର୍ଣ୍ଣୟ ଗୁଣଫଳ ଠିକ୍ ଅଛି ।

ଉଦାହରଣ-3 : 273 ଓ 384 ର ଗୁଣଫଳ ନିର୍ଣ୍ଣୟର ସଠିକତା ନିର୍ଣ୍ଣୟ କର ।
ସମାଧାନ :

```
     2 7 3           2 7 3 ର ବୀଜାଙ୍କ : 3
   × 3 8 4           3 8 4 ର ବୀଜାଙ୍କ : 6
  ─────────
 6 /₃7 /₇3 /₅2 /₁2   ∴ ଗୁଣଫଳ = 3 × 6 = 18 = 9 ବା 0
 = 1 0 4 8 3 2       ନିର୍ଣ୍ଣିତ ଗୁଣଫଳ 104832 ର ବୀଜାଙ୍କ
                     = 1 + 0 + 4 + 8 + 3 + 2
                     = 18 = 1 + 8 = 9 ବା 0
```

∴ ଗୁଣଫଳ ନିର୍ଣ୍ଣୟଟି ଠିକ୍ ଅଛି ।

ପ୍ରଶ୍ନାବଳୀ - 4 (3)

1. ଊର୍ଦ୍ଧ୍ୱ ତୀର୍ଯ୍ୟକ ସୂତ୍ର ଆଧାରରେ ଗୁଣଫଳ ସ୍ଥିର କର ।
   (a) 24 × 56 (b) 76 × 24 (c) 62 × 81 (d) 73 × 64
   (e) 71 × 29 (f) 32 × 65 (g) 58 × 67 (h) 37 × 28
   (i) 18 × 29 (j) 32 × 65

2. ଊର୍ଦ୍ଧ୍ୱ ତୀର୍ଯ୍ୟକ ସୂତ୍ର ଆଧାରରେ ଗୁଣଫଳ ନିର୍ଣ୍ଣୟ କର ।
   (a) 162 × 372 (b) 262×913 (c) 123 ×215 (d) 721 × 72
   (e) 284 × 19 (f) 57×346 (g) 734 × 816 (h) 236 × 113

3. ଊର୍ଦ୍ଧ୍ୱ ତୀର୍ଯ୍ୟକ ସୂତ୍ର ଆଧାରରେ ଗୁଣଫଳ ସ୍ଥିର କର ।
   (a) 1032×1012 (b) 3125 × 216 (c) 6403 × 45
   (d) 617 × 5612 (e) 5201×3012 (f) 1116 × 1313
   (g) 27 × 3204

4. ବୀଜାଙ୍କ ନିର୍ଣ୍ଣୟ କରି ଉପରୋକ୍ତ ପ୍ରଶ୍ନ 1ରେ ନିର୍ଣ୍ଣିତ ଗୁଣଫଳର ସଠିକତା ଯାଞ୍ଚ କର ।

5. ଉପଯୁକ୍ତ ବୈଦିକ ସୂତ୍ରର ପ୍ରୟୋଗରେ ଗୁଣଫଳ ସ୍ଥିର କର ।
   (a) 117 × 73 (b) 231 × 89 (c) 112 × 131
   (d) 18 × 171 (e) 441 × 21 (f) 135 × 75

— o —

ପଞ୍ଚମ ଅଧ୍ୟାୟ

ଭାଗ ପ୍ରକ୍ରିୟା ବା ହରଣ

(DIVISION)

ଭାଗପ୍ରକ୍ରିୟା ହେଉଛି 'ଗୁଣନପ୍ରକ୍ରିୟା'ର ଏକ ବିପରୀତପ୍ରକ୍ରିୟା। ପାଟୀଗଣିତରେ ଯୋଗ, ବିୟୋଗ ଓ ଗୁଣନ ଭଳି ଭାଗପ୍ରକ୍ରିୟା ମଧ୍ୟ ଏକ ମୌଳିକ ପ୍ରକ୍ରିୟା। ଯଦି ଆମେ କହିବା $12 \div 3=4$, ତେବେ ଆମେ ବୁଝିବା $3\times4 = 12$। ଅର୍ଥାତ୍ 3 କୁ ଯେଉଁ ସଂଖ୍ୟାଦ୍ୱାରା ଗୁଣିଲେ ଗୁଣଫଳ 12 ହେବ, ସେହି ସଂଖ୍ୟାଟି ହେବ ନିର୍ଣ୍ଣେୟ ଭାଗଫଳ।

ଭାଗକ୍ରିୟା କ୍ଷେତ୍ରରେ ନିମ୍ନ ଦୁଇଟି ସତ୍ୟକୁ ବୁଝିବା ଆବଶ୍ୟକ।

(i) $12 \div 3$ ର ଅର୍ଥ, 12 ରେ 3 କେତେଥର ଅଛି ? ଏବଂ

(ii) 12 କୁ ସମାନ ତିନିଭାଗ କଲେ ପ୍ରତ୍ୟେକ ଭାଗ କେତେ ହେବ ?

(ଅବଶ୍ୟ ବସ୍ତୁ ବା ପଦାର୍ଥର ସଂଖ୍ୟା ସହାୟତାରେ ଉପରୋକ୍ତ ଉକ୍ତିର ସତ୍ୟତା ନିରୂପଣ କରିହେବ)

$12 \div 3 =$ କେତେ ?

ପ୍ରଶ୍ନର ଉତ୍ତର ସ୍ଥିର କରିବା ପାଇଁ ନିମ୍ନ ସୋପାନଗୁଡ଼ିକୁ ଦେଖ।

ସୋପାନ - 1 $12 - 3 = 9$,

ସୋପାନ - 2 $9 - 3 = 6$,

ସୋପାନ - 3 $6 - 3 = 3$ ଓ

ସୋପାନ - 4 $3 - 3 = 0$

ଉପରୋକ୍ତ ସୋପାନଗୁଡ଼ିକରୁ ଜାଣିବାକୁ ପାଇବା 12 ରେ 4 ଗୋଟି 3 ରହିଛି। ଅର୍ଥାତ $12 \div 3 = 4$

ସୋପାନଗୁଡ଼ିକର **'କ୍ରମ ବିୟୋଗ ' (Cumulative subtraction)** ଫଳରେ ଆମେ ଜାଣିପାରିଲେ 12 ରେ କେତେଗୋଟି 3 ରହିଛି।

ଏଠାରେ 12, 3 ଓ 4 କୁ ଯଥାକ୍ରମେ ଭାଗକ୍ରିୟାର ଭାଜ୍ୟ, ଭାଜକ ଓ ଭାଗଫଳ କୁହାଯାଏ। ସୋପାନ-4 ରେ ଉତ୍ପନ୍ନ 0 କୁ ଭାଗକ୍ରିୟାର ଭାଗଶେଷ କୁହାଯାଏ। ଉପରୋକ୍ତ ଭାଗକ୍ରିୟାର ବିଧି କେବଳ ଏକଅଙ୍କ ବିଶିଷ୍ଟ ଭାଜକ ପାଇଁ

ପ୍ରଯୁଜ୍ୟ। ଭାଜକ ବଡ଼ ସଂଖ୍ୟା ହେଲେ 'କ୍ରମ ବିୟୋଗ'ର ପ୍ରୟୋଗ ବିଧି ଅଧିକ ଦୀର୍ଘ ଏବଂ ସମୟସାପେକ୍ଷ ହୋଇଥାଏ। ତୁମେମାନେ ଜଣା ଅଧିକେ ପାରମ୍ପରିକ ହରଣ ବା ଭାଗପ୍ରକ୍ରିୟା ସହ ଜଡ଼ିତ। ଏହା ସମୟସାପେକ୍ଷ ଏବଂ ଭାଗଫଳ ନିର୍ଣ୍ଣୟ ଅନେକଙ୍କ ପାଇଁ ମଧ୍ୟ କଷ୍ଟସାଧ୍ୟ।

ପାରମ୍ପରିକ ପଦ୍ଧତିରେ ଭାଗକ୍ରିୟା : ଭାଜ୍ୟ : 43854, ଭାଜକ : 54

```
54 ) 43854 ( 812
   (-) 432
       65            54 × 8 = 432
   (-)  54           54 × 1 = 54
       114           54 × 2 = 108
   (-) 108
         6
```

∴ ଉକ୍ତ ଭାଗକ୍ରିୟାରେ ଭାଗଫଳ : 812 ଏବଂ ଭାଗଶେଷ : 6

ଏଠାରେ ଲକ୍ଷ୍ୟକର 43 < 54 ହେତୁ 438 କୁ ଭାଜ୍ୟ ଓ 54 କୁ ଭାଜକ ନେଇ ସର୍ବାଧିକ 8 ଭାଗଫଳ ନିଆଗଲା । ପରବର୍ତ୍ତୀ ସୋପାନରେ 65ରେ ସର୍ବାଧିକ ଥରେ 54 ନେଇ ଭାଗଫଳ 1 ନିଆଗଲା । ପୁନଶ୍ଚ ତୃତୀୟ ସୋପାନରେ 114ରେ ସର୍ବାଧିକ 54 ଦୁଇଥର ନେଇ ଭାଗଫଳ 2 ନିଆଗଲା, ଅବଶିଷ୍ଟ 6 ରହିଲା ।

ମନେରଖ: ଭାଜ୍ୟ = ଭାଜକ × ଭାଗଫଳ + ଭାଗଶେଷ । (ଇଉକ୍ଲିଡୀୟ ପଦ୍ଧତି)

ଭାଗ ପ୍ରକ୍ରିୟାରେ ଭାଜକକୁ (1 ଠାରୁ 9) ପର୍ଯ୍ୟନ୍ତ ଯେକୌଣସି ଅଙ୍କ ଦ୍ୱାରା ଗୁଣି ସର୍ବାଧିକ କେତେଥର ଭାଜକ ରହିପାରିବ, ତାକୁ ସ୍ଥିର କରିବା ସାଧାରଣତଃ କଷ୍ଟସାଧ ହୋଇଥାଏ । କିନ୍ତୁ ବେଦ ଗଣିତରେ କେତେକ ସରଳ ସୂତ୍ର ପ୍ରୟୋଗରେ ଭାଗ ପ୍ରକ୍ରିୟାଟି ସହଜ ହୋଇଥାଏ ଏବଂ ସମୟସାପେକ୍ଷ ହୋଇ ନ ଥାଏ ।

(A) ନିଖିଳଂ ସୂତ୍ର ପ୍ରୟୋଗରେ ଭାଗକ୍ରିୟା :

(ସୂତ୍ର : ନିଖିଳଂ ନବତଃ ଚରମଂ ଦଶତଃ)

ପ୍ରୟୋଗ ବିଧି :

(i) ଭାଜକର ନିକଟବର୍ତ୍ତୀ ଆଧାର (10 ର ଘାତ) ନେଇ ଭାଜକର ପୂରକ ସଂଖ୍ୟା (Complement) ନିଅ ।

ପୂରକ ସଂଖ୍ୟା (ଆଧାର - ଭାଜକ) ସ୍ଥିର କରିବାରେ **"ନିଖିଳଂ ନବତଃ ଚରମଂ ଦଶତଃ"** ସୂତ୍ରର ସାହାଯ୍ୟ ନିଆଯାଇପାରେ। ଦତ୍ତ ଭାଜକ ତଳେ ଭାଜକ ପାଇଁ ଉଦ୍ଦିଷ୍ଟ ସ୍ତମ୍ଭରେ ଏହାର ପୂରକ ସଂଖ୍ୟାକୁ ଲେଖ। ନିମ୍ନ ପ୍ରବାହ ଚିତ୍ର (Algorithm)ର ସାହାଯ୍ୟ ନେବା ଆବଶ୍ୟକ ।

ସ୍ତମ୍ଭ (1)	ସ୍ତମ୍ଭ (2)	ସ୍ତମ୍ଭ (3)
ଭାଜକ ପୂରକ ସଂଖ୍ୟା	ବାମପାର୍ଶ୍ୱସ୍ଥ ଭାଜ୍ୟ ଘର	ଦକ୍ଷିଣପାର୍ଶ୍ୱସ୍ଥ ଭାଜ୍ୟ ଘର (ଆଧାରରେ ଥିବା ଶୂନ ସଂଖ୍ୟା ସହ ସମାନ ଅଙ୍କ ରହିବ ।)
ଆଧାର	ଭାଗଫଳ	ଭାଗଶେଷ

(ii) ଭାଜ୍ୟକୁ ଦୁଇଭାଗ କର ଯେପରିକି ଭାଜକରେ ଯେତେଗୋଟି ଅଙ୍କ ଥିବ ଭାଜ୍ୟର ଦକ୍ଷିଣପାର୍ଶ୍ୱରୁ ସେତିକିଟି ଅଙ୍କକୁ ଦକ୍ଷିଣପାର୍ଶ୍ୱସ୍ଥ ଭାଜ୍ୟ ସ୍ତମ୍ଭରେ ରଖି ଅବଶିଷ୍ଟ ଅଙ୍କଗୁଡ଼ିକୁ ବାମପାର୍ଶ୍ୱସ୍ଥ ଭାଜ୍ୟ ସ୍ତମ୍ଭ(2)ରେ ରଖ ।

ଅଥବା ଆଧାରର ଶୂନ (0) ସଂଖ୍ୟା ଯେତେ, ସେତିକି ସଂଖ୍ୟକ ଅଙ୍କକୁ ସ୍ତମ୍ଭ (3)ରେ ରଖିବା ଉଚିତ ।

(iii) ଭାଜ୍ୟର ବାମପାର୍ଶ୍ୱସ୍ଥ ପ୍ରଥମ ଅଙ୍କଟିକୁ ନିମ୍ନକୁ ଓହ୍ଲାଇ ଆଣି ଭାଗଫଳ ସ୍ତମ୍ଭ(2)ରେ ରଖ, ଯାହା ନିର୍ଣ୍ଣେୟ ଭାଗଫଳର ପ୍ରଥମ ଅଙ୍କ ହେବ ।

(iv) ଭାଗଫଳର ପ୍ରଥମ ଅଙ୍କକୁ ଭାଜକର ପୂରକ ସଂଖ୍ୟା ଦ୍ୱାରା ଗୁଣି ଭାଜ୍ୟର ବାମପାର୍ଶ୍ୱରୁ ଗୋଟିଏ ଅଙ୍କ ଛାଡ଼ି ଅର୍ଥାତ ଭାଜ୍ୟର ବାମପାର୍ଶ୍ୱସ୍ଥ ଦ୍ୱିତୀୟ ଅଙ୍କଠାରୁ ଆରମ୍ଭ କରି ଲେଖିବାକୁ ପଡ଼ିବ। କେତେକ କ୍ଷେତ୍ରରେ ଗୁଣଫଳ ଭାଜ୍ୟର ଦକ୍ଷିଣ ପାର୍ଶ୍ୱସ୍ଥ ସ୍ତମ୍ଭକୁ ଯାଇପାରେ ।

ତତ୍ପରେ ଭାଜ୍ୟର ଦ୍ୱିତୀୟ ସ୍ତମ୍ଭରେ ଥିବା ଅଙ୍କଦ୍ୱୟର ଯୋଗଫଳ ନିର୍ଣ୍ଣୟ କରି ଭାଗଫଳ ସ୍ତମ୍ଭରେ ଲେଖ । ଏହା ଭାଗଫଳର ଦ୍ୱିତୀୟ ଅଙ୍କ ହେବ ।

(v) ପୁନଶ୍ଚ ପୂର୍ବପରି ଭାଗଫଳର ଦ୍ୱିତୀୟ ଅଙ୍କକୁ ପୂରକ ସଂଖ୍ୟା ସହ ଗୁଣି ଗୁଣଫଳକୁ ଭାଜ୍ୟର ପରବର୍ତ୍ତୀ ଅଙ୍କ (ତୃତୀୟ ଅଙ୍କ) ତଳୁ ଆରମ୍ଭ କରି ଲେଖ ଓ ତତ୍ପରେ ସ୍ତମ୍ଭରେ ଥିବା ଅଙ୍କଗୁଡ଼ିକୁ ଯୋଗ କରି ଯୋଗଫଳକୁ ଭାଗଫଳ ପାଇଁ ଉଦ୍ଦିଷ୍ଟ ସ୍ତମ୍ଭରେ ଲେଖ, ଯାହା ଭାଗଫଳର ତୃତୀୟ ଅଙ୍କ ହେବ ।

(vi) ଏହି ପ୍ରକ୍ରିୟା କ୍ରମଶଃ ଚାଲୁ ରଖିବାକୁ ହେବ ଯେପରିକି, ଭାଜ୍ୟର ଦକ୍ଷିଣ ପାର୍ଶ୍ୱସ୍ଥ ଶେଷ ଅଙ୍କ ତଳେ ଗୁଣଫଳର ଶେଷ ଅଙ୍କ ରହିବ। ଏହାପରେ ସମସ୍ତ ସ୍ତମ୍ଭ ମିଶାଇ ସଂପୃକ୍ତ ଭାଗକ୍ରିୟାର ଭାଗଫଳ ଓ ଭାଗଶେଷ ନିରୂପଣ କର ।

(vii) ଯଦି ଭାଗଶେଷ, ଭାଜକ ଠାରୁ ବଡ଼ ହୁଏ, ତେବେ ଭାଗଶେଷ ସ୍ତମ୍ଭରେ ପୂର୍ବପ୍ରକ୍ରିୟା ଚାଲୁରଖ; ଯେତେ ପର୍ଯ୍ୟନ୍ତ ଭାଗଶେଷ, ଭାଜକ ଠାରୁ କମ୍ ନ ହୋଇଛି । ଯେଉଁ ଭାଗଫଳ ମିଳିବ ତାହା ପୂର୍ବ ଭାଗଫଳର ଏକକ ଅଙ୍କ ସହ ମିଶାଇ ନିର୍ଣ୍ଣେୟ ଭାଗଫଳ ଓ ଭାଗଶେଷ ସ୍ଥିର କର ।

(a) 10 ଆଧାରରୁ କମ୍ ଓ ତାହାର ନିକଟବର୍ତ୍ତୀ ସଂଖ୍ୟାମାନଙ୍କ ଦ୍ୱାରା ଭାଗ :

ଉଦାହରଣ-1 : 22 କୁ 8 ଦ୍ୱାରା ଭାଗକର ।

ସମାଧାନ: ବାମପାର୍ଶ୍ୱସ୍ଥ ଦକ୍ଷିଣପାର୍ଶ୍ୱସ୍ଥ

ଭାଜ୍ୟ
ଭାଜ୍ୟର ଅଂଶ
ଭାଜକ : 8 2 2
ପୂରକ ସଂଖ୍ୟା 2 4 ← ଭାଗଫଳ×ପୂରକ ସଂଖ୍ୟା
ଆଧାର : 10 2 6 ← ଭାଗଶେଷ
ଭାଗଫଳ

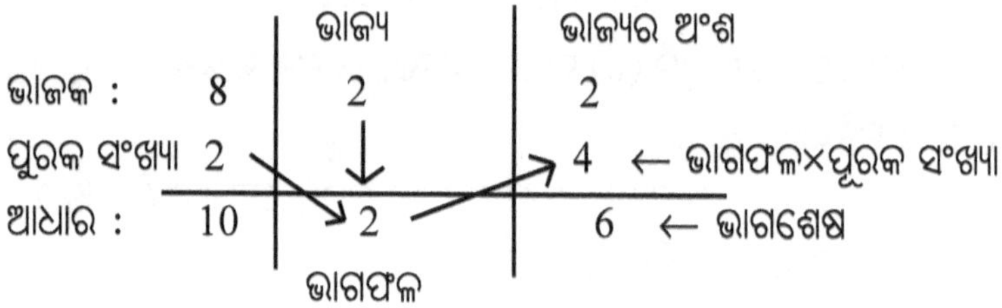

(i) ଉକ୍ତ ଭାଗକ୍ରିୟା ପାଇଁ ଆଧାର 10 ନିଆଯାଇଛି ଏବଂ ତତ୍ପରେ ଭାଜକ 8 ହେତୁ ଏହାର ପୂରକ ସଂଖ୍ୟା 10 - 8 = 2 ନିର୍ଣ୍ଣୟ କରାଯାଇ ଭାଜକ ତଳେ ରଖାଯାଇଛି ।

(ii) ଭାଜକ ଏକ ଅଙ୍କ ହୋଇଥିବାରୁ ଅଥବା ଆଧାର 10 ରେ '0' ସଂଖ୍ୟା 1 ହେତୁ ଭାଜ୍ୟ 22 ର ଡାହାଣକୁ ଗୋଟିଏ ଅଙ୍କ ଅର୍ଥାତ୍ 2 କୁ ଦକ୍ଷିଣପାର୍ଶ୍ୱସ୍ଥ ଭାଜ୍ୟ ଏବଂ ଅନ୍ୟ 2 କୁ ବାମପାର୍ଶ୍ୱସ୍ଥ ଭାଜ୍ୟ ରୂପେ ନିଆଯାଇଛି। ବାମପାର୍ଶ୍ୱସ୍ଥ ଭାଜ୍ୟ ଏବଂ ଦକ୍ଷିଣପାର୍ଶ୍ୱସ୍ଥ ଭାଜ୍ୟକୁ ଏକ ଉଲ୍ଲମ୍ବ ରେଖାଦ୍ୱାରା ପୃଥକ୍ କରାଯାଇଛି ।

(iii) 2 କୁ ଆନୁଭୂମିକ ରେଖାର ତଳକୁ ଓହ୍ଲାଇ ଅଣାଯାଇ ଭାଗଫଳ ସ୍ତମ୍ଭରେ ରଖାଯାଇଛି ।

(iv) ଉକ୍ତ ଭାଗଫଳ 2କୁ ପୂରକ ସଂଖ୍ୟା (2) ଦ୍ୱାରା ଗୁଣାଯାଇ ଗୁଣଫଳ 4କୁ ଦକ୍ଷିଣପାର୍ଶ୍ୱସ୍ଥ ଭାଜ୍ୟ ସ୍ତମ୍ଭର 2 ତଳକୁ ରଖାଯାଇଛି ।

(v) ତତ୍ପରେ 2 ଓ 4 ର ଯୋଗଫଳ 6 କୁ ଭାଗଶେଷ ସ୍ତମ୍ଭରେ ରଖାଯାଇଛି ।

∴ ନିର୍ଣ୍ଣେୟ ଭାଗଫଳ 2 ଓ ଭାଗଶେଷ 6 ।

ଉଦାହରଣ-2 : 124 କୁ 9 ଦ୍ୱାରା ଭାଗକରି ଭାଗଫଳ ଓ ଭାଗଶେଷ ନିରୂପଣ କର ।

ସମାଧାନ :

ସୋପାନ (1) :

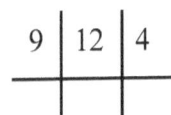

9	12	4

ଭାଜକ 9 ଓ ଆଧାର 10 । ଆଧାରରେ ଗୋଟିଏ '0' ଥିବା ହେତୁ ଭାଜ୍ୟର ଡାହାଣ ପାଖରୁ ଗୋଟିଏ ଅଙ୍କ ଛାଡ଼ି ଗୋଟିଏ ଉଲ୍ଲମ୍ବ ରେଖାଦ୍ୱାରା '4' ଓ 12 କୁ ପୃଥକ୍ କରାଯାଇଛି ।

ସୋପାନ (2) :

9	12	4
1		
10		

ଆଧାର – ଭାଜକ = 10 – 9 = 1

1 କୁ ଭାଜକ ତଳେ ରଖାଗଲା ଯାହା 9ର ପୂରକ ସଂଖ୍ୟା ।

ସୋପାନ (3) :

9	1 2	4
1	↓	
10	1	

ଭାଜ୍ୟର ବାମପାର୍ଶ୍ୱସ୍ଥ ଅଙ୍କଦ୍ୱୟରୁ ପ୍ରଥମ ଅଙ୍କକୁ ଏକ ଆନୁଭୂମିକ ରେଖାର ନିମ୍ନକୁ ଓହ୍ଲାଇ ଅଣାଯାଇ ରଖାଗଲା; ଯାହା ଭାଗଫଳର ପ୍ରଥମ ଅଙ୍କ ହେବ ।

ସୋପାନ (4) :

9	1 2	4
1	↓ 1	
	1 3	

ପୂରକ ସଂଖ୍ୟା×ଭାଗଫଳର ପ୍ରଥମଅଙ୍କ=1

1 କୁ 2 ତଳେ ରଖାଯାଇ ଯୋଗଫଳ 3 କୁ ଆନୁଭୂମିକ ରେଖାର ନିମ୍ନରେ ରଖାଯାଇଛି ।

ସୋପାନ (5) :

ପୂରକ ସଂଖ୍ୟା →	9	1 2	4
ଆଧାର →	1	↓ 1	3
	10	1 3	7

ପୁନଶ୍ଚ ପୂରକସଂଖ୍ୟା ଦ୍ୱାରା 3କୁ ଗୁଣାଯାଇ ଗୁଣଫଳ 3କୁ ଦକ୍ଷିଣପାର୍ଶ୍ୱସ୍ଥ ଭାଜ୍ୟ 4 ନିମ୍ନକୁ ରଖାଗଲା ଏବଂ ଉକ୍ତ ସ୍ତମ୍ଭର ଯୋଗଫଳ 7 କୁ ଆନୁଭୂମିକ ରେଖାର ନିମ୍ନରେ ରଖାଗଲା ।

∴ ନିର୍ଣ୍ଣେୟ ଭାଗଫଳ 13 ଏବଂ ଭାଗଶେଷ 7 ।

ଉଦାହରଣ - 3 : 2211 କୁ 9 ଦ୍ୱାରା ଭାଗକରି ଭାଗଫଳ ଓ ଭାଗଶେଷ ନିରୂପଣ କର ।

ସମାଧାନ :

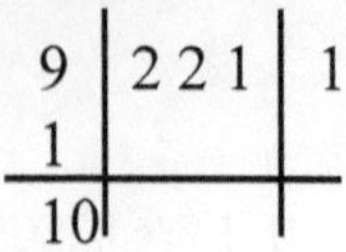

9 | 221 | 1
1
10

2211 ରୁ ଡାହାଣରୁ 1 କୁ 221 ରୁ ପୃଥକ୍ କରାଗଲା ଏବଂ 9 ର ପୂରକ ସଂଖ୍ୟା 1 କୁ 9 ର ତଳେ ରଖାଗଲା । (ଆଧାର 10 ହେତୁ)

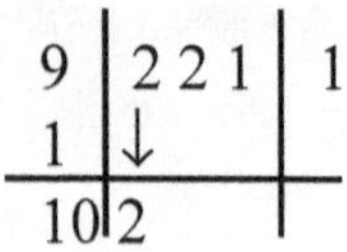

9 | 221 | 1
1 ↓
10 | 2

ଭାଗଫଳର ପ୍ରଥମ ଅଙ୍କ 2 କୁ ଆନୁଭୂମିକ ରେଖାର ନିମ୍ନରେ ରଖାଗଲା ।

2 କୁ ପୂରକ ସଂଖ୍ୟା 1 ଦ୍ୱାରା ଗୁଣି ଗୁଣଫଳକୁ ବାମପାର୍ଶ୍ୱସ୍ଥ ଭାଜ୍ୟର ଦ୍ୱିତୀୟ ଅଙ୍କର ନିମ୍ନକୁ ରଖାଯାଇ ସଂପୃକ୍ତ ସ୍ତମ୍ଭର ଯୋଗଫଳ 4କୁ ଆନୁଭୂମିକ ରେଖାର ନିମ୍ନରେ ରଖାଗଲା ।

9 | 221 | 1
1 ↓ 2
10 | 2 4

ପୁନଶ୍ଚ 4 କୁ ପୂରକ ସଂଖ୍ୟା 1 ଦ୍ୱାରା ଗୁଣି ଗୁଣଫଳ 4 କୁ ବାମପାର୍ଶ୍ୱସ୍ଥ ଭାଜ୍ୟର ତୃତୀୟ ଅଙ୍କ ନିମ୍ନରେ ରଖାଗଲା ଏବଂ ସଂପୃକ୍ତ ସ୍ତମ୍ଭର ଯୋଗଫଳ 5 କୁ ଆନୁଭୂମିକ ରେଖାର ନିମ୍ନରେ ରଖାଗଲା ।

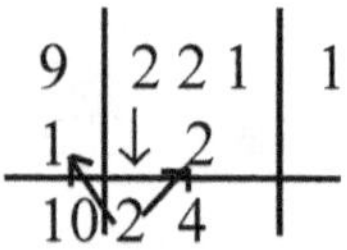

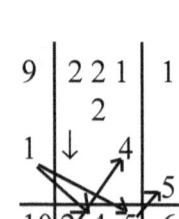

9 | 221 | 1
2
10 | 2 4 5 | 6

ପୁନଶ୍ଚ 5 କୁ ପୂରକ ସଂଖ୍ୟା 1 ଦ୍ୱାରା ଗୁଣି ଗୁଣଫଳ 5 କୁ ଦକ୍ଷିଣପାର୍ଶ୍ୱସ୍ଥ ଭାଜ୍ୟର 1 ନିମ୍ନରେ ରଖାଯାଇ ସଂପୃକ୍ତ ସ୍ତମ୍ଭର ଯୋଗଫଳ 6 କୁ ଆନୁଭୂମିକ ରେଖାର ନିମ୍ନରେ ରଖାଗଲା ।

∴ ନିର୍ଣ୍ଣେୟ ଭାଗଫଳ 245 ଓ ଭାଗଶେଷ 6 ।

ଉଦାହରଣ-4: 10013କୁ 8ଦ୍ୱାରା ଭାଗକରି ଭାଗଫଳ ଓ ଭାଗଶେଷ ସ୍ଥିର କର ।

ସମାଧାନ : ଆଧାର = 10

8	1 0 0 1	3
2	2	
	↓ 4	
	8	1 8
10	1 2 4 9	2 1

∴ 10 - 8 = 2 (ପୂରକ ସଂଖ୍ୟା)

$2 \times 1 = 2,\ 0 + 2 = 2,$

$2 \times 2 = 4,\ 0 + 4 = 4,$

$2 \times 4 = 8,\ 1 + 8 = 9$ ଏବଂ

$2 \times 9 = 18,\ 3 + 18 = 21$

ଏଠାରେ 21 ଭାଜକ 8 ଠାରୁ ବଡ଼ । ତେଣୁ 21କୁ 8 ଦ୍ୱାରା ଭାଗ କଲେ ଭାଗଫଳ 2 ଓ ଭାଗଶେଷ 5 ହେବ ।

∴ ପରିବର୍ତ୍ତିତ ଭାଗଫଳ = 1249 +2 = 1251 ଏବଂ ଭାଗଶେଷ 5 ହେବ ।

ଉଦାହରଣ - 5 : 1324 କୁ 9 ଦ୍ୱାରା ଭାଗକରି ଭାଗଫଳ ଓ ଭାଗଶେଷ ସ୍ଥିର କର ।

ସମାଧାନ :

9	1 3 2	4
1	↓ 1 4	6
10	1 4 6	1 0

ଏଠାରେ ଦକ୍ଷିଣପାର୍ଶ୍ୱସ୍ଥ ସ୍ତମ୍ଭରେ ଭାଗଶେଷ 10, ଯାହା 9 ରୁ ବୃହତ୍ତର ।

∴ ପରିବର୍ତ୍ତିତ ଭାଗଫଳ = 146 + 1 = 147 ଏବଂ ଭାଗଶେଷ 1 ହେବ ।

(b) 100 ଆଧାରରୁ କମ୍ ଓ ତାହାର ନିକଟବର୍ତ୍ତୀ ସଂଖ୍ୟାମାନଙ୍କ ଦ୍ୱାରା ଭାଗକ୍ରିୟା :

ଉଦାହରଣ-6: 10025କୁ 88 ଦ୍ୱାରା ଭାଗକରି ଭାଗଫଳ ଓ ଭାଗଶେଷ ସ୍ଥିର କର ।

ସମାଧାନ :

ଆଧାର = 100

ପୂରକ ସଂଖ୍ୟା=100−88=12

ଭାଜକ :	88	1 0 0	2 5
		↓ 1 2	
ପୂରକ ସଂଖ୍ୟା :	12	1	2
			3 6
ଭାଜ୍ୟକୁ	100	1 1 3	8 1

ଯେହେତୁ ଆଧାର100ରେ ଶୂନ ସଂଖ୍ୟା 2 ତେଣୁ ଭାଜ୍ୟର ଦକ୍ଷିଣପାର୍ଶ୍ୱରୁ ଦୁଇଟି ଅଙ୍କ ଛାଡ଼ି ଗୋଟିଏ ଉଲ୍ଲମ୍ବ ରେଖା ଦ୍ୱାରା ସଂଖ୍ୟାକୁ ଦୁଇଭାଗରେ ବିଭକ୍ତ କରାଯାଇଛି ।

∴ ନିର୍ଣ୍ଣେୟ ଭାଗଫଳ 113 ଏବଂ ଭାଗଶେଷ 81 ।

ଉଦାହରଣ - 7 : 325 କୁ 98 ଦ୍ୱାରା ଭାଗକରି ଭାଗଫଳ ଓ ଭାଗଶେଷ ସ୍ଥିର କର ।

ସମାଧାନ :

ଭାଜକ :	98	3	25
ପୂରକ ସଂଖ୍ୟା	02	↓	06
ଆଧାର :	100	3	31

ଭାଜ୍ୟ = 325, ଭାଜକ = 98

ଆଧାର = 100, ପୂରକ ସଂଖ୍ୟା = 02

∴ ନିର୍ଣ୍ଣେୟ ଭାଗଫଳ 3 ଏବଂ ଭାଗଶେଷ 31 ।

ଉଦାହରଣ - 8 : 10026 କୁ 89 ଦ୍ୱାରା ଭାଗକରି ଭାଗଫଳ ଓ ଭାଗଶେଷ ନିରୂପଣ କର ।

ସମାଧାନ :

ଭାଜକ :   89 | 1 0 0 | 2 6   ଭାଜ୍ୟ = 10026
ପୂରକ ସଂଖ୍ୟା : 11 | ↓ 1 1 | ଭାଜକ = 89
                  | | 1 1   ଆଧାର = 100
                  | | 2 2
ଆଧାର :   100 | 1 1 2 | 5 8   ପୂରକ ସଂଖ୍ୟା = 100 − 89 = 11

∴ ନିର୍ଣ୍ଣେୟ ଭାଗଫଳ 112 ଏବଂ ଭାଗଶେଷ 58 ।

ଉଦାହରଣ - 9 : 629 କୁ 89 ଦ୍ୱାରା ଭାଗକରି ଭାଗଫଳ ଓ ଭାଗଶେଷ ନିରୂପଣ କର ।

ସମାଧାନ :

ଭାଜକ :   89 | 6 | 29   ଆଧାର = 100
ପୂରକ ସଂଖ୍ୟା : 11 | ↓ | 66   ପୂରକ ସଂଖ୍ୟା = 100 − 89 = 11
ଆଧାର :   100 | 6 | 95   ଭାଗଶେଷ = 95,

                                    ଭାଜକ 89ଠାରୁ ବଡ଼ ହେତୁ,
ଦ୍ୱିତୀୟ ଭାଗକ୍ରିୟା : 89 | 1 | 0 $\bar{5}$ ଭାଗଫଳ = 6 + 1 = 7
                     11 | ↓ | 11   ଏବଂ ଭାଗଶେଷ = 6
                     100 | 1 | 06   ଯେଉଁଠାରେ ଭାଜ୍ୟ (95 = 10$\bar{5}$)

∴ ନିର୍ଣ୍ଣେୟ ପରିବର୍ତ୍ତିତ ଭାଗଫଳ 7 ଏବଂ ଭାଗଶେଷ 6 ।

ଉଦାହରଣ - 10 : 10312 କୁ 87 ଦ୍ୱାରା ଭାଗକରି ଭାଗଫଳ ଓ ଭାଗଶେଷ ସ୍ଥିର କର ।

ସମାଧାନ :
                         | 1 0 3 | 1 2
ଭାଜକ :   87 | 1 3 | ଭାଜ୍ୟ = 10312
ପୂରକ ସଂଖ୍ୟା : 13 | 1 | 3   ଭାଜକ = 87
                         | | 9 1   ଆଧାର = 100
ଆଧାର :   100 | 1 1 7 | 1 3 3

                                    ପୂରକ ସଂଖ୍ୟା = 100 − 87 = 13
                         ଏଠାରେ ଭାଗଶେଷ 133, ଭାଜକ 87 ଠାରୁ ବୃହତ୍ତର ।

ଦ୍ୱିତୀୟ ଭାଗକ୍ରିୟା :

87	1	33
13		13
100	1	46

∴ 133 ÷ 87 = ଭାଗଫଳ 1 ଏବଂ ଭାଗଶେଷ 46 ।

∴ ନିର୍ଣ୍ଣେୟ ପରିବର୍ତ୍ତିତ ଭାଗଫଳ = 117 + 1 = 118 ଏବଂ ଭାଗଶେଷ 46 ।

(B)'ପରାବର୍ତ୍ତ୍ୟ' ସୂତ୍ର ପ୍ରୟୋଗରେ ଭାଗକ୍ରିୟା (ସୂତ୍ର: ପରାବର୍ତ୍ତ୍ୟ ଯୋଜୟତ): ଆଧାରଠାରୁ ଅଧିକ ଭାଜକ ଦ୍ୱାରା ଭାଗକ୍ରିୟା :

ପୂର୍ବ ବର୍ଣ୍ଣିତ ଉଦାହରଣଗୁଡ଼ିକରେ **'ନିଖିଳଂ'** ସୂତ୍ରର ପ୍ରୟୋଗ କରାଯାଇଛି। ଯେଉଁଠାରେ ଭାଜକ, ଆଧାରଠାରୁ ଅଧିକ ସେହି କ୍ଷେତ୍ରରେ **'ପରାବର୍ତ୍ତ୍ୟ'** ସୂତ୍ର ପ୍ରୟୋଗର ଆବଶ୍ୟକତା ପଡ଼େ। ବିଶେଷ ଭାବରେ ଭାଜକର ପ୍ରଥମ ଅଙ୍କଟି 1 ହେବା ଆବଶ୍ୟକ। 'ନିଖିଳଂ' ସୂତ୍ର ପ୍ରୟୋଗରେ ପ୍ରଥମେ ପୂରକ ସଂଖ୍ୟାଟି ସ୍ଥିର କରି ପରାବର୍ତ୍ତ୍ୟ ସୂତ୍ର ଦ୍ୱାରା ପୂରକ ସଂଖ୍ୟାର ଅଙ୍କଗୁଡ଼ିକର ଚିହ୍ନ ପରିବର୍ତ୍ତନ କରାଯାଏ । ଉଦାହରଣ ସ୍ୱରୂପ :

ଯଦି ଭାଜକ 113 ଏବଂ ଏହାର ଆଧାର 100 ହୁଏ ତେବେ

ପୂରକ ସଂଖ୍ୟା = 113 - 100 = 13

'ପରାବର୍ତ୍ତ୍ୟ' ସୂତ୍ର ଦ୍ୱାରା ପରିବର୍ତ୍ତିତ ପୂରକ ସଂଖ୍ୟାଟି (-13) ଅଥବା $\overline{13}$ ।

ଦ୍ରଷ୍ଟବ୍ୟ : 'ନିଖିଳଂ' ସୂତ୍ର ବା 'ପରାବର୍ତ୍ତ୍ୟ' ସୂତ୍ର ପ୍ରୟୋଗରେ ଭାଗକ୍ରିୟା ମଧ୍ୟରେ ପ୍ରାୟ ପାର୍ଥକ୍ୟ କିଛି ନଥାଏ; କେବଳ ପୂରକ ସଂଖ୍ୟାର ଚିହ୍ନ ପରିବର୍ତ୍ତନ ବ୍ୟତୀତ ।

ଉଦାହରଣ-1: 57କୁ 11 ଦ୍ୱାରା ଭାଗକରି ଭାଗଫଳ ଓ ଭାଗଶେଷ ସ୍ଥିର କର।

ସମାଧାନ :

11	5	7
–1	↓	–5
10	5	2

ଭାଜ୍ୟ = 57, ଭାଜକ = 11

ଆଧାର = 10

ପୂରକ ସଂଖ୍ୟା = 1

ପରିବର୍ତ୍ତିତ ପୂରକ ସଂଖ୍ୟା = –1

∴ ନିର୍ଣ୍ଣେୟ ଭାଗଫଳ = 5 ଓ ଭାଗଶେଷ = 2 ।

ଉଦାହରଣ - 2 : 184 କୁ 13 ଦ୍ୱାରା ଭାଗକରି ଭାଗଫଳ ଓ ଭାଗଶେଷ ନିରୂପଣ କର ।

ସମାଧାନ :

13	1 8	4
−3	↓ −3	−15
10	1 5	−11
	−1	+13
	1 4	2

ଭାଜ୍ୟ = 184, ଭାଜକ = 13
ଆଧାର = 10
ପୂରକ ସଂଖ୍ୟା = 13 − 10 = 3
ପରିବର୍ତ୍ତିତ ପୂରକସଂଖ୍ୟା=−3 ଅଥବା $\bar{3}$

∴ ନିର୍ଣ୍ଣେୟ ଭାଗଫଳ 14 ଏବଂ ଭାଗଶେଷ 2 ।

(ଭାଗଶେଷ ଋଣାତ୍ମକ ହେବ ନାହିଁ, ତେଣୁ ଧନାତ୍ମକ ସଂଖ୍ୟାରେ ପରିଣତ କରାଗଲା ।)

ଉଦାହରଣ - 3 : 43126 କୁ 101 ଦ୍ୱାରା ଭାଗକରି ଭାଗଫଳ ଓ ଭାଗଶେଷ ନିରୂପଣ କର ।

ସମାଧାନ :

101	4 3 1	2 6
−01	0 $\bar{4}$	
ବା $\overline{01}$	↓ 0	$\bar{3}$
		0 3
100	4 3 $\bar{3}$	$\bar{1}$ 9
	4 2 7	$\bar{1}$ 9
	$\bar{1}$	+101
	4 2 6	100

433 = 427
ଭାଜ୍ୟ = 43126, ଭାଜକ = 101
ଆଧାର = 100
ପୂରକ ସଂଖ୍ୟା = 01
ପରିବର୍ତ୍ତିତ ପୂରକ ସଂଖ୍ୟା = $0\bar{1}$
(∵ $\bar{1}9 + 101 = 100$)

∴ ନିର୍ଣ୍ଣେୟ ଭାଗଫଳ = 426 ଏବଂ ଭାଗଶେଷ = 100

ଉଦାହରଣ - 4 : 1358 କୁ 113 ଦ୍ୱାରା ଭାଗକରି ଭାଗଫଳ ଓ ଭାଗଶେଷ ସ୍ଥିର କର ।

ସମାଧାନ :

ଭାଜକ :	113	1 3	5 8
ପୂରକ ସଂଖ୍ୟା :	13	↓ −1	−3
ପରିବର୍ତ୍ତିତ ପୂରକ ସଂଖ୍ୟା :	−1 −3		−2 −6
ଆଧାର :	100	1 2	0 2

∴ ନିର୍ଣ୍ଣେୟ ଭାଗଫଳ 12 ଏବଂ ଭାଗଶେଷ 2 ।

ଉଦାହରଣ - 5 : 1284 କୁ 112 ଦ୍ୱାରା ଭାଗକରି ଭାଗଫଳ ଓ ଭାଗଶେଷ ସ୍ଥିର କର ।

ସମାଧାନ :

ଭାଜକ :	1 1 2	1 2	8 4
ପୂରକ ସଂଖ୍ୟା :	1 2	↓ $\overline{1}$	$\overline{2}$
			$\overline{1}$ $\overline{2}$
ପରିବର୍ତ୍ତିତ ପୂରକ ସଂଖ୍ୟା	$\overline{1}$ $\overline{2}$		
ଆଧାର :	100	1 1	5 2

ଏଠାରେ ଆଧାର = 100

ପୂରକ ସଂଖ୍ୟା = $112 - 100 = 12$

ପରିବର୍ତ୍ତିତ ପୂରକ ସଂଖ୍ୟା = $-1-2$ ଅଥବା $\overline{12}$

∴ ନିର୍ଣ୍ଣେୟ ଭାଗଫଳ 11 ଏବଂ ଭାଗଶେଷ 52 ।

(C) 'ଧ୍ୱଜାଙ୍କ' ବିଧିରେ ଭାଗକ୍ରିୟା :

ଭାଗ ପ୍ରକ୍ରିୟା ପାଇଁ ପୂର୍ବବର୍ଣ୍ଣିତ ପ୍ରୟୋଗ ବିଧି **(ନିଖିଳଂ ଏବଂ ପରାବର୍ତ୍ତ୍ୟ)** ଗୁଡ଼ିକର ସୀମିତ ବ୍ୟବହାର ଥିଲା। ଅର୍ଥାତ୍ ଆଧାର ନିକଟବର୍ତ୍ତୀ ଭାଜକଗୁଡ଼ିକ ପାଇଁ କେବଳ ଉପରୋକ୍ତ ସୂତ୍ରଗୁଡ଼ିକର ଆବଶ୍ୟକତା ଥିଲା । **'ଧ୍ୱଜାଙ୍କ'** ବିଧିରେ ଭାଗକ୍ରିୟା ଏକ ସାଧାରଣ ଭାଗକ୍ରିୟା, ଯାହା ସବୁ ପ୍ରକାରର ଭାଗପ୍ରକ୍ରିୟା ପାଇଁ ପ୍ରଯୁକ୍ତ ହୋଇପାରିବ। ସିଧାସଳଖ ଭାବରେ ଭାଗପ୍ରକ୍ରିୟାର ଭାଗଫଳ ଓ ଭାଗଶେଷ ଗୋଟିଏ ଧାଡ଼ିରେ ମିଳିପାରିବ; ଯାହାଦ୍ୱାରା ଭାଗକ୍ରିୟା ସମୟସାପେକ୍ଷ ହେବ ନାହିଁ। ଉକ୍ତ ପ୍ରକ୍ରିୟାରେ ଭାଜକଟି ଦୁଇଟି ଭାଗରେ ବିଭକ୍ତ ହୋଇଥାଏ । ଯଥା : **ବ୍ୟବହାରିକ ଭାଜକ (Operator)** ଏବଂ **ଧ୍ୱଜାଙ୍କ (Flag)**। ଭାଗକ୍ରିୟା ସମୟରେ ସମଗ୍ର ଭାଜକର ବ୍ୟବହାର ହୋଇନଥାଏ; ବରଂ କେବଳ ବ୍ୟବହାରିକ ଭାଜକ ଦ୍ୱାରା ଭାଜ୍ୟକୁ ଭାଗ କରାଯାଏ । ଉକ୍ତ ବ୍ୟବହାରିକ ଭାଜକ ମାଧ୍ୟମରେ ଭାଜ୍ୟକୁ ଉପଭାଜ୍ୟରେ ପରିଣତ କରାଯାଇଥାଏ, ଯେଉଁଥିରେ ଭାଗଫଳ ଏବଂ ଧ୍ୱଜାଙ୍କର ପୂର୍ଣ୍ଣ ଆବଶ୍ୟକତା ପଡ଼ିଥାଏ ।

ପ୍ରୟୋଗ ବିଧି :

ଏହି ପ୍ରୟୋଗ ବିଧି ଦୁଇଟି ସୂତ୍ର ସମ୍ବଳିତ। ଗୋଟିଏ **'ଉର୍ଦ୍ଧ୍ୱ ତୀର୍ଯ୍ୟଗ୍‌ଭ୍ୟାମ୍'** ଏବଂ ଅନ୍ୟଟି ଏକ ଉପସୂତ୍ର **"ଧ୍ୱଜାଙ୍କ"** ।

(i) ପ୍ରଥମେ ଦତ୍ତ ଭାଜକକୁ ଦୁଇଟି ଭାଗରେ ପରିଣତ କର;
ଯଥା : ବ୍ୟବହାରିକ ଭାଜକ ଏବଂ ଧ୍ୱଜାଙ୍କ ।
ଉଦାହରଣ ସ୍ୱରୂପ, 83 କୁ 8^3 ହିସାବରେ ଲେଖିବା,
ଯେଉଁଠାରେ 8 : ବ୍ୟବହାରିକ ଭାଜକ ଏବଂ 3 : ଧ୍ୱଜାଙ୍କ ହେବ ।

(ii) ଧ୍ୱଜାଙ୍କରେ ଯେତେଗୋଟି ଅଙ୍କ ଥାଏ, ଭାଜ୍ୟର ଡାହାଣ ଆଡ଼ୁ ସେତିକି ଅଙ୍କକୁ ଗୋଟିଏ ଉଲ୍ଲମ୍ବ ରେଖାଦ୍ୱାରା ପୃଥକ କର । ପ୍ରବାହ ଚିତ୍ର (Algorithm):

ଧ୍ୱଜାଙ୍କ ବ୍ୟବହାରିକ ଭାଜକ	ଭାଜ୍ୟର ଅବଶିଷ୍ଟ ଅଙ୍କ ସଂଖ୍ୟା	ଭାଜ୍ୟର ଦକ୍ଷିଣପାର୍ଶ୍ୱସ୍ଥ ଅଙ୍କ ସଂଖ୍ୟା ଯାହା ଧ୍ୱଜାଙ୍କର ଅଙ୍କ ସଂଖ୍ୟା ସହ ସମାନ
	ଭାଗଫଳ	ଭାଗଶେଷ

(iii) ବାମଆଡ଼ୁ ଭାଜ୍ୟର ଅଙ୍କମାନଙ୍କୁ ବ୍ୟବହାରିକ ଭାଜକ ଦ୍ୱାରା ଭାଗ କରି ଭାଗଫଳ ଓ ଭାଗଶେଷକୁ ଉଦ୍ଦିଷ୍ଟ ସ୍ଥାନମାନଙ୍କରେ ଲେଖ । ଭାଗଶେଷ ଓ ଭାଜ୍ୟର ପରବର୍ତ୍ତୀ ଅଙ୍କଦ୍ୱାରା ସୃଷ୍ଟିହେଉଥିବା ମୋଟ ଭାଜ୍ୟ (Gross dividend) ସ୍ଥିର କର ।

(iv) ମୋଟ ଭାଜ୍ୟରୁ ଧ୍ୱଜାଙ୍କ ଏବଂ ଭାଗଫଳର ଗୁଣଫଳ ବିୟୋଗ କରି ପ୍ରକୃତ ଭାଜ୍ୟ (Net Dividend) ନିର୍ଣ୍ଣୟ କର ।

(v) ପ୍ରକୃତ ଭାଜ୍ୟକୁ ବ୍ୟବହାରିକ ଭାଜଜ ଦ୍ୱାରା ଭାଗକରି ଭାଗଫଳର ପରବର୍ତ୍ତୀ ଅଙ୍କ ନିର୍ଣ୍ଣୟ କର ଏବଂ ଏହାକୁ ପୂର୍ବ ଭାଗଫଳର ଦକ୍ଷିଣପାର୍ଶ୍ୱରେ ଲେଖ ।

(vi) ଭାଜ୍ୟର ସମସ୍ତ ଅଙ୍କର ସମାପ୍ତି ଘଟିଲେ ଭାଗଶେଷକୁ ଭାଗଶେଷ ସ୍ତମ୍ଭରେ ରଖ ଏବଂ ଏଠାରେ ଭାଗକ୍ରିୟାର ପରିସମାପ୍ତି ଘଟିଛି ବୋଲି ଧରିନେବାକୁ ହେବ । ଉପରୋକ୍ତ ସୋପାନଗୁଡ଼ିକର ଅନୁସରଣରେ କେତେକ ଭାଗକ୍ରିୟାକୁ ଉଦାହରଣ ମାଧମରେ ଅନୁଧାନ କରିବା ।

ଉଦାହରଣ - 1 : 1764 କୁ 42 ଦ୍ୱାରା ଭାଗକରି ଭାଗଫଳ ଓ ଭାଗଶେଷ ସ୍ଥିର କର ।

ସମାଧାନ :

ସୋପାନ - 1 : ଭାଜକ = 42, ବ୍ୟବହାରିକ ଭାଜକ ଏବଂ ଧ୍ୱଜାଙ୍କ ଯଥାକ୍ରମେ 4 ଓ 2 । ଏଠାରେ ଧ୍ୱଜାଙ୍କ ଏକ ଅଙ୍କ ହୋଇଥିବାରୁ ଭାଜ୍ୟ 1764 ର ଡାହାଣ

ପଟୁ ଗୋଟିଏ ଅଙ୍କ ଛାଡ଼ି ଏହାକୁ ଅନ୍ୟ ଅଙ୍କଗୁଡ଼ିକ ଠାରୁ ଏକ ଉଲ୍ଲମ୍ବ ରେଖା ଦ୍ୱାରା ପୃଥକ କର ।

4^2	$17\,{}_{1}6$	${}_{0}4$
	42	0
	ଭାଗଫଳ	ଭାଗଶେଷ

$17 \div 4 =$
4 ଭାଗଫଳ, 1ଭାଗଶେଷ

ସୋପାନ - 2 : 17 କୁ 4 ଦ୍ୱାରା ଭାଗକରି ଭାଗଫଳ 4 କୁ ଭାଗଫଳ ସ୍ତମ୍ଭରେ ରଖ ଏବଂ ଭାଗଶେଷକୁ ପରବର୍ତ୍ତୀ ଭାଜ୍ୟ ଅଙ୍କ 6 ର ବାମପାଖର ତଳକୁ ରଖ ।

ଏଠାରେ ମୋଟ ଭାଜ୍ୟ = 16

∴ ପ୍ରକୃତ ଭାଜ୍ୟ = ମୋଟ ଭାଜ୍ୟ - ଭାଗଫଳ × ଧ୍ୱଜାଙ୍କ

$= 16 - 4 \times 2 = 8$

ସୋପାନ - 3 : 8 କୁ ପୁଣି 4 ଦ୍ୱାରା ଭାଗକରି ଭାଗଫଳ 2 କୁ 4 ର ଦକ୍ଷିଣ ପାର୍ଶ୍ବରେ ରଖ ଏବଂ ଭାଗଶେଷ 0 କୁ ଭାଜ୍ୟର ପରବର୍ତ୍ତୀ ଅଙ୍କ 4 ର ବାମପାର୍ଶ୍ବର ଠିକ ତଳକୁ ରଖ । ∴ ମୋଟ ଭାଜ୍ୟ = 4

ବର୍ତ୍ତମାନ ପ୍ରକୃତ ଭାଜ୍ୟ = 4−2× ଧ୍ୱଜାଙ୍କ = = $4 - 2 \times 2 = 0$

ଏଠାରେ ଭାଗକ୍ରିୟାଟି ସଂପୂର୍ଣ୍ଣ ହେଲା ।

∴ ନିର୍ଣ୍ଣେୟ ଭାଗଫଳ 42 ଏବଂ ଭାଗଶେଷ 0 ।

ଉଦାହରଣ - 2 : 387 କୁ 32 ଦ୍ୱାରା ଭାଗକରି ଭାଗଫଳ ଓ ଭାଗଶେଷ ସ୍ଥିର କର ।

ସମାଧାନ :

3^2	$3\,{}_{0}8$	7
	1	

(i) ଦୁଇଅଙ୍କ ବିଶିଷ୍ଟ ଭାଜକ 32 ରେ 3 ବ୍ୟବହାରିକ ଭାଜକ ଏବଂ 2 ଧ୍ୱଜାଙ୍କ ।

(ii) 387 ଭାଜ୍ୟରୁ 7 କୁ ଉଲ୍ଲମ୍ବ ରେଖା ଦ୍ୱାରା 38ରୁ ପୃଥକ୍ କରାଯାଇଛି; ଯେହେତୁ ଏକ ଅଙ୍କ ବିଶିଷ୍ଟ ଧ୍ୱଜାଙ୍କ ରହିଛି ।

3^2	$3\,{}_{0}8$	${}_{0}7$
	1 2	

(iii) ଭାଜ୍ୟର ପ୍ରଥମ ଅଙ୍କ 3 କୁ ବ୍ୟବହାରିକ ଭାଜକ 3 ଦ୍ୱାରା ଭାଗ କରି ଭାଗଫଳ 1 କୁ ଉଦ୍ଦିଷ୍ଟ ସ୍ଥାନରେ ଲେଖାଯାଇଛି ଏବଂ ଭାଗଶେଷ 0 କୁ

$\begin{array}{c|c|c} 3^2 & 3\,_08 & _07 \\ \hline & 1\ 2 & 3 \end{array}$

ଭାଜ୍ୟର ଦ୍ୱିତୀୟ ଅଙ୍କ 8 ର ବାମପାର୍ଶ୍ୱର ଠିକ୍‌ ତଳକୁ ରଖାଯାଇଛି ।
(iv) ବର୍ତ୍ତମାନ ମୋଟ ଭାଜ୍ୟ = 08
∴ ପ୍ରକୃତ ଭାଜ୍ୟ = $8 - 1 \times 2 = 6$
(v) ପ୍ରକୃତ ଭାଜ୍ୟ 6 କୁ 3 ଦ୍ୱାରା ଭାଗକରି ଭାଗଫଳ 2 କୁ 1 ର ଦକ୍ଷିଣପାର୍ଶ୍ୱରେ ରଖାଯାଇଛି ଏବଂ '0' କୁ ଭାଜ୍ୟର ତୃତୀୟ ଅଙ୍କ 7 ର ବାମ ପାର୍ଶ୍ୱର ଠିକ୍‌ ତଳକୁ ରଖାଯାଇଛି ।
(vi) ପ୍ରକୃତ ଭାଜ୍ୟ = $7 - 2 \times 2 = 3$
(ଭାଜ୍ୟର ସମସ୍ତ ଅଙ୍କ ନିୟୋଜିତ ହୋଇଥିବାରୁ ଭାଗକ୍ରିୟାର ପରିସମାପ୍ତି ଘଟିଲା ।)

∴ ନିର୍ଣ୍ଣେୟ ଭାଗଫଳ 12 ଏବଂ ଭାଗଶେଷ 3 ।

ଉଦାହରଣ – 3 : 432 କୁ 22 ଦ୍ୱାରା ଭାଗକରି ଭାଗଫଳ ଓ ଭାଗଶେଷ ନିରୂପଣ କର !
ସମାଧାନ :

$\begin{array}{c|c|c} 2^2 & 4\,_03 & _32 \\ \hline & 2 & \end{array}$

ଏଠାରେ 2 ଓ 2 ଯଥାକ୍ରମେ ବ୍ୟବହାରିକ ଭାଜକ ଏବଂ ଧ୍ୱଜାଙ୍କ । ଭାଜ୍ୟର ପ୍ରଥମ ଅଙ୍କ 4 କୁ 2 ଦ୍ୱାରା ଭାଗକଲେ ଭାଗଫଳ 2 ଏବଂ ଭାଗଶେଷ 0 ହେବ । ମୋଟ ଭାଜ୍ୟ 3 ହେବ ।

$\begin{array}{c|c|c} 2^2 & 4\,_23 & _32 \\ \hline & 1\ 9 & \end{array}$

ପ୍ରକୃତ ଭାଜ୍ୟ = $3 - 2 \times 2 = -1$ ହେବ । (ଋଣସଂଖ୍ୟା)
ତେଣୁ ଭାଗଫଳ 2 ବଦଳରେ 1 ନିଆଯିବ । ମୋଟ ଭାଜ୍ୟ = 23
∴ ପ୍ରକୃତ ଭାଜ୍ୟ = $23 - 1 \times 2 = 21$

$\begin{array}{c|c|c} 2^2 & 4\,_23 & _32 \\ \hline & 1\ 9 & 14 \end{array}$

ବର୍ତ୍ତମାନ 21 କୁ 2 ଦ୍ୱାରା ଭାଗକଲେ ଭାଗଫଳ ଦୁଇଅଙ୍କ ବିଶିଷ୍ଟ ସଂଖ୍ୟା ହେବ;

ବ୍ୟାବହାରିକ ବୈଦିକ ଗଣିତ   97

ତେଣୁ ଏଠାରେ 9 ଭାଗଫଳ ନେଇ ଭାଗଶେଷ 3 କୁ 2 ର ବାମପାର୍ଶ୍ୱର ଠିକ୍ ତଳକୁ ଲେଖାଯିବ ।

ମୋଟ ଭାଜ୍ୟ = 32

∴ ପ୍ରକୃତ ଭାଜ୍ୟ = 32 − 9 × 2 = 14

ଭାଜ୍ୟର ପ୍ରତ୍ୟେକ ଅଙ୍କ ଭାଗକ୍ରିୟାରେ ଭାଗନେଇ ସାରିଥିବାରୁ ଏଠାରେ ଭାଗକ୍ରିୟାର ପରିସମାପ୍ତି ଘଟିଲା ।

∴ ନିର୍ଣ୍ଣେୟ ଭାଗଫଳ = 19 ଏବଂ ଭାଗଶେଷ = 14 ।

ଉଦାହରଣ - 4 : 38982 କୁ 73 ଦ୍ୱାରା ଭାଗକରି ଭାଗଫଳ ଓ ଭାଗଶେଷ ନିରୂପଣ କର ।

ସମାଧାନ :

(i) 38 ÷ 7 = 5 ଭାଗଫଳ ଓ 3 ଭାଗଶେଷ ।
(ii) ପ୍ରକୃତ ଭାଜ୍ୟ = 39 − 5 × 3 = 24
(iii) 24 ÷ 7 = 3 ଭାଗଫଳ ଓ 3 ଭାଗଶେଷ ।
(iv) ପ୍ରକୃତ ଭାଜ୍ୟ = 38 − 3 × 3 = 29
(v) 29 ÷ 7 = 4 ଭାଗଫଳ 1 ଭାଗଶେଷ ।
(vi) ପ୍ରକୃତ ଭାଜ୍ୟ = 12 − 4 × 3 = 0

$7^3 \mid 3\ 8\ _3 9\ _3 8 \mid _1 2$
$\ 5\ 3\ 4\ \mid\ 0$

∵ ଆମେ ଶେଷରେ ପହଞ୍ଚି ସାରିଛେ। ତେଣୁ ନିର୍ଣ୍ଣେୟ ଭାଗଫଳ 534 ଏବଂ ଭାଗଶେଷ 0 ହେବ ।

ଉଦାହରଣ - 5 : 115501 କୁ 137 ଦ୍ୱାରା ଭାଗକରି ଭାଗଫଳ ଓ ଭାଗଶେଷ ସ୍ଥିର କର ।

ସମାଧାନ : 137 ଭାଜକରେ 13 ବ୍ୟବହାରିକ ଭାଜକ ଏବଂ 7 ଧ୍ୱଜାଙ୍କ ।

(i) 115 ÷ 13 = 8 ଭାଗଫଳ ଓ 11 ଭାଗଶେଷ ।
(ii) ପ୍ରକୃତ ଭାଜ୍ୟ = 115 − 7 × 8 = 59
(iii) 59 ÷ 13 = 4 ଭାଗଫଳ ଓ 7 ଭାଗଶେଷ ।
(iv) ପ୍ରକୃତ ଭାଜ୍ୟ = 70 − 7 × 4 = 42
(v) 42 ÷ 13 = 3 ଭାଗଫଳ ଓ 3 ଭାଗଶେଷ ।
(vi) ପ୍ରକୃତ ଭାଜ୍ୟ = 31 − 3 × 7 = 10 (ଭାଗଶେଷ)

$13^7 \mid 1\ 1\ 5\ _{11} 5\ _7 0\ \mid\ _3 1$
$\ \ 8\ 4\ 3\ \mid\ 10$

∴ ନିର୍ଣ୍ଣେୟ ଭାଗଫଳ 843 ଏବଂ 10 ଭାଗଶେଷ ।

ବି.ଦ୍ର. : 1 ଏବଂ 37 ଭାଜକକୁ ଯଥାକ୍ରମେ ବ୍ୟବହାରିକ ଏବଂ ଧ୍ୱଜାଙ୍କ ରୂପେ ପ୍ରକାଶ କଲେ $_{1}37$ ପାଇବା ଯାହା ଦ୍ୱାରା ଭାଗକ୍ରିୟା ସମ୍ପାଦନ କଷ୍ଟକର ହେବ । କାରଣ ଯେକୌଣସି ସଂଖ୍ୟାକୁ 1 ଦ୍ୱାରା ଭାଗକଲେ ସେହି ସଂଖ୍ୟା ପାଇବା । ତେଣୁ 137ରେ 13କୁ ବ୍ୟବହାରିକ ଭାଜକ ଏବଂ 7କୁ ଧ୍ୱଜାଙ୍କରୂପେ ନେବା ଆବଶ୍ୟକ ।

ଉଦାହରଣ - 6 : 1234 କୁ 29 ଦ୍ୱାରା ଭାଗକରି ଭାଗଫଳ ଓ ଭାଗଶେଷ ନିରୂପଣ କର ।

ସମାଧାନ :

ଭାଜକ = 29 = $3\bar{1}$ ଏଠାରେ ବ୍ୟବହାରିକ ଭାଜକ = 3

ଏବଂ ଧ୍ୱଜାଙ୍କ = (–1) ।

$3\bar{1}$	$1\ 2\ _{0}3$	$_{1}4$
	4 2	16

(i) 12 ÷ 3 = 4 ଭାଗଫଳ ଓ 0 ଭାଗଶେଷ ।

(ii) ପ୍ରକୃତ ଭାଜ୍ୟ 3 - {(–1) 4} = 3 + 4 = 7

(iii) 7 ÷ 3 = 2 ଭାଗଫଳ ଓ 1 ଭାଗଶେଷ ।

(iv) 14 - {2 × (– 1)} = 16 ଭାଗଶେଷ ।

∴ ନିର୍ଣ୍ଣେୟ ଭାଗଫଳ 42 ଏବଂ ଭାଗଶେଷ 16 ।

ପର୍ଯ୍ୟବେକ୍ଷଣ (Vilokanam) ମାଧ୍ୟମରେ ଭାଗକ୍ରିୟା :

(A) କୌଣସି ଭାଜ୍ୟକୁ ଭାଜକ '9' ଦ୍ୱାରା ଭାଗକ୍ରିୟା :

ପୂର୍ବରୁ ଆଲୋଚିତ ନବଶେଷ ବା ବୀଜାଙ୍କ ସମ୍ବନ୍ଧରେ ଆଲୋଚନା କରାଯାଇଛି । କୌଣସି ସଂଖ୍ୟାକୁ 9 ଦ୍ୱାରା ଭାଗକଲେ ଭାଗଶେଷ ହେଉଛି ସଂଖ୍ୟାଟିର ବୀଜାଙ୍କ, ଯାହା ନବଶେଷ ରୂପେ ପରିଚିତ । ବିନା ଭାଗକ୍ରିୟାରେ କୌଣସି ସଂଖ୍ୟାକୁ '9' ଦ୍ୱାରା ଭାଗକଲେ ଭାଗଶେଷ କେତେ ରହିବ ତାହା 'ନବଶେଷ' ବ୍ୟତୀତ ଅନ୍ୟ କିଛି ନୁହେଁ । ସେହିପରି ବିନା ଭାଗକ୍ରିୟାରେ କହିପାରିବାକି କୌଣସି ସଂଖ୍ୟାକୁ 9 ଦ୍ୱାରା ଭାଗକଲେ ଭାଗଫଳ କେତେ ହେବ ? ଏହାର ତ୍ୱରିତ ଉତ୍ତର ଆମେ ପରବର୍ତ୍ତୀ ଉଦାହରଣଗୁଡ଼ିକରୁ ପାଇପାରିବା ।

ଉଦାହରଣ - 1 :

(i) **26 କୁ 9 ଦ୍ୱାରା ଭାଗ ନ କରି ଭାଗଫଳ ଓ ଭାଗଶେଷ ନିରୂପଣ କର ।**

ଭାଗଫଳ = ସଂଖ୍ୟାଟିର ଦଶକ ସ୍ଥାନୀୟ ଅଙ୍କ ଏବଂ

ଭାଗଶେଷ = ସଂଖ୍ୟାର ନବଶେଷ

26 ÷ 9 = 2 ଭାଗଫଳ ଏବଂ 26 ର ନବଶେଷ 2 + 6 = 8 ଭାଗଶେଷ ।

ବ୍ୟାବହାରିକ ବୈଦିକ ଗଣିତ   99

(ii) ସେହିପରି 47 କୁ 9 ଦ୍ୱାରା ଭାଗ ନ କରି ଭାଗଶେଷ ହେବ 4 + 7 = 11
11 ରେ ଗୋଟିଏ 9 ରହିଛି ତେଣୁ ଭାଗଫଳ 5 ଏବଂ ଭାଗଶେଷ 2 ହେବ ।
∴ ଭାଗଫଳ 5 ଏବଂ ଭାଗଶେଷ 2 ।

(iii) 87 କୁ 9 ଦ୍ୱାରା ଭାଗ ନକରି ଭାଗଶେଷ ହେବ 8 + 7 = 15, ଯେଉଁଥିରେ ଗୋଟିଏ 9 ଅଛି ତେଣୁ ଭାଗଫଳ 9 ଏବଂ ଭାଗଶେଷ 6 ହେବ ।
∴ ଭାଗଫଳ 9 ଏବଂ ଭାଗଶେଷ 6 ।

ଉଦାହରଣ - 2 :

(i) 123 କୁ 9 ଦ୍ୱାରା ଭାଗ ନକରି ଭାଗଫଳ ହେବ (1), (1 + 2) = 13 ଏବଂ ଭାଗଶେଷ ହେବ 1 + 2 + 3 = 6 ।

(ii) ସେହିପରି 610 କୁ 9 ଦ୍ୱାରା ଭାଗ ନ କରି ଭାଗଫଳ ହେବ (6), (6 + 1) = 67 ଏବଂ ଭାଗଶେଷ = 6 + 1 + 0 = 7

(iii) 167 କୁ 9 ଦ୍ୱାରା ଭାଗ ନ କରି ଭାଗଶେଷ ହେବ = 1 + 6 + 7 = 14, ଯେଉଁଥିରେ ଗୋଟିଏ 9 ଅଛି ତେଣୁ ଭାଗଶେଷ 5 ହେବ ।
∴ ଭାଗଫଳ = (1) (1 + 6) + 1 = 17 + 1 = 18

ଉଦାହରଣ-3 : 92841କୁ 9ଦ୍ୱାରା ଭାଗନକରି ଭାଗଫଳ ଓ ଭାଗଶେଷ ନିରୂପଣ କର ।

ସମାଧାନ : 92841 କୁ 9 ଦ୍ୱାରା ଭାଗ ନକରି
ଭାଗଶେଷ = 9 + 2 + 8 + 4 + 1 = 24
କିନ୍ତୁ 24 ରେ ଦୁଇଟି 9 ଅଛି ତେଣୁ ଅବଶିଷ୍ଟ 6 ଭାଗଶେଷ ହେବ ।
ବର୍ତ୍ତମାନ ଭାଗଫଳ=(9), (9+2), (9+2 +8), (9+2 +8 + 4) + 2
= 9 / 11 / 19 / 23 + 2
= 10313 + 2 = 10315

∴ ନିର୍ଣ୍ଣେୟ ଭାଗଫଳ 10315 ଏବଂ ଭାଗଶେଷ 6 ।

ଉଦାହରଣ- 4: 111111 କୁ 9 ଦ୍ୱାରା ଭାଗ ନକରି ଭାଗଫଳ ଓ ଭାଗଶେଷ ନିର୍ଣ୍ଣୟ କର ।

ସମାଧାନ :
ଭାଗଫଳ= 1,(1+1), (1+1+1), (1+1 +1+1), (1 +1 +1+1+1)
= 1 2 3 4 5 ଏବଂ ଭାଗଶେଷ = 1 +1 +1 +1 + 1 + 1 = 6

∴ ନିର୍ଣ୍ଣେୟ ଭାଗଫଳ 12345 ଏବଂ ଭାଗଶେଷ 6 ।

100 ବ୍ୟାବହାରିକ ବୈଦିକ ଗଣିତ

(B) ବିନା ଭାଗକ୍ରିୟାରେ କୌଣସି ଭାଜ୍ୟକୁ 8 ଦ୍ୱାରା ଭାଗକ୍ରିୟା :

ଉଦାହରଣ - 5 :

(i) ବିନା ଭାଗକ୍ରିୟାରେ **23** କୁ **8** ଦ୍ୱାରା ଭାଗ କରି ଭାଗଫଳ ଓ ଭାଗଶେଷ ସ୍ଥିର କର ।

ସମାଧାନ : ଭାଗଫଳ ସଂଖ୍ୟାର ଦଶକ ସ୍ଥାନୀୟ ଅଙ୍କ 2

ଭାଗଶେଷ = ଦଶକ ସ୍ଥାନୀୟ ଅଙ୍କ × 2 + ଏକକ ସ୍ଥାନୀୟ ଅଙ୍କ
= 2 × 2 + 3 = 7

∴ ନିର୍ଣ୍ଣେୟ ଭାଗଫଳ 2 ଏବଂ ଭାଗଶେଷ 7 ।

(ii) ବିନା ଭାଗକ୍ରିୟାରେ **36** କୁ **8** ଦ୍ୱାରା ଭାଗ କରି ଭାଗଫଳ ଓ ଭାଗଶେଷ ସ୍ଥିର କର।

ସମାଧାନ : ଭାଗଫଳ = 3 ଏବଂ

ଭାଗଶେଷ = 3 × 2 + 6 = 12

12 ରେ ଗୋଟିଏ 8 ରହୁଛି । ତେଣୁ ଭାଗଫଳ 4 ଏବଂ ଭାଗଶେଷ 4 ରହିବ ।

∴ ପ୍ରକୃତ ଭାଗଫଳ = 3 + 1 = 4 ଏବଂ ଭାଗଶେଷ = 4 ।

(iii) ବିନା ଭାଗକ୍ରିୟାରେ **92** କୁ **8** ଦ୍ୱାରା ଭାଗକରି ଭାଗଫଳ ଓ ଭାଗଶେଷ ସ୍ଥିର କର ।

ସମାଧାନ : ଭାଗଫଳ = 9 ଏବଂ ଭାଗଶେଷ = 9 × 2 + 2 = 20

ପୁନଶ୍ଚ 20 କୁ 8 ଦ୍ୱାରା ଭାଗ କଲେ ଭାଗଫଳ 2

ଏବଂ ଭାଗଶେଷ = 2 × 2 + 0 = 4 ହେବ ।

∴ ପ୍ରକୃତ ଭାଗଫଳ = 9 + 2 = 11 ଏବଂ ଭାଗଶେଷ = 4 ।

ଉଦାହରଣ - 6 :

(i) ବିନା ଭାଗକ୍ରିୟାରେ **101** କୁ **8** ଦ୍ୱାରା ଭାଗ କରି ଭାଗଫଳ ଓ ଭାଗଶେଷ ନିରୂପଣ କର ।

ସମାଧାନ :

ସଂଖ୍ୟାର ପ୍ରଥମ ଦୁଇ ଅଙ୍କକୁ ନେଇ ଗଠିତ ସଂଖ୍ୟା+ଶତକ ସ୍ଥାନୀୟ ଅଙ୍କ×2

∴ ଭାଗଫଳ = 10 + 1 × 2 = 12

ଭାଗଶେଷ = ଭାଗଫଳର ଏକକ ସ୍ଥାନୀୟ ଅଙ୍କ×2+ସଂଖ୍ୟାର ଏକକ ସ୍ଥାନୀୟ ଅଙ୍କ
= 2 × 2 + 1 = 5

∴ ନିର୍ଣ୍ଣେୟ ଭାଗଫଳ ଓ ଭାଗଶେଷ ଯଥାକ୍ରମେ 12 ଓ 5 ।

(ii) ବିନା ଭାଗକ୍ରିୟାରେ 211 କୁ 8 ଦ୍ୱାରା ଭାଗକରି ଭାଗଫଳ ଓ ଭାଗଶେଷ ସ୍ଥିର କର ।

ସମାଧାନ : ଭାଗଫଳ $= 21 + 2 \times 2 = 25$

ଭାଗଶେଷ $= 5 \times 2 + 1 = 11$

ପୁନଶ୍ଚ 11 କୁ 8 ଦ୍ୱାରା ଭାଗ କଲେ ଭାଗଫଳ 1 ଓ ଭାଗଶେଷ 3 ।

$\therefore$ ପ୍ରକୃତ ଭାଗଫଳ $= 25 + 1 = 26$

$\therefore$ ନିର୍ଣ୍ଣେୟ ଭାଗଫଳ ଓ ଭାଗଶେଷ ଯଥାକ୍ରମେ 26 ଓ 3 ।

(iii) ବିନା ଭାଗକ୍ରିୟାରେ 368 କୁ 8 ଦ୍ୱାରା ଭାଗକରି ଭାଗଫଳ ଓ ଭାଗଶେଷ ସ୍ଥିର କର ।

ଭାଗଫଳ $= 36 + 3 \times 2 = 36 + 6 = 42$

ଭାଗଶେଷ = (ଭାଗଫଳର ଏକକ ସ୍ଥାନୀୟ ଅଙ୍କ + 10)2

+ ସଂଖ୍ୟାର ଏକକ ସ୍ଥାନୀୟ ଅଙ୍କ

$= (2 + 10)\ 2 + 8 = 32$

ଭାଗଶେଷ 32 ରେ 4 ଟି 8 ରହିଛି ।

$\therefore$ ପ୍ରକୃତ ଭାଗଫଳ $= 42 + 4 = 46$

$\therefore$ ନିର୍ଣ୍ଣେୟ ଭାଗଫଳ 46 ଓ ଭାଗଶେଷ 0 ।

ଦ୍ରଷ୍ଟବ୍ୟ (1) **:** ନିଖିଳଂ ପଦ୍ଧତିରେ ମଧ୍ୟ ଉପରୋକ୍ତ ଭାଗକ୍ରିୟା ସମ୍ଭବ ।

ଭାଜକ : 8
ପୂରକ ସଂଖ୍ୟା:2
ଆଧାର : 10

8	3	6	8
2	↓	6	24
10	3	12	32
	4	2	0
		+4	
		46	0
		ଭାଗଫଳ	ଭାଗଶେଷ

($\because 32 \div 8 = 4$ ଭାଗଫଳ ଓ ଭାଗଶେଷ 0)

$\therefore$ ନିର୍ଣ୍ଣେୟ ଭାଗଫଳ 46 ଓ ଭାଗଶେଷ 0 ।

(2) ପର୍ଯ୍ୟବେକ୍ଷଣ ଦ୍ୱାରା 7 ଓ 6 ଭାଜକ ନେଇ କୌଣସି ଭାଜ୍ୟକୁ ଭାଗକଲେ ଭାଗଫଳ ଓ ଭାଗଶେଷ କେତେ ହେବ ନିଜେ ପରୀକ୍ଷା କରି ଦେଖ ।

(C) କୌଣସି ଭାଜ୍ୟକୁ 11 ଦ୍ୱାରା ଭାଗ :

(i) ବିନା ଭାଗକ୍ରିୟାରେ 1234 କୁ 11 ଦ୍ୱାରା ଭାଗକରି ଭାଗଫଳ ଓ ଭାଗଶେଷ ନିରୂପଣ କର ।

(ii) ବିନା ଭାଗକ୍ରିୟାରେ 2312କୁ 11ଦ୍ବାରା ଭାଗକରି ଭାଗଫଳ ଓ ଭାଗଶେଷ ସ୍ଥିର କର।
(iii) ବିନା ଭାଗକ୍ରିୟାରେ 723କୁ 11ଦ୍ବାରା ଭାଗ କରି ଭାଗଫଳ ଓ ଭାଗଶେଷ ସ୍ଥିର କର।
ସମାଧାନ : (i) 1234 କୁ 11 ଦ୍ବାରା ଭାଗ କରିବା ।
ଭାଗଫଳ = 1(2-1)(3 − 1) = 112 ଏବଂ ଭାଗଶେଷ = (4 − 2) = 2
ସୂଚନା : ଭାଗଫଳ ଓ ଭାଗଶେଷ ନିର୍ଣ୍ଣୟର ସୋପାନ :
(a) ଭାଗଫଳ ନିର୍ଣ୍ଣୟ ପାଇଁ ଭାଜ୍ୟର ପ୍ରଥମ ଅଙ୍କ 1 ରଖ ।
(b) କ୍ରମ ବିୟୋଗ ମାଧ୍ୟମରେ (2 - 1) ଅର୍ଥାତ୍ 1 ରଖ ।
(c) ପୁନଶ୍ଚ (3 − 1) ବା 2 କୁ ରଖ ଏବଂ
(d) ଭାଗଶେଷ ପାଇଁ (4 - 2) = 2 ରଖ ।
∴ ନିର୍ଣ୍ଣେୟ ଭାଗଫଳ 112 ଏବଂ ଭାଗଶେଷ 2 ।
(ii) 2312 କୁ 11 ଦ୍ବାରା ଭାଗ କରିବା ।
ଭାଗଫଳ = 2(3− 2)(1−1) = 210 ଏବଂ ଭାଗଶେଷ = (2−0) ବା 2 ।
∴ ନିର୍ଣ୍ଣେୟ ଭାଗଫଳ ଓ ଭାଗଶେଷ ଯଥାକ୍ରମେ 210 ଏବଂ 2 ।
(iii) 723 କୁ 11 ଦ୍ବାରା ଭାଗ କରିବା ।
ଭାଗଫଳର ପ୍ରଥମ ଅଙ୍କ 7, ଦ୍ବିତୀୟ ଅଙ୍କ (2 −7) = $\bar{5}$,
ତୃତୀୟ ଅଙ୍କ ଅର୍ଥାତ୍ ଭାଗଶେଷ = 3 − $\bar{5}$ = 8
ଭାଗଫଳ = 7$\bar{5}$ = 70 - 5 = 65 ଏବଂ ଭାଗଶେଷ = 8 ।

ହରଣ ବା ଭାଗ ସଂପର୍କିତ ପ୍ରତିରୂପ (Pattern) :

$\frac{1}{9}$ = 0.1111....	$\frac{1}{11}$ = 0.090909....
$\frac{2}{9}$ = 0.2222....	$\frac{2}{11}$ = 0.181818....
$\frac{3}{9}$ = 0.3333....	$\frac{3}{11}$ = 0.272727....
$\frac{1}{99}$ = 0.010101....	$\frac{1}{111}$ = 0.009009....
$\frac{2}{99}$ = 0.020202....	$\frac{2}{111}$ = 0.018018....
$\frac{3}{99}$ = 0.030303....	$\frac{3}{111}$ = 0.027027....

$\frac{1}{999} = 0.001001001....$	$\frac{1}{1111} = 0.00090009....$
$\frac{2}{999} = 0.002002002....$	$\frac{2}{1111} = 0.00180018....$
$\frac{3}{999} = 0.003003003....$	$\frac{3}{1111} = 0.00270027....$

ସଂଗଠିତ ଭାଗକ୍ରିୟାର ସଠିକତା ଯାଞ୍ଚ:

ଭାଗ ପ୍ରକ୍ରିୟା ସହ ଭାଜ୍ୟ, ଭାଜକ, ଭାଗଫଳ ଓ ଭାଗଶେଷ ସଂପୃକ୍ତ ଥାଏ । ଆମେ ଜାଣିଛେ **'ଭାଜ୍ୟ = ଭାଜକ × ଭାଗଫଳ + ଭାଗଶେଷ'।** ଉକ୍ତ ଅଭେଦକୁ ନେଇ ଭାଗକ୍ରିୟାର ସଠିକତା ଯାଞ୍ଚ କରାଯାଇପାରେ। କିନ୍ତୁ ଏହା ସମୟସାପେକ୍ଷ। ତେଣୁ 'ନବଶେଷ' ବା 'ବୀଜାଙ୍କ'ର ପ୍ରୟୋଗରେ ଭାଗକ୍ରିୟା ଯାଞ୍ଚ କରିବା ଉଚିତ ହେବ। ପୂର୍ବରୁ ଆମେ 'ନବଶେଷ'ର ଆଧାରରେ ସଂଗଠିତ ଯୋଗ, ବିୟୋଗ ଏବଂ ଗୁଣନ ପ୍ରକ୍ରିୟାଗୁଡ଼ିକୁ ଯାଞ୍ଚ କରିଥିଲେ । ବର୍ତ୍ତମାନ ଭାଗକ୍ରିୟା କ୍ଷେତ୍ରରେ ଯାଞ୍ଚ କିପରି ହୁଏ ତା'କୁ କେତେକ ଉଦାହରଣ ମାଧ୍ୟମରେ ଜାଣିବା ।

ନବଶେଷର ପ୍ରୟୋଗ ବିଧି :

(i) ଭାଗକ୍ରିୟାରେ ସଂପୃକ୍ତ ଭାଜ୍ୟ, ଭାଜକ, ଭାଗଫଳ ଓ ଭାଗଶେଷ ପ୍ରତ୍ୟେକର ଅଲଗା ଭାବରେ ବୀଜାଙ୍କ ବା ନବଶେଷ ନିର୍ଣ୍ଣୟ କର ।

(ii) ଆମେ ଜାଣିଥିବା ଅଭେଦ : **ଭାଜ୍ୟ = ଭାଜକ × ଭାଗଫଳ + ଭାଗଶେଷ** ଯଥାସ୍ଥାନରେ 'ନବଶେଷ' ର ପ୍ରୟୋଗ କରି ସଠିକତା ଯାଞ୍ଚ କର ।

(iii) ବର୍ତ୍ତମାନ ଲକ୍ଷ୍ୟକର, ଉକ୍ତ ସୂତ୍ର ବା ଅଭେଦର ବାମପାର୍ଶ୍ୱ ଏବଂ ଦକ୍ଷିଣପାର୍ଶ୍ୱ ସମାନ ରହିବ; ଅନ୍ୟଥା ଭାଗକ୍ରିୟାଟି ତ୍ରୁଟିଯୁକ୍ତ ବୋଲି ସ୍ୱୀକାର କରିବାକୁ ହେବ ।

(iv) ପୁନଃ ଚେଷ୍ଟାକରି ଭାଗକ୍ରିୟାକୁ ତ୍ରୁଟିମୁକ୍ତ କରିବା ଆବଶ୍ୟକ ।

ଉଦାହରଣ-1: 136 କୁ 9 ଦ୍ୱାରା ଭାଗକରି ଭାଗଫଳ ଓ ଭାଗଶେଷ ନିରୂପଣ କର ଏବଂ ଭାଗକ୍ରିୟାର ସଠିକତା ଯାଞ୍ଚ କର ।

ସମାଧାନ : ବୈଦିକ ସୂତ୍ର 'ନିଖିଳଂ' ର ପ୍ରୟୋଗ :

ଭାଜକ:	9	1 3	6
ପୂରକ ସଂଖ୍ୟା:	1	↓ 1	4
ଆଧାର :	10	1 4	1 0

14 ଭାଗଫଳ ଏବଂ 10 ଭାଗଶେଷ

10ର ପୁନଃଭାଗକ୍ରିୟାରୁ ପାଇବା 1 ଭାଗଫଳ ଓ 1 ଭାଗଶେଷ

∴ ପ୍ରକୃତ ଭାଗଫଳ = 14 + 1 = 15 ଏବଂ 1 ଭାଗଶେଷ

ବିକଳ୍ପଭାବେ ନବଶେଷ ମାଧ୍ୟମରେ ଜାଣିବା

ଭାଗଶେଷ = 1

ଆମେ ପାଇଲେ, $136 \div 9$ = ଭାଗଫଳ 15 ଓ ଭାଗଶେଷ 1 ।

ଭାଜ୍ୟ 136 ର ନବଶେଷ = $1 + 3 + 6 = 10 = 10 = 1$

ଭାଜକ 9 ର ନବଶେଷ = 9 ବା 0,

ଭାଗଫଳ 15 ର ନବଶେଷ = $1 + 5 = 6$ ଏବଂ

ଭାଗଶେଷ 1 ର ନବଶେଷ = 1

ଆମେ ଜାଣିଛେ, ଭାଜ୍ୟ = ଭାଜକ × ଭାଗଫଳ + ଭାଗଶେଷ

ବର୍ତ୍ତମାନ ଦକ୍ଷିଣପାର୍ଶ୍ୱ = $0 \times 6 + 1 = 1$

ଏବଂ ବାମପାର୍ଶ୍ୱ = ଭାଜ୍ୟର ନବଶେଷ = 1

∴ ବାମପାର୍ଶ୍ୱ = ଦକ୍ଷିଣ ପାର୍ଶ୍ୱ

∴ ଭାଗକ୍ରିୟାଟି ଠିକ୍ ଅଛି ।

ଉଦାହରଣ - 2 : 4097 କୁ 64 ଦ୍ୱାରା ଭାଗକରି ଭାଗଫଳ ଓ ଭାଗଶେଷ ନିରୂପଣ କର ଏବଂ ସଂଗଠିତ ଭାଗକ୍ରିୟାର ସଠିକତା ଯାଞ୍ଚ କର ।

ସମାଧାନ : ବୈଦିକ 'ଧ୍ୱଜାଙ୍କ' ସୂତ୍ରର ପ୍ରୟୋଗ :

$40 \div 6 = 6$ ଭାଗଫଳ ଏବଂ ଭାଗଶେଷ 4

ମୋଟ ଭାଜ୍ୟ = 49

6^4 | $40_4 9 \,|\, _1 7$

 | $64 \,|\, 1$

∴ ପ୍ରକୃତ ଭାଜ୍ୟ = $49 - 6 \times 4 = 25$

$25 \div 6 = 4$ ଭାଗଫଳ ଓ 1 ଭାଗଶେଷ ।

ମୋଟ ଭାଜ୍ୟ = 17

∴ ପ୍ରକୃତ ଭାଜ୍ୟ = $17 - 4 \times 4 = 1$

ଅର୍ଥାତ୍ ଭାଗଶେଷ = 1 ।

∴ $4097 \div 64$ = ଭାଗଫଳ 64 ଓ ଭାଗଶେଷ 1 ।

ଭାଜ୍ୟ 4097 ର ନବଶେଷ = 2, ଭାଜକ 64 ର ନବଶେଷ = 1

ଭାଗଫଳ 64 ର ନବଶେଷ = 1 ଏବଂ

ଭାଗଶେଷ 1 ର ନବଶେଷ = 1

ବର୍ତ୍ତମାନ ଭାଜ୍ୟ = ଭାଜକ × ଭାଗଫଳ + ଭାଗଶେଷ

ଯଥାସ୍ଥାନରେ ପ୍ରତ୍ୟେକର ନବଶେଷ ବା ବୀଜାଙ୍କକୁ ପ୍ରୟୋଗ କଲେ ପାଇବା-

ବାମପାର୍ଶ୍ୱ = 2 ଏବଂ ଦକ୍ଷିଣପାର୍ଶ୍ୱ = 1 × 1 + 1 = 2

∴ ଭାଗକ୍ରିୟାଟି ଠିକ ଅଛି ।

ଉଦାହରଣ - 3 :

47910 କୁ 45 ଦ୍ୱାରା ଭାଗକରି ଭାଗଫଳ ଓ ଭାଗଶେଷ ସ୍ଥିର କର ଏବଂ ଭାଗକ୍ରିୟାର ସଠିକତା ଯାଞ୍ଚ କର ।

ସମାଧାନ :

ବୈଦିକ ସୂତ୍ର 'ଧ୍ୱଜାଙ୍କ'ର ପ୍ରୟୋଗ :

4^5	$4\ {}_0 7\ {}_2 9\ {}_5 1$	${}_5 0$
	1 0 6 4	3 0
	(ଭାଗଫଳ)	(ଭାଗଶେଷ)

47910 ÷ 45 = ଭାଗଫଳ 1064 ଏବଂ ଭାଗଶେଷ 30 ।

ଭାଜ୍ୟ 47910 ର ନବଶେଷ = 3,

ଭାଜକ 45 ର ନବଶେଷ = 0,

ଭାଗଫଳ 1064 ର ନବଶେଷ = 2

ଭାଗଶେଷ 30 ର ନବଶେଷ = 3

ଭାଜ୍ୟ = ଭାଜକ × ଭାଗଫଳ + ଭାଗଶେଷ

ଯଥା ସ୍ଥାନରେ ପ୍ରତ୍ୟେକର ବୀଜାଙ୍କ ବା ନବଶେଷଗୁଡ଼ିକୁ ପ୍ରୟୋଗ କଲେ, ବାମପାର୍ଶ୍ୱ = ଦକ୍ଷିଣପାର୍ଶ୍ୱ = 3 ହେବ,

∴ ଭାଗକ୍ରିୟାଟି ଠିକ୍ ଅଛି ।

ପ୍ରଶ୍ନାବଳୀ - 5

1. ' ନିଖିଳଂ' ସୂତ୍ର ଉପଯୋଗରେ ଭାଗଫଳ ଓ ଭାଗଶେଷ ନିରୂପଣ କର ।

   (a) $2112 \div 86$ (b) $1863 \div 94$
   (c) $159 \div 9$ (d) $2703 \div 88$
   (e) $359 \div 8$ (f) $2123 \div 89$
   (g) $147 \div 6$ (h) $1304 \div 87$

2. 'ପରାବର୍ତ୍ତ୍ୟ' ସୂତ୍ର ଉପଯୋଗରେ ଭାଗଫଳ ଓ ଭାଗଶେଷ ନିରୂପଣ କର ।

   (a) $188 \div 11$ (b) $378 \div 13$
   (c) $1357 \div 113$ (d) $2461 \div 103$
   (e) $1243 \div 112$ (f) $23571 \div 102$
   (g) $145 \div 12$ (h) $3487 \div 104$

3. 'ଧ୍ୱଜାଙ୍କ' ବିଧିରେ ଭାଗଫଳ ଓ ଭାଗଶେଷ ନିରୂପଣ କର ।

   (a) $1351 \div 32$ (b) $2013 \div 43$
   (c) $1721 \div 48$ (d) $2025 \div 59$
   (e) $25131 \div 54$ (f) $2112 \div 23$

4. ଦତ୍ତ ନିମ୍ନ ସଂଖ୍ୟାଗୁଡ଼ିକୁ ପର୍ଯ୍ୟବେକ୍ଷଣ ମାଧ୍ୟମରେ '9' ଦ୍ୱାରା ଭାଗ କରି ଭାଗଫଳ ଓ ଭାଗଶେଷ ସ୍ଥିର କର ।

   (a) 51 (b) 212 (c) 3102
   (d) 6153 (e) 713 (f) 6351

5. ଦତ୍ତ ନିମ୍ନ ସଂଖ୍ୟାଗୁଡ଼ିକୁ ପର୍ଯ୍ୟବେକ୍ଷଣ ମାଧ୍ୟମରେ '11' ଦ୍ୱାରା ଭାଗ କରି ଭାଗଫଳ ଓ ଭାଗଶେଷ ସ୍ଥିର କର ।

   (a) 345 (b) 5151 (c) 1233
   (d) 9184 (e) 1651 (f) 15612

-o-

ଷଷ୍ଠ ଅଧ୍ୟାୟ

ସଂଖ୍ୟାର ବର୍ଗ

(SQUAR OF NUMBERS)

ଗୋଟିଏ ସଂଖ୍ୟାକୁ ସେହି ସଂଖ୍ୟା ଦ୍ୱାରା ଗୁଣିଲେ, ସଂଖ୍ୟାଟିର ବର୍ଗ ବା ବର୍ଗସଂଖ୍ୟା ପାଇବା । ଉକ୍ତ ସଂଖ୍ୟାଟିକୁ ପୂର୍ଣ୍ଣବର୍ଗ (Perfect Square) ସଂଖ୍ୟା କୁହାଯାଏ । ଉଦାହରଣ ସ୍ୱରୂପ, 5 ର ବର୍ଗ = 5 × 5,

6 ର ବର୍ଗ = 6 × 6,

10 ର ବର୍ଗ = 10 × 10 ଇତ୍ୟାଦି ।

5ର ବର୍ଗ, 6ରେ ବର୍ଗ ଓ 10ର ବର୍ଗ ନିରୂପଣ କଲେ ଆମେ ଯଥାକ୍ରମେ 25, 36 ଓ 100 ପାଇବା । ଆମେ ଲେଖିବା 5^2 =25, 6^2 =36, 10^2= 100.. ଇତ୍ୟାଦି । ସଂଖ୍ୟାର ବର୍ଗ ନିର୍ଣ୍ଣୟ, ଗୁଣନର ଏକ ପ୍ରୟୋଗ ମାତ୍ର । ଗୁଣନ ପ୍ରକ୍ରିୟାରେ ବୈଦିକ ସୂତ୍ରମାନ ମଧ୍ୟ ସଂଖ୍ୟାର ବର୍ଗ ନିର୍ଣ୍ଣୟରେ ସହାୟକ ହୋଇପାରିବେ ।

ସାରଣୀକୁ ଅନୁଧ୍ୟାନ କର ।

ଏକ ଅଙ୍କ ବିଶିଷ୍ଟ ସଂଖ୍ୟା	0	1	2	3	4	5	6	7	8	9
ସଂଖ୍ୟାର ବର୍ଗ	0	1	4	9	16	25	36	49	64	81

କୌଣସି ସଂଖ୍ୟାର ବର୍ଗ ନିରୂପଣରେ ଦେଖିବା ବର୍ଗସଂଖ୍ୟାର ଏକକ ସ୍ଥାନୀୟ ଅଙ୍କ ବା ଶେଷଅଙ୍କ 0 କିମ୍ବା 1 କିମ୍ବା 4 କିମ୍ବା 9 କିମ୍ବା 6 କିମ୍ବା 5 ହୋଇପାରେ । କିନ୍ତୁ କୌଣସି ବର୍ଗସଂଖ୍ୟାର ଏକକ ସ୍ଥାନୀୟ ଅଙ୍କ 2 କିମ୍ବା 3 କିମ୍ବା 7 କିମ୍ବା 8 ହୋଇ ନ ପାରେ । ଏଠାରେ ମନେରଖିବାକୁ ହେବଯେ, ଯଦି କୌଣସି ସଂଖ୍ୟାର ଏକକ ଏବଂ ଦଶକ ସ୍ଥାନୀୟ ଅଙ୍କ ଦ୍ୱୟ ପ୍ରତ୍ୟେକ '0' ହୋଇଥାଏ ତେବେ ସଂଖ୍ୟାଟି ବର୍ଗସଂଖ୍ୟା ହୋଇପାରେ । ପ୍ରକାଶ ଥାଉକି, ସଂଖ୍ୟାଟିର ଶେଷ ଦୁଇଅଙ୍କ, ଚାରିଅଙ୍କ, ଛଅ ଅଙ୍କ, 0 ହୋଇଥିଲେ ସଂଖ୍ୟାଗୁଡ଼ିକ ପୂର୍ଣ୍ଣବର୍ଗ ସଂଖ୍ୟା ହୋଇପାରେ ।

(A) ବର୍ଗ ନିରୂପଣ ବିଧି :

ଯଦି ସଂଖ୍ୟାଗୁଡ଼ିକର ଶେଷଅଙ୍କ ବା ଏକକ ସ୍ଥାନୀୟ ଅଙ୍କ 5, 1, 4, 6 ହୋଇଥାଏ, ତେବେ ସଂଖ୍ୟାଗୁଡ଼ିକର ବର୍ଗ ନିର୍ଣ୍ଣୟ ସମ୍ଭବ ହୋଇଥାଏ।

(i) ଏକକ ସ୍ଥାନୀୟ ଅଙ୍କ 5 ଥାଇ ସଂଖ୍ୟାର ବର୍ଗ ନିରୂପଣ :

ଉଦାହରଣ - 1 : 35 ର ବର୍ଗ ନିରୂପଣ କର ।

ସମାଧାନ : ନିମ୍ନ ସୋପାନଗୁଡ଼ିକୁ ଅନୁଧାନ କର।

ସୋପାନ - 1 $35^2 = \ / 25$

ସୋପାନ - 2 $35^2 = 3 \times (3+1) / 25 = 3 \times 4 / 25 = 1225$

35 ର ଶେଷଅଙ୍କ 5 । ଏହାର ବର୍ଗ ନିରୂପଣରେ ଅର୍ଥାତ୍ ଉତ୍ତରରେ ଦୁଇଟି ଅଂଶ ରହିବ ଯଥା : ଦକ୍ଷିଣପାର୍ଶ୍ୱ ଏବଂ ବାମପାର୍ଶ୍ୱ। ଯେହେତୁ ସଂଖ୍ୟାଟିର ଶେଷ ଅଙ୍କ 5 ତେଣୁ ତା'ର ବର୍ଗ 25 କୁ ବର୍ଗସଂଖ୍ୟାର ଦକ୍ଷିଣପାର୍ଶ୍ୱରେ ରଖାଯିବ।

ସଂଖ୍ୟାର ଶେଷଅଙ୍କର ପୂର୍ବବର୍ତ୍ତୀ ଅଙ୍କ 3, ତେଣୁ 3 ଓ '3' ର ପରବର୍ତ୍ତୀ ଅଙ୍କ 4 ର ଗୁଣଫଳ ଅର୍ଥାତ୍ 12କୁ ବର୍ଗସଂଖ୍ୟାର ବାମପାର୍ଶ୍ୱରେ ରଖାଯିବ।

∴ ନିର୍ଣ୍ଣେୟ ବର୍ଗ ସଂଖ୍ୟା = 1225 ।

ଉଦାହରଣ - 2 : 65ର ବର୍ଗ ନିରୂପଣ କର ।

ସମାଧାନ :

(i) 65 ବର୍ଗସଂଖ୍ୟାର ଦକ୍ଷିଣପାର୍ଶ୍ୱରେ 5^2 ବା 25 ରହିବ ।

(ii) 5ର ପୂର୍ବଅଙ୍କ ଓ ଅଙ୍କଟିର ପରବର୍ତ୍ତୀ ଅଙ୍କର ଗୁଣଫଳ 65^2 ର ବାମପାର୍ଶ୍ୱରେ ରହିବ।

ଅର୍ଥାତ୍ $6 \times (6+1) = 6 \times 7 = 42$ ବର୍ଗ ସଂଖ୍ୟାର ବାମ ପାର୍ଶ୍ୱରେ ରହିବ।

ଅର୍ଥାତ୍ $65^2 = 42 / 25 = 4225$

∴ ନିର୍ଣ୍ଣେୟ ବର୍ଗ = 4225 ।

ଉଦାହରଣ - 3 : 85 ର ବର୍ଗ ନିରୂପଣ କର।

ସମାଧାନ : ବର୍ଗର ଦକ୍ଷିଣପାର୍ଶ୍ୱ = $5^2 = 25$ ଏବଂ

ବାମପାର୍ଶ୍ୱ = $8 \times (8+1) = 8 \times 9 = 72$

$85^2 = 72 / 25 = 7225$

∴ ନିର୍ଣ୍ଣେୟ ବର୍ଗ = 7225

ଉଦାହରଣ - 4 : 125 ର ବର୍ଗ ନିରୂପଣ କର ।
ସମାଧାନ :
  ବର୍ଗର ଦକ୍ଷିଣପାର୍ଶ୍ୱ = 5^2 = 25 ଏବଂ
  ବାମପାର୍ଶ୍ୱ = 12 × (12 + 1) = 12 × 13 = 156
  [12 × 13 = (1 × 1) / (1 × 2) + (1 × 3) / (2 × 3) = 156]
  ∴ 125^2 = 156 / 25 = 15625

(ଏଠାରେ ଲକ୍ଷ୍ୟକର ଦତ୍ତ ତିନି ଅଙ୍କବିଶିଷ୍ଟ ସଂଖ୍ୟାର ଶେଷଅଙ୍କ (5) ର ପୂର୍ବବର୍ତ୍ତୀ ଦୁଇଅଙ୍କକୁ ନେଇ ସଂଖ୍ୟାଟି 12 ଏବଂ ତା'ଠାରୁ ଏକ ଅଧିକ 13 ।)

ଉଦାହରଣ - 5 : 165 ର ବର୍ଗ ନିରୂପଣ କର ।
ସମାଧାନ :
  ବର୍ଗର ଦକ୍ଷିଣପାର୍ଶ୍ୱ = 5^2 = 25 ଏବଂ
  ବାମପାର୍ଶ୍ୱ = 16 × (16 + 1) = 16 × 17 = 272
  [16 × 17 = (1 × 1) / (1 × 6) + (1 × 7) / (6 × 7)
       = 1 / 13 / 42 = 272]
  ∴ 165^2 = 272 / 25 = 27225

ବି. ଦ୍ର. : ବର୍ଗର ବାମପାର୍ଶ୍ୱରେ ଶେଷଅଙ୍କର ପୂର୍ବବର୍ତ୍ତୀ ସଂଖ୍ୟା ଏବଂ ଏହାଠାରୁ 1 ଅଧିକ ସଂଖ୍ୟାର ଗୁଣଫଳ ରଖାଯାଏ । ଏଠାରେ 'ଏକାଧିକେନ ପୂର୍ବେଣ' ବୈଦିକ ସୂତ୍ରର ପ୍ରୟୋଗ ହୋଇଛି ।

ଉଦାହରଣ - 6 : 245 ର ବର୍ଗ ନିରୂପଣ କର ।
ସମାଧାନ :   ବର୍ଗର ବାମପାର୍ଶ୍ୱ = 5^2 = 25 ଏବଂ
         ଦକ୍ଷିଣପାର୍ଶ୍ୱ = 24 × (24 + 1) = 24 × 25 = 600
  ∴ ନିର୍ଣ୍ଣେୟ ଗୁଣଫଳ = 600 / 25 = 60025

(ii) ଏକକ ସ୍ଥାନୀୟ ଅଙ୍କ 1 ଥାଇ ସଂଖ୍ୟାର ବର୍ଗ ନିରୂପଣ :
  ଏ କ୍ଷେତ୍ରରେ ବର୍ଗ ନିରୂପଣର ଉତ୍ତରରେ ତିନୋଟି ଅଂଶ ଯଥା ବାମପାର୍ଶ୍ୱ, ମଧ୍ୟ ଅଂଶ ଏବଂ ଦକ୍ଷିଣପାର୍ଶ୍ୱ ରହିଥାଏ ।

ଉଦାହରଣ - 7 : 31 ର ବର୍ଗ ନିରୂପଣ କର ।
ସୋପାନ-1: 31 ର ଶେଷ ଅଙ୍କ 1, ତେଣୁ ଉତ୍ତରର ଦକ୍ଷିଣପାର୍ଶ୍ୱ = 1^2 = 1

ସୋପାନ - 2 : 1 ର ପୂର୍ବବର୍ତ୍ତୀ ପଦର ଦୁଇଗୁଣ ଅର୍ଥାତ୍ $2 \times 3 = 6$ ଉତ୍ତରର ମଧ୍ୟବର୍ତ୍ତୀପଦ ହେବ ।

ସୋପାନ - 3 : 31 ର ବାମପାର୍ଶ୍ୱସ୍ଥ ଅଙ୍କର ବର୍ଗ ଅର୍ଥାତ୍ $3^2 = 9$ ଉତ୍ତରର ବାମପାର୍ଶ୍ୱସ୍ଥ ସଂଖ୍ୟା ହେବ ।

$\therefore 31^2 = 9 / 6 / 1 = 961$

ଉଦାହରଣ - 8 : 41 ର ବର୍ଗ ନିରୂପଣ କର ।

ସମାଧାନ : $41^2 = 4^2 / 2 \times 4 / 1^2$

$= 16 / 8 / 1 = 1681$

$\therefore 41^2 = 1681$

ଉଦାହରଣ - 9 : 61 ର ବର୍ଗ ନିରୂପଣ କର ।

ସମାଧାନ : $61^2 = 6^2 / 2 \times 6 / 1^2$

$= 36 / 12 / 1 = 3721$

$\therefore 61^2 = 3721$

ଉଦାହରଣ - 10 : 121 ର ବର୍ଗ ନିରୂପଣ କର ।

ସମାଧାନ : $121^2 = 12^2 / 2 \times 12 / 1^2$

$= 144 / 24 / 1 = 14641$

$\therefore 121^2 = 14641$

ଉଦାହରଣ - 11 : 311 ର ବର୍ଗ ନିରୂପଣ କର ।

ସମାଧାନ : $311^2 = 31^2 / 2 \times 31 / 1^2$

$= 961 / 62 / 1 = 96721$ $[\because 31^2 = 3^2 / 2 \times 3 / 1^2 = 961]$

$\therefore 311^2 = 96721$

(iii) ଏକକ ସ୍ଥାନୀୟ ଅଙ୍କ 4 ଥାଇ ସଂଖ୍ୟାର ବର୍ଗ ନିରୂପଣ :

ଉଦାହରଣ - 12 : 34 ର ବର୍ଗ ନିରୂପଣ କର ।

ସୋପାନ = 1 : $34^2 = 35^2 - (34 + 35)$

$[\because a^2 = (a+1)^2 - \{a + (a+1)\}]$

ଅର୍ଥାତ୍ $34^2 = 34$ ର ପରବର୍ତ୍ତୀ ସଂଖ୍ୟା, 35 ର ବର୍ଗରୁ 34 ଏବଂ ତା'ର ପରବର୍ତ୍ତୀ ସଂଖ୍ୟା 35 ଦ୍ୱୟର ସମଷ୍ଟିର ବିୟୋଗଫଳ

ବ୍ୟାବହାରିକ ବୈଦିକ ଗଣିତ   111

ସୋପାନ 2 : $35^2 = 3(3+1)/25 = 1225$
['ଏକାଧିକେନ ପୂର୍ବେଣ' ସୂତ୍ରର ପ୍ରୟୋଗ]
ଏବଂ $34 + 35 = 69$
ସୋପାନ - 3 : ' $34^2 = 1225 - 69 = 1156$
∴ ନିର୍ଣ୍ଣେୟ ବର୍ଗ = 1156

ଉଦାହରଣ - 13: 94 ର ବର୍ଗ ନିରୂପଣ କର ।
ସମାଧାନ : $94^2 = 95^2 - (94 + 95)$
$95^2 = 9(9+1)/5^2 = 90/25 = 9025$ ଏବଂ
$94 + 95 = 189$
∴ $94^2 = 9025 - 189 = 8836$

ଉଦାହରଣ - 14 : 624 ର ବର୍ଗ ନିରୂପଣ କର ।
ସମାଧାନ : $624^2 = 625^2 - (624 + 625)$
$625^2 = 62(62+1)/5^2 = 62 \times 63/25 = 390625$
ଏବଂ $624 + 625 = 1249$
[∵ $62 \times 63 = 6 \times 6/(6 \times 2) + (6 \times 3)/2 \times 3$
$= 36/30/6 = 3906$]
∴ $624^2 = 390625 - 1249 = 389376$

ଉଦାହରଣ - 15 : 244 ର ବର୍ଗ ନିରୂପଣ କର ।
ସମାଧାନ: $244^2 = 245^2 - (244 + 245)$
$= [24(24+1)/25] - 489 = 60025 - 489 = 59536$
∴ ନିର୍ଣ୍ଣେୟ ବର୍ଗ = 59536

(iv) ଏକକ ସ୍ଥାନୀୟ ଅଙ୍କ '6' ଥାଇ ସଂଖ୍ୟାର ବର୍ଗ ନିରୂପଣ :

ଉଦାହରଣ-16: 36ର ବର୍ଗ ନିରୂପଣ କର ।
ସମାଧାନ :   ଆମେ ଜାଣିଛେ 36, 35 ର ପରବର୍ତ୍ତୀ ସଂଖ୍ୟା
ତେଣୁ 35^2କୁ ଆମେ 'ଏକାଧିକେନ ପୂର୍ବେଣ' ସୂତ୍ର ପ୍ରୟୋଗରେ ନିର୍ଣ୍ଣୟ କରିପାରିବା ।
ବର୍ତ୍ତମାନ $36^2 = 35^2 + (35 + 36)$ ହେବ ।
[∵ $a^2 = (a-1)^2 + \{(a-1) + a\}$]

$35^2 = 3\ (3 + 1) / 5^2 = 12 / 25 = 1225$ ଏବଂ

$35 + 36 = 71$

$\therefore 36^2 = 1225 + 71 = 1296$

ଉଦାହରଣ - 17 : 76 ର ବର୍ଗ ନିରୂପଣ କର ।

ସମାଧାନ : $76^2 = 75^2 + (75 + 76)$

$75^2 = 7\ (7 + 1) / 52 = 7 \times 8 / 25 = 5625$ ଏବଂ

$75 + 76 = 151$

$\therefore 76^2 = 75^2 + (75 + 76) = 5625 + 151 = 5776$

ଗୁଣନର ପାରମ୍ପରିକ ବା ଗତାନୁଗତିକ ପଦ୍ଧତି ଅବଲମ୍ବନରେ ଯେକୌଣସି ସଂଖ୍ୟାର ବର୍ଗ ନିରୂପଣ :

ଉଦାହରଣ ସ୍ୱରୂପ, $(12)^2 = 12 \times 12$

ଅର୍ଥାତ୍ $12^2 = 12 \times 12 = 144$

ବିକଳ୍ପ ଭାବେ $12{\times}12 = 12 \times (10 + 2) = 12 \times 10 + 12 \times 2$

$= 120 + 24 = 144$ **(ବଣ୍ଟନ ନିୟମର ପ୍ରୟୋଗ)**

ବୀଜଗାଣିତିକ ପଦ୍ଧତି ଅନୁଯାୟୀ ସଂଖ୍ୟାର ବର୍ଗ ନିରୂପଣ ପାଇଁ ନିମ୍ନସୂତ୍ର ଦ୍ୱୟର ମଧ୍ୟ ଉପଯୋଗ କରାଯାଇପାରେ ।

(i) $(a + b)^2 = a^2 + 2ab + b^2$ ଏବଂ (ii) $(a - b)^2 = a^2 - 2ab + b^2$

ଉଦାହରଣ ସ୍ୱରୂପ,

$13^2 = (10+3)^2 = 10^2 + 2.10.\ 3 + 3^2 = 100 + 60 + 9 = 169$

$96^2 = (100-4)^2 = 100^2 - 2.\ 100.\ 4 + 4^2 = 10000 - 800 + 16 = 9216$

କିନ୍ତୁ ବେଦଗଣିତରେ କୌଣସି ସଂଖ୍ୟାର ବର୍ଗ ନିର୍ଣ୍ଣୟ ସୁବିଧାଜନକ ହୋଇଥାଏ । ବେଦଗଣିତରେ ବର୍ଗ ନିର୍ଣ୍ଣୟ ପାଇଁ ନିମ୍ନ ସୂତ୍ର ବା ଉପସୂତ୍ରଗୁଡ଼ିକ ପ୍ରଣିଧାନଯୋଗ୍ୟ ।

(A) ଏକାଧିକେନ ପୂର୍ବେଣ,

(B) ଯାବଦୂନଂ ତାବଦୂନୀକୃତ୍ୟ ବର୍ଗଂ ଚ ଯୋଜୟେତ୍,

(C) ଦ୍ୱନ୍ଦ୍ୱ ଯୋଗ ଏବଂ

(D) ଉର୍ଦ୍ଧ୍ୱତୀର୍ଯ୍ୟଗଭ୍ୟାମ୍

(A) 'ଏକାଧିକେନ ପୂର୍ବେଣ' ସୂତ୍ରର ଉପଯୋଗ :

କୌଣସି ସଂଖ୍ୟାର ଏକକ ସ୍ଥାନୀୟ ଅଙ୍କ 5 ହୋଇଥିଲେ ଉକ୍ତ ସୁତ୍ରର ପୂର୍ଣ୍ଣ ଉପଯୋଗ ହୋଇପାରିବ ।

ପ୍ରୟୋଗ ବିଧି :

(i) ଏକକ ସ୍ଥାନୀୟ ଅଙ୍କ 5 ହୋଇଥିବା ସଂଖ୍ୟାର ବର୍ଗ ନିର୍ଣ୍ଣୟ ଦୁଇଟି ଭାଗରେ ବିଭକ୍ତ ହୋଇଥାଏ ।

ଯାହାର ବାମପାର୍ଶ୍ୱ = ସଂଖ୍ୟାର ଏକକ ସ୍ଥାନୀୟ ଅଙ୍କ ବ୍ୟତୀତ ଅବଶିଷ୍ଟ ଅଙ୍କ ବା ସଂଖ୍ୟା × ଉକ୍ତ ସଂଖ୍ୟାର ପରବର୍ତ୍ତୀ ଅଙ୍କ ବା ସଂଖ୍ୟା ଏବଂ ଦକ୍ଷିଣପାର୍ଶ୍ୱ = 5 ର ବର୍ଗ ଅର୍ଥାତ୍ 25 ।

(ii) ଯଦି '5' ର ପୁର୍ବରେ ଥିବା ସଂଖ୍ୟା ଏକାଧିକ ଅଙ୍କ ବିଶିଷ୍ଟ ହୋଇଥାଏ। ତେବେ ସଂଖ୍ୟା ଏବଂ ତା'ର ପରବର୍ତ୍ତୀ ସଂଖ୍ୟାର ଗୁଣଫଳ ପାରମ୍ପରିକ ପଦ୍ଧତି କିମ୍ବା ଅନ୍ୟ ଯେକୌଣସି ପଦ୍ଧତି ଅବଲମ୍ବନରେ କରାଯାଇପାରିବ ।

ଉଦାହରଣ - 1 : 25 ର ବର୍ଗ ନିରୂପଣ କର ।

ସମାଧାନ : $(25)^2 = 2 \times (2 + 1) / 5^2 = 2 \times 3 / 25 = 625$

ଉଦାହରଣ - 2 : 85 ର ବର୍ଗ ନିରୂପଣ କର ।

ସମାଧାନ : $85^2 = 8 \times (8 + 1) / 5^2 = 8 \times 9 / 25 = 7225$

ଉଦାହରଣ - 3 : 125 ର ବର୍ଗ ନିରୂପଣ କର ।

ସମାଧାନ : $(125)^2$ ର ବାମପାର୍ଶ୍ୱ $= 12 \times (12 + 1)$

$= 12 \times 13 = 156$ ଏବଂ ଦକ୍ଷିଣପାର୍ଶ୍ୱ $= 5^2 = 25$

$\therefore 125^2 = 156 / 25 = 15625$

(B) 'ଯାବଦୂନଂ ତାବଦୂନୀକୃତ୍ୟ ବର୍ଗଂ ଚ ଯୋଜୟତ୍' ବୈଦିକ ସୂତ୍ରର ଉପଯୋଗ :

କୌଣସି ସଂଖ୍ୟା ଏହାର ନିକଟତମ ଆଧାର; ଯଥା 10, 100, 1000..... ଇତ୍ୟାଦି କିମ୍ବା ନିକଟତମ ଆଧାରର ଗୁଣିତକ; ଯଥା- ' 20, 30,

40....., 200, 300, 400..... ଇତ୍ୟାଦିର ନିକଟବର୍ତ୍ତୀ ହୋଇଥାଏ ତେବେ ସେହି ସଂଖ୍ୟା ବା ସଂଖ୍ୟାଗୁଡ଼ିକର ବର୍ଗ ନିର୍ଣ୍ଣୟରେ ଉକ୍ତ ସୂତ୍ରର ଆବଶ୍ୟକତା ଯଥେଷ୍ଟ ଥାଏ ।

ପରସ୍ଥିତି - 1 : ସଂଖ୍ୟାଟି 10, 100, 1000...... 10^n $(n \in N)$ ଇତ୍ୟାଦି ଆଧାରର ନିକଟବର୍ତ୍ତୀ ହୋଇଥିଲେ ସଂଖ୍ୟାର ବର୍ଗ ନିର୍ଣ୍ଣୟ :

ବର୍ଗସଂଖ୍ୟା ନିର୍ଣ୍ଣୟର ଦୁଇଟି ଭାଗ ରହିବ, ଯଥା -

ବାମପାର୍ଶ୍ୱ = ସଂଖ୍ୟା + ବିଚ୍ୟୁତି ଏବଂ ଦକ୍ଷିଣପାର୍ଶ୍ୱ = ବିଚ୍ୟୁତିର ବର୍ଗ

ଏଠାରେ ମନେରଖିବାକୁ ହେବ ଯେ,

(i) ବିଚ୍ୟୁତି ଆଧାର ଅନୁସାରେ ଧନାତ୍ମକ ବା ଋଣାତ୍ମକ ହୋଇଥାଏ ।

(ii) ବର୍ଗସଂଖ୍ୟାର ଦକ୍ଷିଣପାର୍ଶ୍ୱରେ ଥିବା ଅଙ୍କ ସଂଖ୍ୟା ନିକଟତମ ଆଧାରରେ ଥିବା ଶୂନ ସଂଖ୍ୟା ସହ ସମାନ ହେବା ଆବଶ୍ୟକ ।

(iii) ଯଦି ବର୍ଗସଂଖ୍ୟାର ଦକ୍ଷିଣପାର୍ଶ୍ୱସ୍ଥ ଅଙ୍କ ସଂଖ୍ୟା ନିକଟତମ ଆଧାରରେ ଥିବା ଶୂନ ସଂଖ୍ୟାଠାରୁ ଅଧିକ ଥାଏ, ତେବେ ଆବଶ୍ୟକତା ଅନୁଯାୟୀ ଅଧିକ ସଂଖ୍ୟାକୁ ବାମପାର୍ଶ୍ୱକୁ ବହନ କରିବା ଦରକାର ।

(iv) ଯଦି ବର୍ଗ ସଂଖ୍ୟାର ଦକ୍ଷିଣପାର୍ଶ୍ୱସ୍ଥ ଅଙ୍କ ସଂଖ୍ୟା ନିକଟତମ ଆଧାରରେ ଥିବା ଶୂନ ସଂଖ୍ୟାଠାରୁ କମ୍ ଥାଏ ତେବେ ଦକ୍ଷିଣ ପାର୍ଶ୍ୱରେ ଥିବା ସଂଖ୍ୟାର ବାମପାର୍ଶ୍ୱରେ ଆବଶ୍ୟକ ପଡୁଥିବା '0' ଦିଆଯାଇ ଦକ୍ଷିଣପାର୍ଶ୍ୱସ୍ଥ ଅଙ୍କ ସଂଖ୍ୟାକୁ ଆଧାରର ଶୂନସଂଖ୍ୟା ସହ ସମାନ କରାଯାଇଥାଏ ।

ଉଦାହରଣ-1: 13 ର ବର୍ଗ ନିରୂପଣ କର

ସମାଧାନ : 13, ଆଧାର 10 ର ନିକଟବର୍ତ୍ତୀ

$\therefore$ ବିଚ୍ୟୁତି $= 13 - 10 = 3$

$\therefore$ ବର୍ଗସଂଖ୍ୟାର ବାମପାର୍ଶ୍ୱ $= 13 + 3 = 16$ ଏବଂ ଦକ୍ଷିଣପାର୍ଶ୍ୱ $= (3)^2 = 9$

$\therefore 13^2 = 16 \,/\, 9 = 169$

ଉଦାହରଣ-2 : 17 ର ବର୍ଗ ନିରୂପଣ କର ।

ସମାଧାନ : ଆଧାର : 10 ଏବଂ ବିଚ୍ୟୁତି $= 17 - 10 = 7$

$17^2 = 17 + 7 \,/\, 7^2 = 24 \,/\, 49 = 289$

(ବର୍ଗସଂଖ୍ୟାର ଦକ୍ଷିଣପାର୍ଶ୍ୱସ୍ଥ ଅଙ୍କ ସଂଖ୍ୟା ଏକ ଅଙ୍କ ହେବା ଦରକାର)

∴ ତେଣୁ '4' କୁ ବାମପାର୍ଶ୍ୱକୁ ବହନ କରାଯାଇ 24 ସହ ଯୋଗ କରାଗଲା ।

∴ ନିର୍ଣ୍ଣେୟ ବର୍ଗ = 289

ଉଦାହରଣ - 3 : 91 ର ବର୍ଗ ନିରୂପଣ କର ।

ସମାଧାନ :

91, ଆଧାର 100 ର ନିକଟବର୍ତ୍ତୀ

ଆଧାର : 100, ବିଚ୍ୟୁତି = 91 - 100 = - 9 (ଋଣାତ୍ମକ ବିଚ୍ୟୁତି)

$91^2 = (91 - 9) / (-9)^2 = 82 / 81 = 8281$

∴ ନିର୍ଣ୍ଣେୟ ବର୍ଗ = 8281

ଦକ୍ଷିଣପାର୍ଶ୍ୱସ୍ଥ ଅଙ୍କସଂଖ୍ୟା ଦୁଇ ଅଙ୍କ ବିଶିଷ୍ଟ, ଯାହା ଆଧାର 100 ରେ ଥିବା ଶୂନ (0) ସଂଖ୍ୟା ସହ ସମାନ ।

ଉଦାହରଣ - 4 : 97 ର ବର୍ଗ ନିରୂପଣ କର ।

ସମାଧାନ :

ଆଧାର : 100, ବିଚ୍ୟୁତି = 97 - 100 = - 3 (ଋଣାତ୍ମକ ବିଚ୍ୟୁତି)

$97^2 = (97 - 3) / (-3)^2 = 94 / 09 = 9409$

∴ ନିର୍ଣ୍ଣେୟ ବର୍ଗ = 9409

ଦକ୍ଷିଣପାର୍ଶ୍ୱସ୍ଥ ଅଙ୍କ ସଂଖ୍ୟା ଏକ ଅଙ୍କ, ଯାହାକୁ ଦୁଇ ଅଙ୍କବିଶିଷ୍ଟ ସଂଖ୍ୟା କରିବାକୁ ହେଲେ 9 ର ବାମପାର୍ଶ୍ୱରେ ଗୋଟିଏ '0' ଦେବାକୁ ହେଲା; କାରଣ ଆଧାର 100 ରେ ଦୁଇଗୋଟି ଶୂନ ରହିଛି ।

ଉଦାହରଣ - 5 : 98 ର ବର୍ଗ ନିରୂପଣ କର ।

ସମାଧାନ: ଆଧାର : 100, ବିଚ୍ୟୁତି = 98 - 100 = − 2

$98^2 = (98 - 2) / (-2)^2 = 96 / 04 = 9604$

∴ ନିର୍ଣ୍ଣେୟ ବର୍ଗ = 9604

ପରିସ୍ଥିତି - 2 : ସଂଖ୍ୟାଟି 10, 100, 1000 .... 10^n ଇତ୍ୟାଦିର ନିକଟବର୍ତ୍ତୀ ନ ହୋଇ ଏମାନଙ୍କର ଗୁଣିତକର ପାଖାପାଖି ହୋଇଥିଲେ ସଂଖ୍ୟାର ବର୍ଗନିର୍ଣ୍ଣୟ :

ସଂଖ୍ୟାର ବର୍ଗନିର୍ଣ୍ଣୟ ଦୁଇଟି ଭାଗରେ ବିଭକ୍ତ ହୋଇଥାଏ ।

ବାମପାର୍ଶ୍ୱ = [ସଂଖ୍ୟା (ଯାହାର ବର୍ଗ ନିର୍ଣ୍ଣୟ କରାଯିବ) + ବିଚ୍ୟୁତି] × ଉପାଧାର
ଏବଂ ଦକ୍ଷିଣପାର୍ଶ୍ୱ = ନିକଟବର୍ତ୍ତୀ ଆଧାର ସଂପୃକ୍ତ ବିଚ୍ୟୁତିର ବର୍ଗ

ଉଦାହରଣ - 6 : 32 ର ବର୍ଗ ନିରୂପଣ କର
ସମାଧାନ: ଆଧାର : 30, ଉପାଧାର : 3, ପ୍ରକୃତ ଆଧାର : 10
କାରଣ, ଆଧାର = ଉପାଧାର × ପ୍ରକୃତ ଆଧାର
ବିଚ୍ୟୁତି = 32 − 30 = 2

$32^2 = (32 + 2) \times 3 \,/\, (2)^2$
$ = 34 \times 3 \,/\, 4 = 102 \,/\, 4 = 1024$
∴ ନିର୍ଣ୍ଣେୟ ବର୍ଗ = 1024

ବିକଳ୍ପ ପ୍ରଣାଳୀ :

ଆଧାର : 40, ଉପାଧାର : 4, ପ୍ରକୃତ ଆଧାର : 10
ବିଚ୍ୟୁତି = 32 − 40 = − 8

$32^2 = (32 - 8) \times 4 \,/\, (-8)^2$
$ = 24 \times 4 \,/\, 64 = 96 \,/\, 64 = 1024$
∴ ନିର୍ଣ୍ଣେୟ ବର୍ଗ = 1024

ଉଦାହରଣ - 7 : 47 ର ବର୍ଗ ନିରୂପଣ କର ।
ସମାଧାନ: ଆଧାର : 40, ଉପାଧାର : 4, ପ୍ରକୃତ ଆଧାର : 10
ବିଚ୍ୟୁତି = 47 − 40 = 7

$47^2 = (47 + 7) \times 4 \,/\, (7)^2$
$ = (54 \times 4) \,/\, 49 = 216 \,/\, 49 = 2209$
∴ ନିର୍ଣ୍ଣେୟ ବର୍ଗ = 2209

ବିକଳ୍ପ ପ୍ରଣାଳୀ : ଆଧାର : 50, ଉପାଧାର : 5, ପ୍ରକୃତ ଆଧାର : 10
ବିଚ୍ୟୁତି = 47 − 50 = −3

$47^2 = (47 - 3) \times 5 \,/\, (-3)^2$
$ = 44 \times 5 \,/\, 9 = 220 \,/\, 9 = 2209$
∴ ନିର୍ଣ୍ଣେୟ ବର୍ଗ = 2209

ଉଦାହରଣ-8 : 204 ର ବର୍ଗ ନିରୂପଣ କର ।

ସମାଧାନ: ଆଧାର : 200, ଉପାଧାର : 2, ପ୍ରକୃତ ଆଧାର : 100

ବିଚ୍ୟୁତି = 204 − 200 = 4

$204^2 = (204 + 4) \times 2 \,/\, 4^2$

$= 208 \times 2 \,/\, 16 = 416 \,/\, 16 = 41616$

∴ ନିର୍ଣ୍ଣେୟ ବର୍ଗ = 41616

ଉଦାହରଣ - 9 : 482 ର ବର୍ଗ ନିରୂପଣ କର ।

ସମାଧାନ: ଆଧାର : 500, ଉପାଧାର : 5, ପ୍ରକୃତ ଆଧାର : 100

ବିଚ୍ୟୁତି = 482 − 500 = − 18

$482^2 = (482 - 18) \times 5 \,/\, (-18)^2$

$= 464 \times 5 \,/\, 324 = 2320 \,/\, 324$

$= 2323 \,/\, 24 = 232324$

∴ ନିର୍ଣ୍ଣେୟ ବର୍ଗ = 232324

ବିକଳ୍ପ ପ୍ରଣାଳୀ : ଆଧାର : 500, ପ୍ରକୃତ ଆଧାର : 1000,

ଉପାଧାର : $\frac{500}{1000} = \frac{1}{2}$

ବିଚ୍ୟୁତି = 482 − 500 = - 18

$482^2 = (482 - 18) \times \frac{1}{2} \,/\, (-18)^2$

$= 464 \times \frac{1}{2} \,/\, 324 = 232 \,/\, 324 = 232324$

∴ ନିର୍ଣ୍ଣେୟ ବର୍ଗ = 232324

ଉଦାହରଣ - 10 : 809 ର ବର୍ଗ ନିରୂପଣ କର ।

ସମାଧାନ: ଆଧାର : 800, ଉପାଧାର : 8, ପ୍ରକୃତ ଆଧାର : 100

ବିଚ୍ୟୁତି = 809 - 800 = 9

$809^2 = (809 + 9) \times 8 \,/\, (9)^2$

$= 818 \times 8 \,/\, 81 = 6544 \,/\, 81$

$= 654481$

∴ ନିର୍ଣ୍ଣେୟ ବର୍ଗ = 654481

ଉଦାହରଣ - 11 : 903 ର ବର୍ଗ ନିରୂପଣ କର ।

ସମାଧାନ: ଆଧାର : 900, ଉପାଧାର : 9, ପ୍ରକୃତ ଆଧାର : 100

ବିଚ୍ୟୁତି = 903 − 900 = 3

$903^2 = (903 + 3) \times 9 \,/\, (3)^2$

$= 906 \times 9 \,/\, 09 = 8154 \,/\, 09 = 815409$

∴ ନିର୍ଣ୍ଣେୟ ବର୍ଗ = 815409

(C) 'ଦ୍ୱନ୍ଦ୍ୱ ଯୋଗ' ବୈଦିକ ସୂତ୍ରର ପ୍ରୟୋଗରେ ସଂଖ୍ୟାର ବର୍ଗ ନିର୍ଣ୍ଣୟ :

ପୂର୍ବରୁ ଆଲୋଚିତ ସୂତ୍ରଗୁଡ଼ିକ କେତେକ ନିର୍ଦ୍ଦିଷ୍ଟ ପ୍ରକାରର ସଂଖ୍ୟାର ବର୍ଗ ନିର୍ଣ୍ଣୟ ପାଇଁ ଆବଶ୍ୟକ ଥିଲାବେଳେ, ଯେ କୌଣସି ସଂଖ୍ୟାର ବର୍ଗ ନିର୍ଣ୍ଣୟ ପାଇଁ ଦ୍ୱନ୍ଦ୍ୱ ଯୋଗ (**Duplex combination**) ସୂତ୍ରର ଆବଶ୍ୟକତା ଅଛି । ଉକ୍ତ ବୈଦିକ ସୂତ୍ର ବା ପଦ୍ଧତି ଗୁଣନ ପ୍ରକ୍ରିୟା ପାଇଁ ବ୍ୟବହୃତ **'ଉର୍ଦ୍ଧ୍ୱତୀର୍ଯ୍ୟଗ୍‌ଭ୍ୟାମ୍'** ସୂତ୍ରର ଅନୁରୂପ ଅଟେ । ଦ୍ୱନ୍ଦ୍ୱଯୋଗ ନିମିତ୍ତ ସଂଖ୍ୟାର ପ୍ରାନ୍ତ ଅଙ୍କ ଏବଂ ମଧ୍ୟଅଙ୍କର ଆବଶ୍ୟକତା ଥାଏ । ଅଯୁଗ୍ମ ସଂଖ୍ୟକ ଅଙ୍କବିଶିଷ୍ଟ ସଂଖ୍ୟାର ମଧ୍ୟଅଙ୍କ ଥିବାବେଳେ, ଯୁଗ୍ମ ସଂଖ୍ୟକ ଅଙ୍କବିଶିଷ୍ଟ ସଂଖ୍ୟାର ମଧ୍ୟ ଅଙ୍କ ଚିହ୍ନଟ ସମ୍ଭବ ନୁହେଁ । ଉଦାହରଣ ସ୍ୱରୂପ, 32, 2578, 628352...... ଇତ୍ୟାଦି ସଂଖ୍ୟାର ମଧ୍ୟଅଙ୍କ ନଥାଏ କିନ୍ତୁ ପ୍ରାନ୍ତଅଙ୍କ ଚିହ୍ନଟ କରିହୁଏ । ଅପରପକ୍ଷରେ 135, 1423571, 63287 ର ପ୍ରାନ୍ତଅଙ୍କ ଚିହ୍ନଟ କରିବା ସହ ମଧ୍ୟଅଙ୍କ ମଧ ଚିହ୍ନଟ କରିହୁଏ । ବର୍ତ୍ତମାନ ସଂଖ୍ୟାଗୁଡ଼ିକର ଦ୍ୱନ୍ଦ୍ୱ କିପରି ସ୍ଥିର କରିବା ?

ନିମ୍ନ ଉଦାହରଣକୁ ଅନୁଧ୍ୟାନ କର । ଯଦି ସଂଖ୍ୟାର ଦ୍ୱନ୍ଦ୍ୱକୁ 'D' ଦ୍ୱାରା ଚିହ୍ନଟ କରାଯାଏ, ତେବେ -

(a) ଏକ ଅଙ୍କବିଶିଷ୍ଟ ସଂଖ୍ୟା 'a' ର ଦ୍ୱନ୍ଦ୍ୱ :

$D(a) = a^2$, ଉଦାହରଣ ସ୍ୱରୂପ, $D(2) = 2^2 = 4$,

$D(5) = 5^2 = 25$, $D(7) = 49$ ଇତ୍ୟାଦି ।

(b) ଦୁଇଅଙ୍କ ବିଶିଷ୍ଟ ସଂଖ୍ୟା ab ର ଦ୍ୱନ୍ଦ୍ୱ :

$D(ab) = 2 \times a \times b$

ଉଦାହରଣ ସ୍ୱରୂପ,

$D(32) = 2 \times 3 \times 2 = 12$, $D(16) = 2 \times 1 \times 6 = 12$,

$D(51) = 2 \times 5 \times 1 = 10$ ଇତ୍ୟାଦି ।

(c) ତିନିଅଙ୍କ ବିଶିଷ୍ଟ ସଂଖ୍ୟା abc ର ଦ୍ୱନ୍ଦ୍ୱ :

$D(abc) = 2ac + b^2$

ଉଦାହରଣ ସ୍ୱରୂପ, $D(126) = 2\times 1 \times 6 + 2^2 = 12 + 4 = 16$,

$D(352) = 2 \times 3 \times 2 + 5^2 = 12 + 25 = 37$ ଇତ୍ୟାଦି ।

(d) ଚାରିଅଙ୍କ ବିଶିଷ୍ଟ ସଂଖ୍ୟା abcd ର ଦ୍ୱନ୍ଦ୍ୱ :

$D(abcd) = 2ad + 2bc$

ଉଦାହରଣ ସ୍ୱରୂପ,

$D(2354) = 2 \times 2 \times 4 + 2 \times 3 \times 5 = 16 + 30 = 46$

$D(2468) = 2 \times 2 \times 8 + 2 \times 4 \times 6 = 32 + 48 = 80$

ଇତ୍ୟାଦି ।

(e) ପାଞ୍ଚଅଙ୍କ ବିଶିଷ୍ଟ ସଂଖ୍ୟା abcde ର ଦ୍ୱନ୍ଦ୍ୱ :

$D(abcde) = 2ae + 2bd + c^2$

ଉଦାହରଣ ସ୍ୱରୂପ,

$D(16289) = 2 \times 1 \times 9 + 2 \times 6 \times 8 + 2^2$

$= 18 + 96 + 4 = 118$

$D(50307) = 2 \times 5 \times 7 + 2 \times 0 \times 0 + 3^2$

$= 70 + 0 + 9 = 79$ ଇତ୍ୟାଦି ।

(f) ଛଅଅଙ୍କ ବିଶିଷ୍ଟ ସଂଖ୍ୟା abcdef ର ଦ୍ୱନ୍ଦ୍ୱ :

$D(abcdef) = 2\,af + 2be + 2\,cd$

ଉଦାହରଣ ସ୍ୱରୂପ,

$D(201463) = 2 \times 2 \times 3 + 2 \times 0 \times 6 + 2 \times 1 \times 4$

$= 12 + 0 + 8 = 20$

$D(132576) = 2 \times 1 \times 6 + 2 \times 3 \times 7 + 2 \times 2 \times 5$

$= 12 + 42 + 20 = 74$ ଇତ୍ୟାଦି ।

(g) ସାତଅଙ୍କ ବିଶିଷ୍ଟ ସଂଖ୍ୟା abcdefg ର ଦ୍ୱନ୍ଦ୍ୱ :

$D(abcdefg) = 2ag + 2bf + 2ce + d^2$

ଉଦାହରଣ ସ୍ୱରୂପ,

$$D(2146325) = 2 \times 2 \times 5 + 2 \times 1 \times 2 + 2 \times 4 \times 3 + 6^2$$
$$= 20 + 4 + 24 + 36 = 84$$

ସଂଖ୍ୟାର ଦ୍ୱନ୍ଦ୍ୱ ସ୍ଥିର କରିବା ପରେ କୌଣସି ଏକ ସଂଖ୍ୟାର ବର୍ଗ ନିରୂପଣ ପାଇଁ ସଂଖ୍ୟାରେ ଥିବା ଅଙ୍କମାନଙ୍କୁ ନେଇ କିପରି ଦ୍ୱନ୍ଦ୍ୱ ନିରୂପଣ କରିବା ତା'କୁ ନିମ୍ନ ଉଦାହରଣମାନଙ୍କରେ ଦେଖିବା । ପ୍ରଥମେ ନିମ୍ନ ପ୍ରତିରୂପ (Pattern) କୁ ଲକ୍ଷ୍ୟ କର । ପ୍ରତିରୂପରେ ଥିବା ଅଙ୍କ ବା ସଂଖ୍ୟାମାନ, ବର୍ଗ ନିରୂପଣ ପାଇଁ ଉଦ୍ଦିଷ୍ଟ ସଂଖ୍ୟାରେ ଥିବା ଅଙ୍କମାନଙ୍କୁ କିପରି ଏକତ୍ର ନେଇ ସଂଖ୍ୟାର ଦ୍ୱନ୍ଦ୍ୱ ସ୍ଥିର କରିବାକୁ ପଡ଼ିବ ସୂଚାଯାଇଛି ।

ଦୁଇ ଅଙ୍କବିଶିଷ୍ଟ ସଂଖ୍ୟା : 1 2 1

ତିନି ଅଙ୍କବିଶିଷ୍ଟ ସଂଖ୍ୟା : 1 2 3 2 1

ଚାରି ଅଙ୍କବିଶିଷ୍ଟ ସଂଖ୍ୟା : 1 2 3 4 3 2 1

ପାଞ୍ଚ ଅଙ୍କବିଶିଷ୍ଟ ସଂଖ୍ୟା : 1 2 3 4 5 4 3 2 1 ଇତ୍ୟାଦି ।

ଉଦାହରଣ-1: 24ର ବର୍ଗ ନିରୂପଣ କର ।

ସମାଧାନ :

24 ର ଅଙ୍କମାନଙ୍କୁ (1 2 1) ପ୍ରତିରୂପ ଅନୁଯାୟୀ ଏକତ୍ର କରି ଶେଷରେ ପ୍ରତ୍ୟେକର ଦ୍ୱନ୍ଦ୍ୱ ସ୍ଥିର କରାଯାଏ ।

Pattern :	1	2	1
Group :	2	24	4
Duplex :	D (2)	D (24)	D (4)
	2^2	$2 \times 2 \times 4$	4^2
	4	16	16

$$\therefore (24)^2 = 4 / 16 / 16 = 576$$

ଉଦାହରଣ - 2 : 32 ର ବର୍ଗ ନିରୂପଣ କର ।

ସମାଧାନ : 32 କୁ (1 2 1) ପ୍ରତିରୂପ ଅନୁଯାୟୀ ସଂଖ୍ୟାର ଅଙ୍କମାନଙ୍କୁ ସଜାଇ ରଖି (ବାମରୁ ଡାହାଣକୁ) ପ୍ରତ୍ୟେକ କ୍ଷେତ୍ରରେ ସଂଖ୍ୟାର ଦ୍ୱନ୍ଦ୍ୱ ସ୍ଥିର କରିବାକୁ ପଡ଼େ ।

$$\begin{array}{ccc} 3 & 32 & 2 \\ D(3) & D(32) & D(2) \end{array}$$

$= 3^2 \ / \ 2 \times 3 \times 2 \ / \ 2^2$

$= 9 \ / \ 12 \ / \ 4 = 1024$

$\therefore 32^2 = 1024$

ଉଦାହରଣ - 3 : 49 ର ବର୍ଗ ନିରୂପଣ କର ।

ସମାଧାନ : 49 କୁ (1 21) ପ୍ରତିରୂପ ଅନୁଯାୟୀ ବାମରୁ ଡାହାଣକୁ ସଂଖ୍ୟାର ଅଙ୍କମାନଙ୍କୁ ସଜାଇରଖି ଏବଂ ପ୍ରତ୍ୟେକ କ୍ଷେତ୍ରରେ ସଂଖ୍ୟାର ଦ୍ୱନ୍ଦ ସ୍ଥିର କରିବା ଆବଶ୍ୟକ ।

$$\begin{array}{ccc} 4 & 49 & 9 \\ D(4) & D(49) & D(9) \end{array}$$

$= 4^2 \ / \ 2 \times 4 \times 9 \ / \ 9^2$

$= 16 / 72 / 81$

$= 16 / 80 / 1 = 2401$

$\therefore 49^2 = 2401$

ଉଦାହରଣ - 4 : 245 ର ବର୍ଗ ନିରୂପଣ କର ।

ସମାଧାନ :

245 କୁ (12 3 21) ପ୍ରତିରୂପ ଅନୁଯାୟୀ ବାମରୁ ଡାହାଣକୁ ସଂଖ୍ୟାର ଅଙ୍କମାନଙ୍କୁ ସଜାଇ ରଖି ପ୍ରତ୍ୟେକ କ୍ଷେତ୍ରରେ ଦ୍ୱନ୍ଦ୍ୱ ସ୍ଥିର କରିବା ଆବଶ୍ୟକ ।

$$\begin{array}{ccccc} 2 & 24 & 245 & 45 & 5 \\ D(2) & D(24) & D(245) & D(45) & D(5) \end{array}$$

$= 2^2 / 2 \times 2 \times 4 / 2 \times 2 \times 5 + 4^2 / 2 \times 4 \times 5 / 5^2$

$= 4 / 16 / 36 / 40 / 25$

$= 4 / 16 / 36 / 42 / 5$

$= 4 / 16 / 40 / 2 / 5 = 4 / 20 / 0 / 2 / 5$

$= 60025$

$\therefore 245^2 = 60025$

ଉଦାହରଣ - 5 : 4856 ର ବର୍ଗ ନିରୂପଣ କର ।

ସମାଧାନ : 4856 ସଂଖ୍ୟାର ଅଙ୍କମାନଙ୍କୁ ଆବଶ୍ୟକତା ଅନୁଯାୟୀ ପ୍ରତିରୂପ (1 2 3 4 3 2 1) ଅନୁଯାୟୀ ସଂଖ୍ୟାର ଅଙ୍କମାନଙ୍କୁ ସଜାଇ ରଖିଲେ ପାଇବା -

4 48 485 4856 856 56 6

$D(4) = 4^2 = 16$

$D(48) = 2 \times 4 \times 8 = 64$

$D(485) = 2 \times 4 \times 5 + 8^2 = 104$

$D(4856) = 2 \times 4 \times 6 + 2 \times 8 \times 5 = 48 + 80 = 128$

$D(856) = 2 \times 8 \times 6 + 5^2 = 96 + 25 = 121$

$D(56) = 2 \times 5 \times 6 = 60$

$D(6) = 6^2 = 36$

$(4852)^2 = 16 / 64 / 104 / 128 / 121 / 60 / 36$

$= 16 /{}_{6}4 /{}_{10}4 /{}_{12}8 /{}_{12}1 /{}_{6}0 /{}_{3}6$ **(ବିକଳ୍ପ ଲିଖନ)**

$= 23580736$

(D) ବୈଦିକ ସୂତ୍ର 'ଉର୍ଦ୍ଧ୍ୱତୀର୍ଯ୍ୟଗ୍‌ଭ୍ୟାମ୍' ସୂତ୍ରର ପ୍ରୟୋଗରେ ସଂଖ୍ୟାର ବର୍ଗ ନିର୍ଣ୍ଣୟ :

'ଦ୍ୱନ୍ଦ୍ୱ ଯୋଗ' ପ୍ରଣାଳୀ, (ସାଧାରଣ ଗୁଣନ ପାଇଁ ଉଦ୍ଦିଷ୍ଟ ପ୍ରଣାଳୀ) 'ଉର୍ଦ୍ଧ୍ୱତିର୍ଯ୍ୟଗ୍‌ଭ୍ୟାମ୍' ର ଅନୁରୂପ

ବିଶ୍ଳେଷଣ : a b c ଏକ ତିନି ଅଙ୍କବିଶିଷ୍ଟ ସଂଖ୍ୟା ।

'ଦ୍ୱନ୍ଦ୍ୱଯୋଗ' ପ୍ରଣାଳୀ ଅବଲମ୍ବନରେ ଆମକୁ a, ab, abc, bc ଏବଂ c ର ଦ୍ୱନ୍ଦ୍ୱ ସ୍ଥିର କରିବାକୁ ହେବ। ଏଗୁଡ଼ିକର ଦ୍ୱନ୍ଦ୍ୱକୁ ଦେଖ ।

$D(a) = a^2$,

$D(ab) = 2ab$,

$D(abc) = 2ac + b^2$,

$D(bc) = 2bc$ ଏବଂ

$D(c) = c^2$ ।

ଦ୍ୱନ୍ଦ୍ୱଗୁଡ଼ିକୁ କ୍ରମାନ୍ୱୟରେ ଲେଖିଲେ ପାଇବା (ବାମରୁ ଦକ୍ଷିଣକୁ)

$(abc)^2 = a^2 / 2ab / 2ac + b^2 / 2ab / c^2$

ବର୍ତ୍ତମାନ ବୈଦିକ ସୂତ୍ର 'ଊର୍ଦ୍ଧ୍ୱତୀର୍ଯ୍ୟଗ୍‌ଭ୍ୟାମ୍' ପ୍ରଣାଳୀ ଉପଯୋଗରେ $(abc)^2$ର ମାନ ସ୍ଥିର କରିବା ।

$(abc)^2 = abc \times abc$

ଗୁଣ୍ୟ	a	b	c
(×) ଗୁଣକ	a	b	c

$a \times a / ab + ab / ac + ac + b^2 / bc + bc / c^2$

$= a^2 / 2ab / 2ac + b^2 / 2bc / c^2$

$= D(a) + D(ab) + D(abc) + D(bc) + D(c)$

ବର୍ତ୍ତମାନ ଉଭୟ ପ୍ରଣାଳୀ ଉପଯୋଗରେ ସ୍ଥିରୀକୃତ ଗୁଣଫଳର ରୂପରେଖକୁ ତୁଳନା କର । ତୁମେମାନେ ଏହି ସିଦ୍ଧାନ୍ତରେ ପହଞ୍ଚିବ ଯେ, ଉପରୋକ୍ତ ପ୍ରତ୍ୟେକ ପ୍ରଣାଳୀ, ଅନ୍ୟଟିର ଅନୁରୂପ ଅଟେ ।

ଉଦାହରଣ - 1 : 321 ର ବର୍ଗ ନିରୂପଣ କର ।

ସମାଧାନ : $(321)^2 = 321 \times 321$

ଗୁଣ୍ୟ	321	
(×) ଗୁଣକ	321	(ଊର୍ଦ୍ଧ୍ୱତୀର୍ଯ୍ୟଗ୍‌ଭ୍ୟାମ୍ ସୂତ୍ର)

9 / 12 / 10 / 4 / 1

= 10 / 3 / 0 / 4 / 1

= 103041

∴ ନିର୍ଣ୍ଣେୟ ବର୍ଗ = 103041

124 ବ୍ୟାବହାରିକ ବୈଦିକ ଗଣିତ

ବୀଜଗାଣିତିକ ସୂତ୍ର $a^2 = (a + d)(a - d) + d^2$ ଅଭେଦର ପ୍ରୟୋଗରେ ଦୁଇ ଅଙ୍କ ବା ତିନି ଅଙ୍କବିଶିଷ୍ଟ ସଂଖ୍ୟାର ବର୍ଗ ନିର୍ଣ୍ଣୟ :

(a) ଦୁଇ ଅଙ୍କବିଶିଷ୍ଟ ସଂଖ୍ୟାର ବର୍ଗ ନିର୍ଣ୍ଣୟ :

ଉଦାହରଣ - 1 : 13 ର ବର୍ଗ ନିରୂପଣ କର ।

ସମାଧାନ :

13^2: +3 → 16, −3 → 10

$13^2 = 16\times10 + 3^2 = 160 + 3^2 = 160 + 9 = 169$

ଏଠାରେ, $a = 13$, $d = 3$

ଅଥବା,

13^2: +7 → 20, −7 → 6

$13^2 = 20\times6 + 7^2 = 120 + 7^2 = 120 + 49 = 169$

$\therefore$ ନିର୍ଣ୍ଣେୟ ବର୍ଗ = 169

ଉଦାହରଣ - 2 : 41 ର ବର୍ଗ ନିରୂପଣ କର ।

ସମାଧାନ :

41^2: +1 → 42, −1 → 40

$41^2 = 42\times 40 + 1^2 = 1680 + 1^2 = 1681$

$\therefore$ ନିର୍ଣ୍ଣେୟ ବର୍ଗ = 1681

ଉଦାହରଣ - 3 : 77 ର ବର୍ଗ ନିରୂପଣ କର ।

ସମାଧାନ :

77^2: +7 → 84, −7 → 70

$77^2 = 84\times70 + 7^2 = 5880 + 7^2 = 5929$

ଅଥବା :

77^2: +3 → 80, −3 → 74

$77^2 = 80 \times 74 + 3^2 = 5920 + 3^2 = 5929$

$\therefore 77^2 = 5929$

ଉଦାହରଣ - 4 : 85 ର ବର୍ଗ ନିରୂପଣ କର ।

ସମାଧାନ :

90

+5

85^2 $85^2 = 90 \times 80 + 5^2 = 7200 + 5^2 = 7225$

−5

80

$\therefore 85^2 = 7225$

(b) ତିନି ଅଙ୍କ ବିଶିଷ୍ଟ ସଂଖ୍ୟାର ବର୍ଗ ନିର୍ଣ୍ଣୟ :

ଉଦାହରଣ - 5 : 217 ର ବର୍ଗ ନିରୂପଣ କର ।

ସମାଧାନ :

234

+17

217 $217^2 = 46800 + 17^2 = 46800 + 289 = 47089$

−17

200

20

+3

17^2 $17^2 =$

$280 + 3^2 = 289$

−3

14

$\therefore 217^2 = 47089$

ଉଦାହରଣ - 6 : 276 ର ବର୍ଗ ନିରୂପଣ କର ।

ସମାଧାନ : 300

+24

276^2 $276^2 = 75600 + 24^2 = 75600 + 576 = 76176$

−24

252

30

+6

24^2 $540 + 6^2 = 576$

−6

18

$\therefore 276^2 = 76176$

ଉଦାହରଣ - 7 : 805 ର ବର୍ଗ ନିର୍ଣ୍ଣୟ କର ।

ସମାଧାନ :

810

+5

805^2 $805^2 =$

$810 \times 800 + 5^2 = 648000 + 5^2 = 648025$

−5

800

ଦ୍ରଷ୍ଟବ୍ୟ : ଦତ୍ତସଂଖ୍ୟାରେ (a) ଏପରି ଏକ ସଂଖ୍ୟା (d) ଯୋଗ ଏବଂ ବିୟୋଗ କରିବା, ଯେପରି ଗୋଟିଏ କ୍ଷେତ୍ରରେ ଉତ୍ପନ୍ନ ସଂଖ୍ୟାଟି 10 ବା 10 ର ଗୁଣିତକ ହେବ । ଯାହାଦ୍ୱାରା $(a + d)(a - d) + d^2 = a^2$ ହେବ ।

ଜ୍ୟାମିତିକ ଉପସ୍ଥାପନା

(A) ବର୍ଗ ସଂଖ୍ୟା (Square Number) :

○
○ ○ / ○ ○
○ ○ ○ / ○ ○ ○ / ○ ○ ○
○ ○ ○ ○ / ○ ○ ○ ○ / ○ ○ ○ ○ / ○ ○ ○ ○
○ ○ ○ ○ ○ / ○ ○ ○ ○ ○ / ○ ○ ○ ○ ○ / ○ ○ ○ ○ ○ / ○ ○ ○ ○ ○

$1^2 = (1)$ $2^2 = (4)$ $3^2 = (9)$ $4^2 = (16)$ $5^2 = (25)$

ବି.ଦ୍ର. : ଜ୍ୟାମିତିକ ଉପସ୍ଥାପନାରୁ ଲକ୍ଷ୍ୟ କର ଯେ, ଧାଡ଼ିସଂଖ୍ୟା ଏବଂ ପ୍ରତ୍ୟେକ ଧାଡ଼ିରେ ଥିବା ଗୋଲିସଂଖ୍ୟା ସମାନ ।

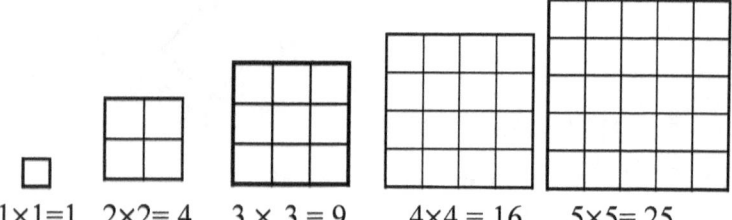

1×1=1   2×2= 4   3 × 3 = 9   4×4 = 16   5×5= 25

ବି.ଦ୍ର. : ପ୍ରତ୍ୟେକ କ୍ଷୁଦ୍ର ବର୍ଗଚିତ୍ର = 1 ବର୍ଗ ଏକକ ହେଲେ, ଦ୍ୱିତୀୟ, ତୃତୀୟ, ଚତୁର୍ଥ ଏବଂ ପଞ୍ଚମ ଚିତ୍ର ଯଥାକ୍ରମେ 4, 9, 16 ଓ 25 ବର୍ଗ ଏକକ କ୍ଷେତ୍ରଫଳ ବିଶିଷ୍ଟ । 1, 4, 9, 16, 25 .... ଇତ୍ୟାଦି ଗୋଟିଏ ଗୋଟିଏ

ପୂର୍ଣ୍ଣବର୍ଗ ସଂଖ୍ୟା (Square Number) ।

ପୂର୍ଣ୍ଣ ବର୍ଗସଂଖ୍ୟା କ୍ଷେତ୍ରରେ କେତେକ ଜାଣିବା କଥା :

(a) କ୍ଷୁଦ୍ରତମ ପୂର୍ଣ୍ଣବର୍ଗ ସଂଖ୍ୟା 0 ।
(b) ବୃହତ୍ତମ ପୂର୍ଣ୍ଣବର୍ଗ ସଂଖ୍ୟା ନାହିଁ ।
(c) ପୂର୍ଣ୍ଣବର୍ଗ ସଂଖ୍ୟା ଅଣରଣାତ୍ମକ ।
(d) ଦୁଇଟି ପୂର୍ଣ୍ଣବର୍ଗ ସଂଖ୍ୟା ମଧ୍ୟରେ ଥିବା ପାର୍ଥକ୍ୟ କ୍ରମଶଃ ବଢ଼ି ବଢ଼ି ଯାଏ । ଯେପରି, $1 - 0 = 1, 4 - 1 = 3, 9 - 4 = 5, 16 - 9 = 7$, ଇତ୍ୟାଦି ।

(e) ଦୁଇଟି କ୍ରମିକ ଗଣନ ସଂଖ୍ୟାର ବର୍ଗ ମଧ୍ୟରେ ପ୍ରଥମ ସଂଖ୍ୟାର ଦୁଇଗୁଣ ସଂଖ୍ୟକ ଅଣପୂର୍ଣ୍ଣବର୍ଗ ସଂଖ୍ୟା ରହିବ ଅଥାର୍ତ୍ n^2 ଓ $(n + 1)^2$ ମଧ୍ୟରେ 2n ସଂଖ୍ୟକ ଅଣପୂର୍ଣ୍ଣବର୍ଗ ସଂଖ୍ୟା ରହିବ । ଉଦାହରଣ ସ୍ୱରୂପ, 3^2 ଓ 4^2 ମଧ୍ୟରେ (2 × 3) 6 ଗୋଟି ଅଣପୂର୍ଣ୍ଣବର୍ଗ ସଂଖ୍ୟା ରହିବ । 4^2 ଓ 5^2 ମଧ୍ୟରେ 8 ଗୋଟି ଅଣପୂର୍ଣ୍ଣବର୍ଗ ସଂଖ୍ୟା ରହିବ ଇତ୍ୟାଦି ।

(B) ଧନାତ୍ମକ ଅଯୁଗ୍ମ ସଂଖ୍ୟା (Odd Natural Number)ଓ ସେମାନଙ୍କ ମଧ୍ୟରେ ଥିବା ବର୍ଗ ସମ୍ପର୍କ :

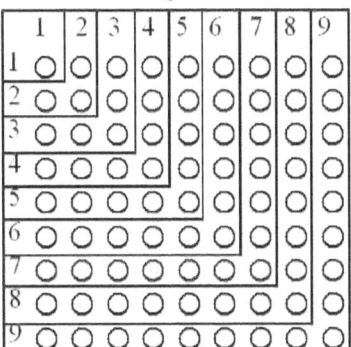

$1 = 1^2$

$1 + 3 = 2^2$

$1 + 3 + 5 = 3^2$

$1 + 3 + 5 + 7 = 4^2$

$1 + 3 + 5 + 7 + 9 = 5^2$

$1 + 3 + 5 + 7 + 9 + 11 = 6^2$

$1+3 + 5+ 7 + 9 + 11+ 13 = 7^2$

ସେହିପରି $1 + 3 + 5 + 7 + 9 + 11 + 13 + 15 = 8^2$

$1 + 3 + 5 + 7 + 9 + 11 + 13 + 15 + 17 = 9^2$ ଇତ୍ୟାଦି ।

ପ୍ରତ୍ୟେକ ବର୍ଗ ଚିତ୍ରରେ ମାର୍ବଲ ଗୁଡ଼ିକର ସଂଖ୍ୟାକୁ ହିସାବକୁ ନେଇ ଅଯୁଗ୍ମ ସଂଖ୍ୟା ଏବଂ ସେମାନଙ୍କ ମଧ୍ୟରେ ବର୍ଗ ସମ୍ପର୍କକୁ ଲକ୍ଷ୍ୟ କର ।

(C) ତ୍ରିଭୁଜୀୟ ସଂଖ୍ୟା (Triangular Numbers) ଏବଂ ସେମାନଙ୍କ ମଧ୍ୟରେ ଥିବା ବର୍ଗ ସମ୍ପର୍କ :

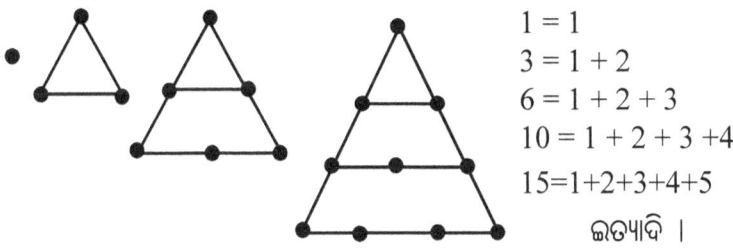

1 = 1

3 = 1 + 2

6 = 1 + 2 + 3

10 = 1 + 2 + 3 +4

15=1+2+3+4+5

ଇତ୍ୟାଦି ।

∴ ତ୍ରିଭୁଜୀୟ ସଂଖ୍ୟାଗୁଡ଼ିକ ହେଲେ, 1, 3, 6, 10, 15, 21 .... ଇତ୍ୟାଦି ।

ବର୍ଗ ସମ୍ପର୍କ :

(a) ପ୍ରଥମରୁ ଦୁଇ ଦୁଇଟି କରି ତ୍ରିଭୁଜୀୟ ସଂଖ୍ୟାର ସମଷ୍ଟି ଏକ ବର୍ଗ ସମ୍ପର୍କ ସୃଷ୍ଟି କରିଥାଏ ।

ଯଥା : $1 + 3 = 2^2$, $3 + 6 = 3^2$, $6 + 10 = 4^3$, $10 + 15 = 5^2$, $15 + 21 = 6^2$ ଇତ୍ୟାଦି ।

(b) ପ୍ରତ୍ୟେକ ତ୍ରିଭୁଜୀୟ ସଂଖ୍ୟାର 8 ଗୁଣରୁ 1 ଅଧିକ ନେଲେ ଆମେ ଏକ ବର୍ଗ ସଂଖ୍ୟା ପାଇବା ।

$(8 \times 1) + 1 = 3^2$, $(8 \times 3) + 1 = 5^2$,

$(8 \times 6) + 1 = 7^2$, $(8 \times 10) + 1 = 9^2$,

$(8 \times 15) + 1 = 11^2$ ଇତ୍ୟାଦି ।

(D) ବର୍ଗ ପିରାମିଡ୍ (Square Pyramid)

$1 \times 1 = 1 = 1^2$

$11 \times 11 = 121 = 1 + 2 + 1 = 2^2$

$111 \times 111 = 12321 = 1 + 2 + 3 + 2 + 1 = 3^2$

$1111 \times 1111 = 1234321 = 1+2+3+4+3+2+1 = 4^2$

ଇତ୍ୟାଦି ।

ଲକ୍ଷ୍ୟ କର 1, 11, 111, 1111, 11111, ... ଇତ୍ୟାଦିର ବର୍ଗ ସଂଖ୍ୟାର ଅଙ୍କମାନଙ୍କର ସମଷ୍ଟି ଯଥାକ୍ରମେ 1,2,3,4,5.... ଇତ୍ୟାଦିର ବର୍ଗ ସଂଗେ ସମାନ ।

ଦ୍ରଷ୍ଟବ୍ୟ : ଉତ୍ପନ୍ନ ବର୍ଗସଂଖ୍ୟାମାନ ଗୋଟିଏ ଗୋଟିଏ Palindrome ।

(E)) ବର୍ଗ ଦର୍ପଣ (Square Mirror) :

(a) $14^2 + 87^2 = 78^2 + 41^2$

(b) $15^2 + 75^2 = 57^2 + 51^2$

(c) $17^2 + 84^2 = 48^2 + 71^2$

(d) $26^2 + 97^2 = 79^2 + 62^2$

(e) $27^2 + 96^2 = 69^2 + 72^2$

ପ୍ରତ୍ୟେକ ଉକ୍ତିର ସତ୍ୟତା ପରୀକ୍ଷା କର ।

(F) ବର୍ଗ ସଂପର୍କ (Square Relations) :

$$3^2 + 4^2 = 5^2$$

$$10^2 + 11^2 + 12^2 = 13^2 + 14^2$$

$$21^2 + 22^2 + 23^3 + 24^2 = 25^2 + 26^2 + 27^2$$

$$36^2 + 37^2 + 38^2 + 39^2 + 40^2 = 41^2 + 42^2 + 43^2 + 44^2$$

.... ଇତ୍ୟାଦି ।

(G) ସଂଖ୍ୟା ସହ ବର୍ଗ ସଂପର୍କ (Square Relation with Numbers):

ଦୁଇଟି କ୍ରମିକ ଯୁଗ୍ମ ଗଣନ ସଂଖ୍ୟା ଅଥବା ଅଯୁଗ୍ମ ସଂଖ୍ୟାର ଗୁଣଫଳରୁ 1 ଅଧିକ ଗୋଟିଏ ଗୋଟିଏ ବର୍ଗ ସଂଖ୍ୟା ହେବ। ଉଦାହରଣ ସ୍ୱରୂପ:

$6 \times 8 + 1 = 49 = 72$ ଏବଂ $11 \times 13 + 1 = 143 + 1 = 144 = 12^2$

ଅର୍ଥାତ୍ ପ୍ରତ୍ୟେକ କ୍ଷେତ୍ରରେ ଦତ୍ତ ସଂଖ୍ୟା ଦ୍ୱୟର ହାରାହାରିର ବର୍ଗସଂଖ୍ୟା ସହ ସମାନ ହେବ ।

ପ୍ରଶ୍ନାବଳୀ - 6

1. 'ଏକାଧିକେନ ସୂତ୍ର ପ୍ରୟୋଗରେ ଦତ୍ତ ସଂଖ୍ୟାଗୁଡ଼ିକର ବର୍ଗ ବା ବର୍ଗସଂଖ୍ୟା ନିରୂପଣ କର ।

   (i) 35 (ii) 65 (iii) 85 (iv) 105 (v) 125 (vi) 205

2. ଦତ୍ତ ସଂଖ୍ୟାଗୁଡ଼ିକର ବର୍ଗ ନିରୂପଣ କର ।

   (i) 34 (ii) 44 (iii) 64 (iv) 134

   (v) 36 (vi) 66 (vii) 56 (viii) 116

3. 'ଯାବଦୂନଂ' ସୂତ୍ର ପ୍ରୟୋଗରେ ନିମ୍ନସଂଖ୍ୟାଗୁଡ଼ିକର ବର୍ଗ ନିରୂପଣ କର ।

   (i) 16 (ii) 27 (iii) 32 (iv) 93 (v) 113

4. 'ଦ୍ୱନ୍ଦ୍ୱଯୋଗ' ସୂତ୍ର ଅନୁଯାୟୀ ନିମ୍ନ ସଂଖ୍ୟାଗୁଡ଼ିକର ବର୍ଗ ନିରୂପଣ କର ।

   (i) 23 (ii) 36 (iii) 42 (iv) 123 (v) 2122 (vi) 1142

5. $a^2 = (a + d)(a - d) + d^2$ ଅଭେଦର ଉପଯୋଗରେ ନିମ୍ନ ସଂଖ୍ୟାଗୁଡ଼ିକର ବର୍ଗ ସ୍ଥିର କର ।

   (i) 28 (ii) 42 (iii) 52 (iv) 73 (v) 63 (vi) 82

–o–

ସପ୍ତମ ଅଧ୍ୟାୟ

ପୂର୍ଣ୍ଣବର୍ଗ ସଂଖ୍ୟାର ବର୍ଗମୂଳ

(SQUAREROOT OF PERFECT SQUARE NUMBERS)

କୌଣସି ସଂଖ୍ୟା 'x' ର ବର୍ଗମୂଳ 'r' ହେଲେ, $r^2 = x$ ଲେଖାଯାଏ । ବିପରୀତ କ୍ରମେ 'r' ର ବର୍ଗ x ସହ ସମାନ ହେଲେ, x ର ବର୍ଗମୂଳ r ହେବ । ଅର୍ଥାତ୍, $\sqrt{x} = r$ ଯେଉଁଠାରେ $\sqrt{x}$ **ହେଉଛି x ର ଧନାତ୍ମକ ବର୍ଗମୂଳ** ।

ଉଦାହରଣ ସ୍ୱରୂପ :

4 ର ବର୍ଗ 16 ହେଲେ 16 ର ବର୍ଗମୂଳ ±4 ହେବ ।

ଦ୍ରଷ୍ଟବ୍ୟ : $4^2 = 16 \Rightarrow x = \pm\sqrt{16} = \pm 4$

ଯେଉଁଠାରେ ଧନାତ୍ମକ ବର୍ଗମୂଳ 4 ଏବଂ ରଣାତ୍ମକ ବର୍ଗମୂଳ - 4

ସେହିପରି $2^2 = 4 \Rightarrow \sqrt{4} = 2$ (4 ର ଧନାତ୍ମକ ବର୍ଗମୂଳ)

ଏବଂ $3^2 = 9 \Rightarrow \sqrt{9} = 3$ (9 ର ଧନାତ୍ମକ ବର୍ଗମୂଳ)

ସାଧାରଣତଃ ଛାତ୍ରୀଛାତ୍ରଙ୍କ ପାଇଁ କୌଣସି ଏକ ସଂଖ୍ୟାର ବର୍ଗମୂଳ ନିର୍ଣ୍ଣୟ ଏକ ସମୟସାପେକ୍ଷ କାର୍ଯ୍ୟ ହୋଇଥାଏ । ସାଧାରଣତଃ ବିଦ୍ୟାଳୟ ସ୍ତରରେ କୌଣସି ସଂଖ୍ୟାର ବର୍ଗମୂଳ ନିମ୍ନ ଦୁଇଟି ଉପାୟରେ ନିର୍ଣ୍ଣୟ କରାଯାଇଥାଏ ।

(i) ମୌଳିକ ଉତ୍ପାଦକୀକରଣ ପ୍ରକ୍ରିୟା (Prime Factorisation Method)

(ii) ଦୀର୍ଘ ଭାଗପ୍ରକ୍ରିୟା (Long Division Method)

ବେଦଗଣିତରେ ଦୁଇଟି ସୂତ୍ର ଅବଲମ୍ବନରେ କୌଣସି ସଂଖ୍ୟାର ବର୍ଗମୂଳ ନିର୍ଭୁଲ୍ ଭାବରେ ଏବଂ ସହଜରେ ତ୍ୱରିତ ନିରୂପଣ କରାଯାଇଥାଏ ।

(A) 'ବିଲୋକନମ୍' (Vilokanam) ସୂତ୍ର (ପର୍ଯ୍ୟବେକ୍ଷଣ ମାଧ୍ୟମ)

(B) 'ଦ୍ୱନ୍ଦ୍ୱ ଯୋଗ' (Duplex Combination) ସୂତ୍ର

ଉପରୋକ୍ତ ସୂତ୍ରଦ୍ୱୟର ପ୍ରୟୋଗ ବିଧି ଜାଣିବା ପୂର୍ବରୁ ଆମମାନଙ୍କୁ ଗୋଟିଏ ପୂର୍ଣ୍ଣବର୍ଗ ସଂଖ୍ୟାର ବର୍ଗମୂଳ ସମ୍ବନ୍ଧୀୟ କିଛି ମୌଳିକ-ନିୟମ ବା ତଥ୍ୟ ସଂପର୍କରେ ଅବଗତ ହେବା ଆବଶ୍ୟକ ।

- ଗୋଟିଏ ପୂର୍ଣ୍ଣବର୍ଗ ସଂଖ୍ୟାର ଏକକ ସ୍ଥାନୀୟ ଅଙ୍କ 0, 1, 4, 5, 6 ଏବଂ 9 ମଧ୍ୟରୁ ଯେକୌଣସି ଗୋଟିଏ ଅଙ୍କ ହୋଇଥାଏ ।
- ଗୋଟିଏ ପୂର୍ଣ୍ଣବର୍ଗ ସଂଖ୍ୟାର ଏକକ ସ୍ଥାନୀୟ ଅଙ୍କ 2, 3, 7 କିମ୍ବା 8 ହୋଇ ନ ପାରେ ।
- ଗୋଟିଏ ପୂର୍ଣ୍ଣବର୍ଗ ସଂଖ୍ୟାର ଶେଷରେ ବିଷମ ସଂଖ୍ୟାକ 0 (ଶୂନ) ରହି ନ ଥାଏ, ଅର୍ଥାତ୍ କୌଣସି ସଂଖ୍ୟାର ଶେଷରେ ବିଷମ ସଂଖ୍ୟକ '0' ଥିଲେ, ସଂଖ୍ୟାଟି ପୂର୍ଣ୍ଣବର୍ଗ ସଂଖ୍ୟା ହେବ ନାହିଁ ।
- ଏକ ପୂର୍ଣ୍ଣବର୍ଗ ସଂଖ୍ୟାର ଅଙ୍କ ସଂଖ୍ୟା n ହୋଇଥିଲେ –

(i) ଯଦି n ଯୁଗ୍ମ ସଂଖ୍ୟା ହୋଇଥାଏ ତେବେ ସଂଖ୍ୟାର ବର୍ଗମୂଳ $\frac{n}{2}$ ଅଙ୍କବିଶିଷ୍ଟ ଏକ ପୂର୍ଣ୍ଣସଂଖ୍ୟା ହେବ ।

(ii) ଯଦି n ଅଯୁଗ୍ମ ସଂଖ୍ୟା ହୋଇଥାଏ ତେବେ ସଂଖ୍ୟାର ବର୍ଗମୂଳ $\left(\frac{n+1}{2}\right)$ ଅଙ୍କବିଶିଷ୍ଟ ଏକ ପୂର୍ଣ୍ଣସଂଖ୍ୟା ହେବ ।

ପୂର୍ଣ୍ଣବର୍ଗ ସଂଖ୍ୟାର ବର୍ଗମୂଳ ସମ୍ବନ୍ଧୀୟ ସାରଣୀ :

ସାରଣୀ – 1 :

ସଂଖ୍ୟା (N)	ସଂଖ୍ୟାର ବର୍ଗ (N^2)	N^2 ର ଶେଷଅଙ୍କ ବା ଏକକ ସ୍ଥାନୀୟ ଅଙ୍କ	ବର୍ଗ ସଂଖ୍ୟାର ବୀଜାଙ୍କ
1	1	1	1
2	4	4	4
3	9	9	9
4	16	6	7
5	25	5	7
6	36	6	9
7	49	9	4
8	64	4	1
9	81	1	9
10	100	0	1

ସାରଣୀରୁ ଆମେ ଜାଣିବା –
(a) ଏକ ପୂର୍ଣ୍ଣବର୍ଗ ସଂଖ୍ୟାର ଶେଷ ଅଙ୍କ 1 ହୋଇଥିଲେ ଏହାର ବର୍ଗମୂଳର ଏକକ ସ୍ଥାନୀୟ ଅଙ୍କ 1 କିମ୍ବା 9 ହୋଇଥିବ ।
(b) ଗୋଟିଏ ପୂର୍ଣ୍ଣବର୍ଗ ସଂଖ୍ୟାର ଶେଷ ଅଙ୍କ 4 ହୋଇଥିଲେ ଏହାର ବର୍ଗମୂଳର ଏକକ ସ୍ଥାନୀୟ ଅଙ୍କ 2 କିମ୍ବା 8 ହୋଇଥିବ ।
(c) ଏକ ପୂର୍ଣ୍ଣବର୍ଗ ସଂଖ୍ୟାର ଶେଷ ଅଙ୍କ 6 ହୋଇଥିଲେ ଏହାର ବର୍ଗମୂଳର ଏକକ ସ୍ଥାନୀୟ ଅଙ୍କ 4 କିମ୍ବା 6 ହୋଇଥିବ ।
(d) ଏକ ପୂର୍ଣ୍ଣବର୍ଗ ସଂଖ୍ୟାର ଶେଷ ଅଙ୍କ 5 ହୋଇଥିଲେ, ଏହାର ବର୍ଗମୂଳର ଏକକ ସ୍ଥାନୀୟ ଅଙ୍କ 5 ହୋଇଥିବ ।
(e) ଏକ ପୂର୍ଣ୍ଣବର୍ଗ ସଂଖ୍ୟାର ଶେଷ ଅଙ୍କ 9 ହୋଇଥିଲେ, ଏହାର ବର୍ଗମୂଳର ଏକକ ସ୍ଥାନୀୟ ଅଙ୍କ 3 କିମ୍ବା 7 ହୋଇଥିବ ।
(f) ଏକ ପୂର୍ଣ୍ଣବର୍ଗ ସଂଖ୍ୟାର ଶେଷ ଅଙ୍କଦ୍ୱୟ 00 ହୋଇଥିଲେ, ଏହାର ବର୍ଗମୂଳର ଏକକ ସ୍ଥାନୀୟ ଅଙ୍କ 0 ହୋଇଥିବ ।
(g) ଏକ ପୂର୍ଣ୍ଣବର୍ଗ ସଂଖ୍ୟାର ବୀଜାଙ୍କ 1, 4, 7 କିମ୍ବା 9 ହୋଇଥାଏ । କିନ୍ତୁ ଏହାର ବିପରୀତ ଉକ୍ତି ସତ୍ୟ ହୋଇ ନ ପାରେ ।
(h) ଏକ ପୂର୍ଣ୍ଣବର୍ଗ ସଂଖ୍ୟାର ଏକକ ସ୍ଥାନୀୟ ଅଙ୍କ କୌଣସିମତେ 2, 3, 7 କିମ୍ବା 8 ହୋଇ ନ ପାରେ ।

କୌଣସି ପୂର୍ଣ୍ଣବର୍ଗ ସଂଖ୍ୟାର ବର୍ଗମୂଳ, କେଉଁ ନିକଟତମ ସଂଖ୍ୟାର ପାଖାପାଖି ହୋଇପାରେ ତା'କୁ ନିମ୍ନସ୍ଥ ସାରଣୀ - 2 ରୁ ଜାଣିହେବ ।

ସାରଣୀ - 2 :

ସଂଖ୍ୟା	ନିକଟତମ ବର୍ଗମୂଳ	ସଂଖ୍ୟା	ନିକଟତମ ବର୍ଗମୂଳ
1 – 3	1	4 – 8	2
9 – 15	3	16 – 24	4
25 – 35	5	36 – 48	6
49 – 63	7	64 – 80	8
81 – 99	9		

ବ୍ୟାବହାରିକ ବୈଦିକ ଗଣିତ 133

(A) 'ବିଲୋକନମ୍'(Vilokanam) ସୂତ୍ର ଉପଯୋଗରେ ପୂର୍ଣ୍ଣବର୍ଗ ସଂଖ୍ୟାର ବର୍ଗମୂଳ ନିର୍ଣ୍ଣୟ :

ବିଲୋକନମ୍ ଅର୍ଥାତ୍ ପର୍ଯ୍ୟବେକ୍ଷଣ ଦ୍ୱାରା ତିନି ବା ଚାରି ଅଙ୍କବିଶିଷ୍ଟ ପୂର୍ଣ୍ଣବର୍ଗ ସଂଖ୍ୟାର ବର୍ଗମୂଳ ନିର୍ଣ୍ଣୟ ସମ୍ଭବ । ଉପରିସ୍ଥ ଦୁଇ ସାରଣୀ ମଧ୍ୟରୁ **ପ୍ରଥମ ସାରଣୀଟି ବର୍ଗମୂଳ ସଂଖ୍ୟାର ଏକକ ସ୍ଥାନୀୟ ଅଙ୍କ ସ୍ଥିର କରିବାରେ ସାହାଯ୍ୟ କରିବାବେଳେ ଦ୍ୱିତୀୟ ସାରଣୀଟି ବର୍ଗମୂଳ ସଂଖ୍ୟାର ଦଶକ ସ୍ଥାନୀୟ ଅଙ୍କ ସ୍ଥିର କରିବାରେ ଆମକୁ ସାହାଯ୍ୟ କରିଥାଏ ।**

ପ୍ରୟୋଗ ବିଧି :

(i) ଦତ୍ତ ସଂଖ୍ୟାର ଦକ୍ଷିଣପାର୍ଶ୍ୱରୁ ଆରମ୍ଭ କରି ଅଙ୍କଗୁଡ଼ିକୁ ଯୋଡ଼ି ଯୋଡ଼ି କରାଯିବା ଆବଶ୍ୟକ । ଉଦାହରଣ ସ୍ୱରୂପ, ଯେପରି 2116 ସଂଖ୍ୟାର ଦକ୍ଷିଣପାର୍ଶ୍ୱରୁ ଅଙ୍କଗୁଡ଼ିକୁ ଯୋଡ଼ି ଯୋଡ଼ି କଲେ ପାଇବା $\overline{21}\,\overline{16}$ । ସେହିପରି 576 କୁ $\overline{05}\,\overline{76}$ ଆକାରରେ ମଧ୍ୟ ପ୍ରକାଶ କରିପାରିବା ।

(ii) ବାମପାର୍ଶ୍ୱସ୍ଥ ଅଙ୍କ ଯୋଡ଼ିର ସର୍ବୋଚ୍ଚ ପୂର୍ଣ୍ଣାଙ୍କ ବର୍ଗମୂଳ ପର୍ଯ୍ୟବେକ୍ଷଣ ମାଧ୍ୟମରେ ନିର୍ଣ୍ଣୟ କର, ଯାହା ଦତ୍ତ ସଂଖ୍ୟାର ଦଶକ ସ୍ଥାନୀୟ ଅଙ୍କ ହେବ । ଉକ୍ତ ସଂଖ୍ୟାକୁ ଦତ୍ତ ସାରଣୀ- 2 ରୁ ସ୍ଥିର କରିପାରିବା । ଉଦାହରଣ ସ୍ୱରୂପ, $\overline{21}\,\overline{16}$ ର ବାମସ୍ଥ ଅଙ୍କ ଯୋଡ଼ି 21; ଏଠାରେ 21 ର ସର୍ବୋଚ୍ଚ ପୂର୍ଣ୍ଣାଙ୍କ ବର୍ଗମୂଳ ସଂଖ୍ୟା 4, କାରଣ $4^2 < 21 < 5^2$ ।

(iii) ଦକ୍ଷିଣପାର୍ଶ୍ୱସ୍ଥ ଅଙ୍କ ଯୋଡ଼ିରୁ ଆମେ ବର୍ଗମୂଳର ଏକକ ସ୍ଥାନୀୟ ଅଙ୍କ ସ୍ଥିର କରିପାରିବା । ଉକ୍ତ ଅଙ୍କକୁ ଦତ୍ତ ସାରଣୀ - 1 ରୁ ନିର୍ଣ୍ଣୟ କରିପାରିବା । ଉଦାହରଣ ସ୍ୱରୂପ, $\overline{21}\,\overline{16}$ ସଂଖ୍ୟାର ଦକ୍ଷିଣପାର୍ଶ୍ୱସ୍ଥ ଯୋଡ଼ି $\overline{16}$ । ତେଣୁ ପର୍ଯ୍ୟବେକ୍ଷଣ ମାଧ୍ୟମରେ ବର୍ଗମୂଳ ସଂଖ୍ୟାର ଏକକ ସ୍ଥାନୀୟ ଅଙ୍କ 4 କିମ୍ବା 6 ହେବାର ସମ୍ଭାବନା ରହିବ ।

ଉଦାହରଣ - 1 : 2116 ର ବର୍ଗମୂଳ ନିର୍ଣ୍ଣୟ କର ।

ସମାଧାନ :

$\overline{21}\,\overline{16}$

↙ ↘

ଦ୍ୱିତୀୟ ଅଙ୍କ ଯୋଡ଼ି   ପ୍ରଥମ ଅଙ୍କ ଯୋଡ଼ି

- ଦକ୍ଷିଣପାର୍ଶ୍ୱରୁ ଅଙ୍କ ଯୋଡ଼ିମାନ ସ୍ଥିର କର ।
- ପ୍ରଥମଯୋଡ଼ିର ଏକ ସ୍ଥାନୀୟ ଅଙ୍କ 6 ହେତୁ ଏହାର ବର୍ଗମୂଳର ଏକକସ୍ଥାନୀୟ ଅଙ୍କ4 କିମ୍ବା6 ହେବ । (ସାରଣୀ - 1 ଦେଖ) ।

- ଦ୍ୱିତୀୟ ଯୋଡ଼ିକୁ ଅନୁଧାନ କଲେ ବର୍ଗମୂଳର ଦଶକ ସ୍ଥାନୀୟ ଅଙ୍କ 4 ହେବ, କାରଣ $16 < 21 < 25$ ।
- ବର୍ତ୍ତମାନ ଆମେ ପାଇବା $\sqrt{2116}$ = 44 କିମ୍ବା 46
- ଦେଖିବାକୁ ପଡ଼ିବ 44 ଓ 46 ମଧ୍ୟରୁ କେଉଁ ସଂଖ୍ୟାଟି 2116 ର ଧନାତ୍ମକ ବର୍ଗମୂଳ ହେବ ।
- କିନ୍ତୁ 45^2 = 2025 । $[4 \times (4+1) / 25]$
- 2116 > 2025 ହେତୁ $\sqrt{2116}$ = 46 ହେବ ।

ଉଦାହରଣ - 2 : 5184 ର ବର୍ଗମୂଳ ନିର୍ଣ୍ଣୟ କର ।

ସମାଧାନ : $\overline{51}\overline{84}$ ର ବର୍ଗମୂଳ ସ୍ଥିର କରିବା ।

- ଦକ୍ଷିଣପାର୍ଶ୍ୱସ୍ଥ ଅଙ୍କ ଯୋଡ଼ିର ଏକକ ସ୍ଥାନୀୟ ଅଙ୍କ 4 ହେତୁ ଦତ୍ତ ସଂଖ୍ୟାର ବର୍ଗମୂଳର ଏକକ ସ୍ଥାନୀୟ ଅଙ୍କ 2 କିମ୍ବା 8 ହୋଇପାରେ । (ସାରଣୀ - 1)
- ଅବଶିଷ୍ଟ (ବାମପାର୍ଶ୍ୱସ୍ଥ) ଅଙ୍କ ଯୋଡ଼ିକୁ ପର୍ଯ୍ୟବେକ୍ଷଣ ମାଧ୍ୟମରେ ଜାଣିବାକୁ ପାଇବା ଦତ୍ତ ସଂଖ୍ୟାର ବର୍ଗମୂଳର ଦଶକ ସ୍ଥାନୀୟ ଅଙ୍କ 7 ହେବ, କାରଣ $7^2 < 51 < 8^2$ ।
- ବର୍ତ୍ତମାନ ଆମେ ପାଇବା, $\sqrt{5184}$ = 72 କିମ୍ବା 78 ହେବ ।
- କିନ୍ତୁ $75^2 = 7 \times (7+1) / 5^2 = 56 / 25 = 5625$
- ଯେହେତୁ 5184 < 5625, ତେଣୁ 5184 ର ବର୍ଗମୂଳ 75 ଠାରୁ ସାନ । ଅର୍ଥାତ୍ ଦତ୍ତ ସଂଖ୍ୟାର ବର୍ଗମୂଳ 72 ହେବ ।

$$\therefore \sqrt{5184} = 72$$

ଉଦାହରଣ - 3 : 9216 ର ବର୍ଗମୂଳ ସ୍ଥିର କର ।

ସମାଧାନ :

$9216 = \overline{92}\,\overline{16}$

→ ପ୍ରଥମ ଅଙ୍କ ଯୋଡ଼ି
→ ଦ୍ୱିତୀୟ ଅଙ୍କ ଯୋଡ଼ି

- ପ୍ରଥମ ଅଙ୍କ ଯୋଡ଼ିର ଏକକ ସ୍ଥାନୀୟ ଅଙ୍କ 6 ହେତୁ ଦତ୍ତ ସଂଖ୍ୟାର ବର୍ଗମୂଳର ଏକକ ସ୍ଥାନୀୟ ଅଙ୍କ 4 କିମ୍ବା 6 ହୋଇପାରେ ।

- ଦ୍ୱିତୀୟ ଅଙ୍କ ଯୋଡ଼ିକୁ ଅନୁଧ୍ୟାନ କଲେ $9^2 < 92 < 10^2$ ଦେଖିବା । ତେଣୁ ଦତ୍ତ ସଂଖ୍ୟାର ବର୍ଗମୂଳର ଦଶକ ସ୍ଥାନୀୟ ଅଙ୍କ 9 ହେବ ।
- ଆମେ ପାଇବା, $\sqrt{9216} = 94$ କିମ୍ବା 96 ।
- କିନ୍ତୁ $95^2 = 9 \times (9 + 1) / 5^2 = 9025$ ।
- ଯେହେତୁ $9216 > 9025$, ତେଣୁ ନିର୍ଣ୍ଣେୟ ବର୍ଗମୂଳ = 96 ହେବ ।

ଉଦାହରଣ : 4 : 676 ର ବର୍ଗମୂଳ ସ୍ଥିର କର ।

ସମାଧାନ : 6 7 6 ର ବର୍ଗମୂଳ ସ୍ଥିର କର ।

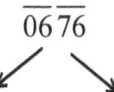

$$\overline{06}\,\overline{76}$$

↙ ↘

ଦ୍ୱିତୀୟ ଅଙ୍କ ଯୋଡ଼ି ପ୍ରଥମ ଅଙ୍କ ଯୋଡ଼ି

- ପ୍ରଥମ ଅଙ୍କ ଯୋଡ଼ିର ଏକକ ସ୍ଥାନୀୟ ଅଙ୍କ 6 ହେତୁ ଦତ୍ତ ସଂଖ୍ୟାର ବର୍ଗମୂଳର ଏକକ ସ୍ଥାନୀୟ ଅଙ୍କ 4 କିମ୍ବା 6 ହୋଇପାରେ ।
- ଦ୍ୱିତୀୟ ଅଙ୍କ ଯୋଡ଼ିକୁ ଅନୁଧ୍ୟାନ କଲେ ପାଇବା -
  $4 < 6 < 9$ ଅଥବା $2^2 < 6 < 3^2$ ।
  ତେଣୁ ଦତ୍ତ ସଂଖ୍ୟାର ବର୍ଗମୂଳର ଦଶକ ସ୍ଥାନୀୟ ଅଙ୍କ 2 ହେବ ।
- ଅତଏବ $\sqrt{676} = 24$ କିମ୍ବା 26 ହେବ ।
- କିନ୍ତୁ, $25^2 = 2 \times 3 / 5^2 = 625$
- ଯେହେତୁ $676 > 625$, ତେଣୁ $\sqrt{676} = 26$ ହେବ ।

ଉଦାହରଣ - 5 : 12996 ର ବର୍ଗମୂଳ ସ୍ଥିର କର ।

ସମାଧାନ : ବିଲୋକନଂ ପ୍ରକ୍ରିୟାର ଉପଯୋଗରେ ଦତ୍ତ ସଂଖ୍ୟାର ବର୍ଗମୂଳ ନିର୍ଣ୍ଣୟ କରିବା ।

- ଏଠାରେ ଦତ୍ତ ସଂଖ୍ୟାକୁ ପୂର୍ବ ଉଦାହରଣ ଅନୁଯାୟୀ ଦୁଇଟି ଭାଗରେ ବିଭକ୍ତ କରିବା । ଅର୍ଥାତ୍ $\overline{129}\,\overline{96}$ ।
- ଦଶକ ଓ ଏକକ ସ୍ଥାନୀୟ ଅଙ୍କକୁ ଏକ ଭାଗ ଏବଂ ଅବଶିଷ୍ଟ 129କୁ ଗୋଟିଏ ଭାଗରେ ରଖିବା ।
- ଅତଏବ ବର୍ଗମୂଳ ସଂଖ୍ୟାର ବାମପାର୍ଶ୍ୱ 11 ହେବ । କାରଣ $11^2 < 129 < 12^2$

- ସଂଖ୍ୟାର ଏକକ ସ୍ଥାନୀୟ ଅଙ୍କ 6 ହେତୁ ବର୍ଗମୂଳ ସଂଖ୍ୟାର ଏକକ ସ୍ଥାନୀୟ ଅଙ୍କ 4 କିମ୍ବା 6 ହୋଇପାରେ ।
- ଅତଏବ ସଂଖ୍ୟାର ଧନାତ୍ମକ ବର୍ଗମୂଳ 114 କିମ୍ବା 116 ହୋଇପାରେ ।
- କିନ୍ତୁ $115^2 = 11 \times 12 / 25 = 13225$
- $12996 < 13225$ ହେତୁ ଦତ୍ତ ସଂଖ୍ୟାର ବର୍ଗମୂଳ 114 ହେବ ।

∴ ନିର୍ଣ୍ଣେୟ ବର୍ଗମୂଳ = 114

(B) 'ଦ୍ୱନ୍ଦ୍ୱଯୋଗ' ସୂତ୍ରର ଉପଯୋଗରେ ପୂର୍ଣ୍ଣବର୍ଗ ସଂଖ୍ୟାର ବର୍ଗମୂଳ ନିର୍ଣ୍ଣୟ:

(i) 'ବିଲୋକନମ୍' ପଦ୍ଧତି ପରି 'ଦ୍ୱନ୍ଦ୍ୱଯୋଗ' ର ପ୍ରୟୋଗ ପାଇଁ ପ୍ରଥମେ ଦତ୍ତ ସଂଖ୍ୟାକୁ ଡାହାଣରୁ ବାମକୁ ଅଙ୍କଗୁଡ଼ିକୁ ଯୋଡ଼ିଯୋଡ଼ି କରି ରଖାଯାଏ । ଯଦି ବାମପାର୍ଶ୍ୱରେ ଗୋଟିଏ ଅଙ୍କ ବଳିପଡ଼େ ତେବେ ତାହାକୁ ମଧ୍ୟ '0' କୁ ନେଇ ଏକ ଯୋଡ଼ା ସଂଖ୍ୟା ରୂପେ ନିଆଯାଏ ।

(ii) ଦତ୍ତ ସଂଖ୍ୟା ନିର୍ଣ୍ଣୟଟି ଯେତେ ଯୋଡ଼ା ସଂଖ୍ୟା ବିଶିଷ୍ଟ ହୋଇଥାଏ, ସେତିକିଟି ଅଙ୍କ ଉକ୍ତ ସଂଖ୍ୟାର ବର୍ଗମୂଳ ସଂଖ୍ୟାରେ ରହିବ ।

(iii) ଯଦି ସଂଖ୍ୟାଟିର ବର୍ଗମୂଳ 'n' ଅଙ୍କବିଶିଷ୍ଟ ହୁଏ, ତେବେ ସଂଖ୍ୟାଟି 2n ବା (2n – 1) ସଂଖ୍ୟକ ଅଙ୍କ ବିଶିଷ୍ଟ ହେବ ।

(iv) ବିପରୀତ କ୍ରମେ ଯଦି ସଂଖ୍ୟାଟି n ଅଙ୍କବିଶିଷ୍ଟ ହୁଏ ତେବେ ଏହାର ବର୍ଗମୂଳ $\frac{n}{2}$ ବା $\left(\frac{n+1}{2}\right)$ ସଂଖ୍ୟକ ଅଙ୍କ ବିଶିଷ୍ଟ ହେବ ।

'ଦ୍ୱନ୍ଦ୍ୱଯୋଗ' ସୂତ୍ରର ପ୍ରୟୋଗବିଧି ନିମ୍ନ କେତେକ ଉଦାହରଣରୁ ସ୍ପଷ୍ଟ ହୋଇପାରିବ ।

ଉଦାହରଣ - 6 : 529 ର ବର୍ଗମୂଳ ନିର୍ଣ୍ଣୟ କର ।

ସମାଧାନ : $529 = \overline{05}\,\overline{29}$

(D)	05	${}_{1}29$
4		
(Q)	2	3

D : ଭାଜକ ପାଇଁ ଉଦ୍ଦିଷ୍ଟ ସ୍ଥାନ

Q : ଭାଗଫଳ ପାଇଁ ଉଦ୍ଦିଷ୍ଟ ଧାଡ଼ି

- 529 କୁ ଦକ୍ଷିଣପାର୍ଶ୍ୱରୁ ଯୋଡ଼ିଯୋଡ଼ି କରାଯାଇ ଏକ ଉଲ୍ଲମ୍ବ ରେଖା ଦ୍ୱାରା ପୃଥକ୍ କରି ରଖାଯାଉ ।

- ଏକ ଆନୁଭୂମିକ ରେଖା ଅଙ୍କନ କରି Q ଭାଗଫଳ (ଉତ୍ତର)କୁ ପୃଥକ୍ କରାଯାଉ ।
- D (ଭାଜକ) କୁ ଚିତ୍ରରେ ଦର୍ଶାଯାଇଥିବା ଭଳି ପୃଥକ୍ କରି ରଖାଯାଉ ।
- ଯେହେତୁ $2^2 < 5 < 3^2$, ତେଣୁ ଦତ୍ତ ସଂଖ୍ୟାର ବର୍ଗମୂଳର ପ୍ରଥମ ଅଙ୍କ 2 ନିଆଯାଉ । 2 ର ଦୁଇଗୁଣ 4 କୁ ଭାଜକ ପାଇଁ ଉଦ୍ଦିଷ୍ଟ ସ୍ଥାନରେ ରଖାଯାଉ ।
- 5 ରୁ 2^2 (2 ର ଦ୍ୱନ୍ଦ୍ୱ) କୁ ବିୟୋଗ କରି ବିୟୋଗଫଳ 1 କୁ ଭାଗଶେଷ ଆକାରରେ 2 ର ବାମପାର୍ଶ୍ୱର ଠିକ୍ ତଳକୁ ରଖାଯାଉ । ବର୍ତ୍ତମାନ ନୂତନ ଭାଜ୍ୟ 12 ହେଲା ।
- 12 କୁ 4 ଦ୍ୱାରା ଭାଗ କରି ଭାଗଫଳ 3 କୁ 2 ର ଦକ୍ଷିଣପାର୍ଶ୍ୱରେ ରଖାଯାଉ ।
- ତତ୍ପରେ ଭାଜ୍ୟ 9 ରହିଲା । 9 ରୁ 3^2 (3 ର ଦ୍ୱନ୍ଦ୍ୱ) ବିୟୋଗ କଲେ ପରବର୍ତ୍ତୀ ଭାଜ୍ୟ 0 ପାଇବା ।
- ଯେହେତୁ ଆଉ କୌଣସି ସଂଖ୍ୟା ନାହିଁ ତେଣୁ ଏହିଠାରେ ପ୍ରକ୍ରିୟାର ପରିସମାପ୍ତି ଘଟିବ ।

$\therefore \sqrt{529} = 23$

ଉଦାହରଣ - 7 : 1024 ର ବର୍ଗମୂଳ ନିର୍ଣ୍ଣୟ କର ।

ସମାଧାନ : $1024 = \overline{10}\,\overline{24}$

6	10	$_1 2 _0 4$
Q	3	2

- $3^2 < 10 < 4^2$ ହେତୁ ନିର୍ଣ୍ଣେୟ ଉତ୍ତରର ପ୍ରଥମ ଅଙ୍କ 3 ।
- 3ର 2 ଗୁଣ ଅର୍ଥାତ 6 କୁ ଭାଜକ ଘରେ ରଖାଯାଇଛି ।
- ଭାଗଶେଷ = 10 − 3 ର ଦ୍ୱନ୍ଦ୍ୱ = $10 - 3^2 = 1$

  1 କୁ ପରବର୍ତ୍ତୀ ଭାଜ୍ୟର 2 ର ବାମପାର୍ଶ୍ୱରେ ଠିକ୍ ତଳକୁ ରଖାଯାଇଛି ।
- ନୂତନ ଭାଜ୍ୟ 12 କୁ 6 ଦ୍ୱାରା ଭାଗକରି ଭାଗଫଳର 2 କୁ ଉତ୍ତର ଧାଡ଼ିର 3 ର ଦକ୍ଷିଣପାର୍ଶ୍ୱକୁ ରଖାଯାଉ ।
- ପରବର୍ତ୍ତୀ ଭାଜ୍ୟ = 4 − 2 ର ଦ୍ୱନ୍ଦ୍ୱ = $4 - 2^2 = 0$ ହେତୁ ଏଠାରେ ପ୍ରକ୍ରିୟାର ପରିସମାପ୍ତି ଘଟିଲା । $\therefore \sqrt{1024} = 32$ ।

ଉଦାହରଣ - 8 : 4225 ର ବର୍ଗମୂଳ ନିର୍ଣ୍ଣୟ କର ।

- $4225 = \overline{42}\,\overline{25}$
- $6^2 < 42 < 7^2$: ହେତୁ ନିର୍ଣ୍ଣେୟ ବର୍ଗମୂଳର ପ୍ରଥମ ଅଙ୍କ 6 ହେବ ।
- $6 \times 2 = 12$ କୁ ଭାଜକ ପାଇଁ ଉଦ୍ଦିଷ୍ଟ ଘରେ ରଖାଯାଇଛି ।
- 42 – 36(6 ର ଦ୍ୱନ୍ଦ୍ୱ) = 6 ଭାଗଶେଷକୁ 2 ର ଠିକ୍ ତଳକୁ ରଖାଯାଉ ଯାହାଦ୍ୱାରା ନୂତନ ଭାଜ୍ୟ 62 ମିଳିଲା ।

12	42	$_{6}2_{2}5$
Q	6	5

- 62 କୁ 12 ଦ୍ୱାରା ଭାଗକରି ଭାଗଫଳର 5 କୁ ଉତ୍ତର ଧାଡ଼ିର 6 ର ଦକ୍ଷିଣପାର୍ଶ୍ୱକୁ ରଖାଯାଉ ।
- ଭାଗଶେଷ = 62 - 60 = 2 କୁ 5 ର ବାମପାର୍ଶ୍ୱରେ ରଖାଯାଉ ।
- 25 ରୁ 5^2 (5ର ଦ୍ୱନ୍ଦ୍ୱ) ବିୟୋଗ କଲେ ଭାଗଶେଷ 0 ହେଲା, ଯେଉଁଥିପାଇଁ ପରବର୍ତ୍ତୀ ପ୍ରକ୍ରିୟା ଆଉ ସଂଗଠିତ ହେବାର ଆବଶ୍ୟକତା ପଡ଼ିଲା ନାହିଁ ।

$\therefore \sqrt{4225} = 65$ ।

ଉଦାହରଣ- 9 : 20736 ର ବର୍ଗମୂଳ ନିର୍ଣ୍ଣୟ କର ।

2	2	$_{1}07$	36
Q	1		

- $20736 = \overline{02}\,\overline{07}\,\overline{36}$
- ଦତ୍ତସଂଖ୍ୟାର ଦକ୍ଷିଣରୁ ଅଙ୍କଗୁଡ଼ିକୁ ଯୋଡ଼ି ଯୋଡ଼ି କରାଯାଇ ଉଲ୍ଲମ୍ବ ରେଖାମାନଙ୍କ ଦ୍ୱାରା ପୃଥକ କରାଯାଇଛି ।
- ଯେହେତୁ $1^2 < 2 < 2^2$, ତେଣୁ ସଂଖ୍ୟାର ବର୍ଗମୂଳର ପ୍ରଥମ ଅଙ୍କ 1 ହେବ । ତତ୍ପରେ $1 \times 2 = 2$ କୁ ଭାଜକ ପାଇଁ ଉଦ୍ଦିଷ୍ଟ ଘରେ ରଖାଯାଉ ।
- ଭାଗଶେଷ = 2 - 1 ର ଦ୍ୱନ୍ଦ୍ୱ = $2 - 1^2 = 1$
  1 କୁ 0 ର ବାମପାର୍ଶ୍ୱର ଠିକ୍ ତଳକୁ ରଖାଯାଉ ।
- ବର୍ତ୍ତମାନ $10 \div 2 = 5$ ଭାଗଫଳ ଓ ଭାଗଶେଷ 0 ।

- ଏଠାରେ ମନେରଖିବା ଉଚିତ ହେବ ଯେ, ଭାଗକ୍ରିୟାର ମଧ୍ୟ ଭାଗରେ ଭାଗଶେଷ 0 ହେବ ନାହିଁ। ତେଣୁ ଭାଗଫଳ ବା ଉତ୍ତର 5 ନହୋଇ 4 ହେବା ଦରକାର ।

∴ ପରିବର୍ତ୍ତିତ ଭାଗଫଳ = 4 ଏବଂ ପରିବର୍ତ୍ତିତ ଭାଗଶେଷ = 2 ।

2	2	$_{1}0\ _{2}7$	$_{1}36$
Q	1	4 5	

. ବର୍ତ୍ତମାନ ନୂତନ ଭାଜ୍ୟ 27 ଏବଂ 27 – 4^2 (4 ର ଦ୍ୱନ୍ଦ୍ୱ) = 11 ହେବ ।

ପ୍ରକୃତ ଭାଜ୍ୟ = 11 ÷ 2 = 5 ଭାଗଫଳ ଓ ଭାଗଶେଷ = 1

. ନୂତନ ଭାଜ୍ୟ = 13

ପ୍ରକୃତ ଭାଜ୍ୟ = 13 – 45 ର ଦ୍ୱନ୍ଦ୍ୱ = 13 – 40 = –27 < 0

. ପ୍ରକୃତ ଭାଜ୍ୟ ଋଣାତ୍ମକ ହେତୁ ଏଠାରେ ଭାଗଫଳ 5 ନହୋଇ 4 ହେବା ଦରକାର ।

∴ ଭାଗଫଳ 4 ଏବଂ ଭାଗଶେଷ 3 ।

2	2	$_{1}0\ _{2}7$	$_{3}3\ _{1}6$
Q	1	4	4

∴ ନୂତନ ଭାଜ୍ୟ = 33

ପ୍ରକୃତ ଭାଜ୍ୟ = 33 – 44 ର ଦ୍ୱନ୍ଦ୍ୱ = 33 – 32 = 1 ।

∴ ନୂତନ ଭାଜ୍ୟ = 16 ଓ

ପ୍ରକୃତ ଭାଜ୍ୟ = 16 - 4 ର ଦ୍ୱନ୍ଦ୍ୱ = 16 – 4^2 = 0 ।

∴ ଆଉ କୌଣସି ସଂଖ୍ୟା ଉକ୍ତ ପ୍ରକ୍ରିୟା ପାଇଁ ରହିଲା ନାହିଁ; ତେଣୁ ଏଠାରେ ପ୍ରକ୍ରିୟାଟିର ପରିସମାପ୍ତି ଘଟିଲା ।

∴ $\sqrt{20736} = 144$

ପ୍ରଶ୍ନାବଳୀ - 7

1 'ବିଲୋକନଂ' ସୂତ୍ର ଉପଯୋଗରେ ନିମ୍ନ ପୂର୍ଣ୍ଣବର୍ଗ ସଂଖ୍ୟାଗୁଡ଼ିକର ବର୍ଗମୂଳ ସ୍ଥିର କର ।

(a) 529 (b) 1089 (c) 2401 (d) 6241

(e) 6724 (f) 9409 (g) 41616

2. 'ବିଲୋକନଂ' ସୂତ୍ର ଉପଯୋଗରେ ନିମ୍ନ ପୂର୍ଣବର୍ଗ ସଂଖ୍ୟାଗୁଡ଼ିକର ବର୍ଗମୂଳ ସ୍ଥିର କର ।

(a) 18225 (b) 17161 (c) 11881 (d) 23716

(e) 12544 (f) 9216 (g) 8281

3. 'ଦ୍ୱନ୍ଦ୍ୱଯୋଗ' ସୂତ୍ର ଉପଯୋଗରେ ପୂର୍ଣ୍ଣବର୍ଗ ସଂଖ୍ୟାଗୁଡ଼ିକର ବର୍ଗମୂଳ ସ୍ଥିର କର ।

(a) 4225 (b) 17161 (c) 11881 (d) 23716

(e) 59049 (f) 1681 (g) 7225

4. $272^2 - 128^2$ ର ବର୍ଗମୂଳ ସ୍ଥିର କର ।

5. **0.000441** ର ବର୍ଗମୂଳ ସ୍ଥିର କର ।

6. $21\frac{51}{169}$ ର ବର୍ଗମୂଳ ସ୍ଥିର କର ।

7. $153^2 + 204^2$ ର ବର୍ଗମୂଳ ସ୍ଥିର କର ।

8. $676^2 - 624^2$ ର ବର୍ଗମୂଳ ସ୍ଥିର କର ।

-o-

ଅଷ୍ଟମ ଅଧ୍ୟାୟ

ସଂଖ୍ୟାର ଘନ ନିରୂପଣ

(CUBE OF NUMBERS)

ତିନିଗୋଟି ଏକା ବା ସମାନ ସଂଖ୍ୟାକୁ ଗୁଣିଲେ, ନିର୍ଣ୍ଣେୟ ଗୁଣଫଳକୁ ସଂଖ୍ୟାର ଘନ (Cube of the number) କୁହାଯାଏ। ଉଦାହରଣ ସ୍ୱରୂପ, $a \times a \times a = a^3$ । ଅର୍ଥାତ୍ ସଂଖ୍ୟାର ବର୍ଗକୁ ଉକ୍ତ ସଂଖ୍ୟା ଦ୍ୱାରା ଗୁଣିଲେ ନିର୍ଣ୍ଣେୟ ଗୁଣଫଳକୁ ଉକ୍ତ ସଂଖ୍ୟାର ଘନ କୁହାଯାଏ।

ଉଦାହରଣ ସ୍ୱରୂପ, $4^3 = 4^2 \times 4 = 16 \times 4 = 64$

ସଂଖ୍ୟାର ଘନ ନିର୍ଣ୍ଣୟ ପାଇଁ ପ୍ରଥମ ଦଶଗୋଟି ଗଣନ ସଂଖ୍ୟାର ଘନକୁ ମନେରଖିବା ଅପରିହାର୍ଯ୍ୟ। ନିମ୍ନ ସାରଣୀକୁ ଲକ୍ଷ୍ୟକର।

ସଂଖ୍ୟା	1	2	3	4	5	6	7	8	9	10
ସଂଖ୍ୟାର ଘନ	1	8	27	64	125	216	343	512	729	1000

ପାରମ୍ପରିକ ପଦ୍ଧତିରେ ସଂଖ୍ୟାର ଘନ ନିର୍ଣ୍ଣୟ ଦୀର୍ଘ ଏବଂ ସମୟସାପେକ୍ଷ। ପାରମ୍ପରିକ ପଦ୍ଧତିକୁ ସାଧାରଣତଃ ଉପଯୋଗ କରି ଛାତ୍ରୀଛାତ୍ରମାନଙ୍କର ସଂଖ୍ୟାର ଘନ ନିର୍ଣ୍ଣୟ ସମୟରେ କିଛି ନା କିଛି ଭୁଲ୍ ହୋଇଯିବାର ସମ୍ଭାବନା ଥାଏ।

ବର୍ତ୍ତମାନ ପାରମ୍ପରିକ ବା ଗତାନୁଗତିକ ପଦ୍ଧତି ଅବଲମ୍ବନରେ 25 ର ଘନ ନିର୍ଣ୍ଣୟ କରିବା।

```
   25
×  25
-----
  125
  50×
-----
  625        25 × 25 = 625
×  25        625 × 25 = 15625
-----
 3125
1250×
-----
15625
```

$\therefore 25^3 = 15625$

ବେଦଗଣିତରେ କେତେକ ସୁତ୍ର ଅବଲମ୍ବନରେ ସଂଖ୍ୟାର ଘନ ନିର୍ଭୁଲ୍ ଭାବରେ ତ୍ୱରିତ ନିର୍ଣ୍ଣୟ କରାଯାଇଥାଏ।

ସେ ସୂତ୍ରଗୁଡ଼ିକ ହେଲା -

(A) **ଯାବଦୂନମ୍ (Yavadunam)** ସୂତ୍ର ଏବଂ

(B) **ଆନୁରୂପ୍ୟେଣ (Anurupyen)** ସୂତ୍ର

(A) ଯାବଦୂନମ୍ (Yavadunam) ସୂତ୍ରର ପ୍ରୟୋଗରେ ସଂଖ୍ୟାର ଘନ ନିର୍ଣ୍ଣୟ:

1. କୌଣସି ସଂଖ୍ୟା, ଏହାର ନିକଟତମ ଆଧାରକୁ ନେଇ ଉକ୍ତ ସୂତ୍ରର ପ୍ରୟୋଗ କରାଯାଇଥାଏ। ଆଧାର, 10^n ରୂପ ବିଶିଷ୍ଟ $(n \in N)$ ହୋଇଥିବା ଦରକାର। ଅର୍ଥାତ୍ ସଂପୃକ୍ତ ସଂଖ୍ୟାର ଆଧାର 10 କିମ୍ବା 100 କିମ୍ବା 1000 ଆଦି ହୋଇଥିବା ଆବଶ୍ୟକ। ଏ କ୍ଷେତ୍ରରେ 'ନିଖିଳଂସୂତ୍ର'ର ଉପଯୋଗ ହୋଇଥାଏ।

ପ୍ରୟୋଗ ବିଧି :

(i) ଦତ୍ତ ସଂଖ୍ୟାଟିର ନିକଟତମ ଆଧାରକୁ ନେଇ ଆଧାର ତୁଳନାରେ ଦତ୍ତ ସଂଖ୍ୟାଟି କେତେ ଅଧିକ ବା କେତେ ଊଣା (ବିଚ୍ୟୁତି) ସ୍ଥିର କରିବା, ଅର୍ଥାତ୍ (ଦତ୍ତ ସଂଖ୍ୟା - ଆଧାର) ସ୍ଥିର କରିବା । ଉଦାହରଣ ସ୍ୱରୂପ,

103 - 100 = 3 (3 ଅଧିକ) ଓ 98 - 100 = - 2 (2 ଊଣା)

(ii) ସଂଖ୍ୟାର ଘନ ନିର୍ଣ୍ଣୟରେ ସାଧାରଣତଃ ତିନିଟି ଭାଗ ଉପରେ ଗୁରୁତ୍ୱ ଦିଆଯାଏ ।

(a) ଦତ୍ତ ସଂଖ୍ୟାଠାରୁ ନିକଟବର୍ତ୍ତୀ ଆଧାର ଯେତିକି ଊଣା ବା ଅଧିକ ସ୍ଥିର କରି, ସଂଖ୍ୟାଟିର ଘନର

ବାମପାର୍ଶ୍ୱ = ଦତ୍ତ ସଂଖ୍ୟା + 2 (ଦତ୍ତସଂଖ୍ୟା - ଆଧାର) ନିର୍ଣ୍ଣୟ କର।

ଅଥବା ଦତ୍ତସଂଖ୍ୟା ସହ ସଂଖ୍ୟାଟି ଆଧାରଠାରୁ ଯେତିକି ଅଧିକ ବା ଊଣା ତା'ର ଦୁଇଗୁଣ ଯୋଗକରି ଘନରାଶିର ବାମପାର୍ଶ୍ୱ ନିଆଯାଏ।

∴ ବାମପାର୍ଶ୍ୱ = (ଦତ୍ତସଂଖ୍ୟା + 2 × ବିଚ୍ୟୁତି)

(b) ଘନ ସଂଖ୍ୟାର ମଧ୍ୟଭାଗ = (ବାମପାର୍ଶ୍ୱ - ଆଧାର) × ବିଚ୍ୟୁତି ନିର୍ଣ୍ଣୟ କର।

ଅଥବା ମଧ୍ୟଭାଗ = 3 (ବିଚ୍ୟୁତି)^2

(c) ଘନ ସଂଖ୍ୟାର ଦକ୍ଷିଣପାର୍ଶ୍ୱ = (ଦତ୍ତସଂଖ୍ୟା - ଆଧାର)^3= (ବିଚ୍ୟୁତି)^3 ନିର୍ଣ୍ଣୟ କର।

(iii) ଏଠାରେ ମନେରଖିବାକୁ ହେବ ଯେ, ମଧ୍ୟଭାଗ ଓ ଦକ୍ଷିଣପାର୍ଶ୍ୱର ଅଙ୍କ ସଂଖ୍ୟା ଆଧାରର ଶୂନ ସଂଖ୍ୟା ସହ ସମାନ ହେବା ଆବଶ୍ୟକ।

(a) ଯଦି ସଂପୃକ୍ତ ଭାଗରେ ଆବଶ୍ୟକ ହେଉଥିବା ସଂଖ୍ୟାଠାରୁ କମ୍ ସଂଖ୍ୟକ ଅଙ୍କ ଥାଏ ତେବେ ଉକ୍ତ ଭାଗ ବା ପାର୍ଶ୍ୱସ୍ଥ ସଂଖ୍ୟାର ବାମପାର୍ଶ୍ୱରେ ଆବଶ୍ୟକ ସଂଖ୍ୟକ ଶୂନ ନେଇ ଉକ୍ତ ଆବଶ୍ୟକତାକୁ ପୂରଣ କରାଯାଇପାରେ।

(b) ଯଦି ସଂପୃକ୍ତ ଭାଗରେ ଅଧିକ ସଂଖ୍ୟକ ଅଙ୍କ ଥାଏ ତେବେ ବାମପାର୍ଶ୍ୱରୁ ବଳକା ଅଙ୍କ ବା ଅଙ୍କସମୂହକୁ ପୂର୍ବଭାଗକୁ ବହନ କରାଯାଇଥାଏ।

(iv) ନିର୍ଣ୍ଣେୟ ଘନ ସଂଖ୍ୟା = ବାମପାର୍ଶ୍ୱ / ମଧ୍ୟଭାଗ / ଦକ୍ଷିଣପାର୍ଶ୍ୱ

(v) ଯଦି ଘନଫଳର କୌଣସି ଅଙ୍କ ଋଣାତ୍ମକ ହୋଇଥାଏ, ତେବେ 'ନିଖିଳଂ' ସୂତ୍ର ପ୍ରୟୋଗରେ ଅଙ୍କ ବା ଅଙ୍କଗୁଡ଼ିକୁ ଧନାତ୍ମକ ଅଙ୍କରେ ପରିଣତ କରାଯାଏ।

ଯଦି a = ଦତ୍ତସଂଖ୍ୟା, d = ଆଧାରଠାରୁ ବିଚ୍ୟୁତି

(ବିଚ୍ୟୁତି ଧନାତ୍ମକ ବା ଋଣାତ୍ମକ ହୋଇପାରେ)

ତେବେ $\mathbf{a^3 = (a + 2d) / 3d^2 / d^3}$ ହେବ।

ଉଦାହରଣ-1: 12 ର ଘନ ସ୍ଥିର କର।

ସମାଧାନ :

12 (a) ର ନିକଟତମ ଆଧାର 10, ବିଚ୍ୟୁତି $d = 12 - 10 = 2$

12 ର ଘନ ଅର୍ଥାତ୍ $a^3 = (a + 2d) / 3d^2 / d^3$

$$\therefore 12^3 = 12 + 2 \times 2 / 3 \times 2^2 / 2^3$$

$$= 16 / 12 / 8 = 1728$$

$\therefore 12^3 = 1728$

ଉଦାହରଣ - 2 : 102 ର ଘନ ସ୍ଥିର କର।

ସମାଧାନ :

102(a) ର ନିକଟତମ ଆଧାର 100, ବିଚ୍ୟୁତି(d)= $102 - 100 = 2$

102 ର ଘନ ଅର୍ଥାତ୍ $a^3 = (a + 2d) / 3d^2 / d^3$

$$\therefore 102^3 = 102 + 2 \times 2 / 3 \times (2)^2 / (2)^3$$

$$= 106 / 12 / 8$$

$$= 106 / 12 / 08$$

∵ ଆଧାର 100 ରେ ଦୁଇଟି '0' ରହିଛି ତେଣୁ ଘନ ସଂଖ୍ୟାର ମଧ୍ୟଭାଗ ଏବଂ ଦକ୍ଷିଣପାର୍ଶ ଦୁଇ ଅଙ୍କ ବିଶିଷ୍ଟ ହେବା ଆବଶ୍ୟକ।

$\therefore 102^3 = 1061208$

ଉଦାହରଣ - 3 : 105 ର ଘନ ସ୍ଥିର କର ।

ସମାଧାନ :

105 (a) ର ନିକଟତମ ଆଧାର 100,

ବିଚ୍ୟୁତି (d) = 105–100 = 5

$\therefore a^3 = (a + 2d) / 3d^2 / d^3$

$= 105 + 2 \times 5 / 3 \times (5)^2 / (5)^3$

$= 105 + 10 / 75 / 125$

$= 115 / 76 / 25 = 1157625$

$\therefore (105)^3 = 1157625$

(ଘନସଂଖ୍ୟା ନିର୍ଣ୍ଣୟରେ ଦକ୍ଷିଣପାର୍ଶ୍ୱସ୍ଥ ସଂଖ୍ୟା ଦୁଇଅଙ୍କ ବିଶିଷ୍ଟ ହେବ। ତେଣୁ 1 କୁ ମଧ୍ୟଭାଗକୁ ବହନ କରାଯାଇ 75 ସହ ଯୋଗ କରାଯାଇଛି।)

ଉଦାହରଣ- 4 : 96 ର ଘନ ନିର୍ଣ୍ଣୟ କର।

ସମାଧାନ :

ଦତ୍ତସଂଖ୍ୟା (a) = 96, ଆଧାର = 100

ବିଚ୍ୟୁତି (d) = 96 − 100 = −4

$\therefore a^3 = (a + 2d) / 3d^2 / d^3$

$(96)^3 = 96 + 2(-4) / 3(-4)^2 / (-4)^3$

$= (96 - 8) / 48 / (-64)$

$= 88 / 47 + 1 / \overline{64}$

$= 88 / 47 / 100 - 64$

$= 88 / 47 / 36 = 884736$

$\therefore 96^3 = 884736$

(ଘନସଂଖ୍ୟା ନିର୍ଣ୍ଣୟରେ ଦକ୍ଷିଣପାର୍ଶ୍ୱ ଋଣାତ୍ମକ ହେତୁ 100 ରୁ ବିୟୋଗ କରି ଉକ୍ତ ସଂଖ୍ୟାକୁ ଧନାତ୍ମକ ସଂଖ୍ୟାରେ ପରିଣତ କରାଗଲା।)

ଉଦାହରଣ - 5 : 997 ର ଘନ ନିରୂପଣ କର ।

ସମାଧାନ :

ଦତ୍ତସଂଖ୍ୟା (a) = 997, ଆଧାର = 1000 ଏବଂ

ବିଚ୍ୟୁତି (d) = 997 − 1000 = −3

$\therefore\ a^3 = (a + 2d)\ /\ 3d^2\ /\ d^3$

$(997)^3 = 997 + 2 \times (-3)\ /\ 3\,(-3)^2\ /\ (-3)^3$

$= 991\ /\ 27\ /\ -27$

$= 991\ /\ 027\ /\ 0\overline{27}$

(ଘନଫଳ ନିର୍ଣ୍ଣୟରେ ମଧ୍ୟଭାଗ ଏବଂ ଦକ୍ଷିଣପାର୍ଶ୍ୱ ତିନିଅଙ୍କ ବିଶିଷ୍ଟ ହେବ)

$\therefore\ 997^3 = 991\ /\ 026 + 1\ /\ 0\overline{27}$

$= 991\ /\ 026\ /\ (1000 - 27)$

$= 991\ /\ 026\ /\ 973$

$= 991026973$

$\therefore\ 997^3 = 991026973$

2. ଯଦି ସଂଖ୍ୟାର ଆଧାର 10, 100, 1000, ... ଇତ୍ୟାଦିର ନିକଟବର୍ତ୍ତୀ ନ ହୋଇ ଏହାର ଯେକୌଣସି ଗୁଣିତକର ନିକଟବର୍ତ୍ତୀ ହୋଇଥାଏ, ତେବେ **'ନିଖିଳଂ' (Nikhilam)** ସୂତ୍ର ପ୍ରୟୋଗର ଆବଶ୍ୟକତା ପଡ଼ିଥାଏ ।

ପ୍ରୟୋଗବିଧି :

(i) ଯଦି ଆଧାର 10, 100, 1000..... ହୁଏ, ତେବେ ଉପଆଧାର = 1 ହୋଇଥାଏ, କିନ୍ତୁ ଯେତେବେଳେ ଆଧାର 40 ଏବଂ ପ୍ରକୃତ ଆଧାର 10 ହୋଇଥାଏ, ସେତେବେଳେ ଉପଆଧାର 4 ହେବ । କାରଣ, 40 = 10 × 4

(ii) ସଂଖ୍ୟାର ଘନ ନିର୍ଣ୍ଣୟ ତିନି ସୋପାନବିଶିଷ୍ଟ :

ବାମପାର୍ଶ୍ୱ = (ଦତ୍ତ ସଂଖ୍ୟା + 2 × ବିଚ୍ୟୁତି) × (ଉପାଧାର)^2

ମଧ୍ୟଭାଗ = 3 (ବିଚ୍ୟୁତି)^2 × ଉପାଧାର ଏବଂ

ଦକ୍ଷିଣପାର୍ଶ୍ୱ = (ବିଚ୍ୟୁତି)^3

ଉଦାହରଣ - 6 : 25 ର ଘନ ନିର୍ଣ୍ଣୟ କର।

ସମାଧାନ :

ପ୍ରକୃତ ଆଧାର = 10, କାର୍ଯ୍ୟକାରୀ ଆଧାର = 20

ଉପଆଧାର = 2 ($\because$ 20 = 2 × 10), ବିଚ୍ୟୁତି = 25 – 20 = 5

$\therefore 25^3 = (25 + 2 \times 5) \times (2)^2 \ / \ 3\ (5)^2 \times 2 \ / \ (5)^3$

$= 140 \ / \ 150 \ / \ 125$

$= 140 \ / \ 162 \ / \ 5$

$= 156 \ / \ 2 \ / \ 5 = 15625$

$\therefore 25^3 = 15625$

(ଘନସଂଖ୍ୟା ନିର୍ଣ୍ଣୟରେ ମଧଭାଗ ଏବଂ ଦକ୍ଷିଣପାର୍ଶ୍ୱ ଏକ ଅଙ୍କବିଶିଷ୍ଟ ହେବ।)

ଉଦାହରଣ - 7 : 58 ର ଘନ ନିର୍ଣ୍ଣୟ କର।

ସମାଧାନ : ପ୍ରକୃତ ଆଧାର = 10, କାର୍ଯ୍ୟକାରୀ ଆଧାର = 50

ଉପଆଧାର = 5 ($\because$ 50 = 5 × 10), ବିଚ୍ୟୁତି = 58 – 50 = 8

$\therefore 58^3 = (58 + 2 \times 8) \times (5)^2 \ / \ 3\ (8)^2 \times 5 \ / \ (8)^3$

$= 1850 \ / \ 960 \ / \ 512$

$= 1850 \ / \ 1011 \ / \ 2$

$= 1951 \ / \ 1 \ / \ 2 = 195112$

$\therefore 58^3 = 195112$

ବିକଳ୍ପ ପ୍ରଣାଳୀ : ଆଧାର = 10, କାର୍ଯ୍ୟକାରୀ ଆଧାର = 60

ଉପଆଧାର= 6($\because$ 60 = 6 ×10), ବିଚ୍ୟୁତି = 58 – 60= –2 ବା $\overline{2}$

$\therefore (58)^3 = [58 + 2 \times (-2)] \times 6^2 \ / \ 3 \times (-2)^2 \times 6 \ /(-2)^3$

$= 54 \times 36 \ / \ 72 \ / \ -8$

$= 1944 \ / \ 71 + 1 \ / \ -8$

$= 1944 \ / \ 71 + 1 \ / \ (10-8)$

$= 1944 \ / \ 71 \ / \ 2$

$= 1951 \ / \ 1 \ / \ 2 = 195112$

$\therefore 58^3 = 195112$

ଉଦାହରଣ - 8 : 203 ର ଘନ ନିର୍ଣ୍ଣୟ କର ।

ସମାଧାନ :

ଆଧାର = 100, କାର୍ଯ୍ୟକାରୀ ଆଧାର = 200,

ଉପଆଧାର = 2 ($\because$ 200 = 2 × 100), ବିଚ୍ୟୁତି =203 –200= 3

$\therefore 203^3 = [203 + 2 \times 3] \times 2^2 / 3\ (3)^2 \times 2 / (3)^3$

$= 209 \times 4 / 54 / 27$

$= 836 / 54 / 27 = 8365427$

$\therefore 203^3 = 8365427$

(B) ଆନୁରୂପ୍ୟେଣ ସୂତ୍ରର ପ୍ରୟୋଗରେ ସଂଖ୍ୟାର ଘନ ନିର୍ଣ୍ଣୟ :

ଜ୍ୟାମିତିକ ପ୍ରଗତି ବା ଗୁଣୋତ୍ତର ପ୍ରଗତି (Geometrical Progression)ର ଆଧାରରେ 'ଆନୁରୂପ୍ୟେଣ' ସୂତ୍ରର ସଫଳ ପ୍ରୟୋଗ କରାଯାଇପାରେ ।

(1) ପ୍ରଥମ ପଦ 'a' ଏବଂ ସାଧାରଣ ଅନୁପାତ (r) ହେଲେ ଶ୍ରେଣୀ ବା ପ୍ରଗତିର ପରବର୍ତ୍ତୀ ପଦଗୁଡ଼ିକ ନିରୂପିତ ହୋଇପାରିବ ।

ଜ୍ୟାମିତିକ ଶ୍ରେଣୀଟି ହେବ-

$a, ar, ar^2, ar^3, \ldots\ldots\ ar^{n-1}$ (n- ତମ ପଦ)

ଏଠାରେ, $\frac{ar}{a} = \frac{ar^2}{ar} = \frac{ar^3}{ar^2} = \ldots\ldots = \frac{ar^{n-2}}{ar^{n-1}} = r$

(2) ଯଦି a,b,c ଜ୍ୟାମିତିକ ଶ୍ରେଣୀର ଅନ୍ତର୍ଭୁକ୍ତ ହୁଅନ୍ତି,

ତେବେ $\frac{b}{a} = \frac{c}{b}$ କିମ୍ବା $b^2 = ac$ ହେବ ।

ଉଦାହରଣ ସ୍ୱରୂପ -

(i) 2, 8, 32............. (ସାଧାରଣ ଅନୁପାତ r = 4)

(ii) 5, 25, 125, 625............ (ସାଧାରଣ ଅନୁପାତ r = 5)

ପ୍ରୟୋଗ ବିଧି :

1. ପ୍ରଥମେ ଦତ୍ତ ସଂଖ୍ୟାର ବାମରୁ ପ୍ରଥମ ଅଙ୍କର ଘନ ନେଇ, ତାକୁ ସାଧାରଣ ଅନୁପାତ $\left(\frac{b}{a}\right)$ ଦ୍ୱାରା ଗୁଣି ପ୍ରଥମ ଚରିଗୋଟି ସଂଖ୍ୟାକୁ ଗୋଟିଏ ଧାଡ଼ିରେ ରଖ ।

2. ଦ୍ୱିତୀୟ ଏବଂ ତୃତୀୟ ସଂଖ୍ୟାର ଦୁଇଗୁଣକୁ ସଂପୃକ୍ତ ଧାଡ଼ି ଓ ସ୍ତମ୍ଭର ଠିକ୍ ତଳକୁ ରଖ।

3. ପରିଶେଷରେ ଦୁଇଟି ଧାଡ଼ିର ସଂଖ୍ୟାମାନଙ୍କୁ ଯୋଗ କର। ନିମ୍ନ ସାରଣୀକୁ ଦେଖି, $(a + b)^3$ କିପରି ସ୍ଥିର କରାଯାଇଛି ଅନୁଧ୍ୟାନ କର।

	1st	2nd	3rd	4th
	a^3	a^2b	ab^2	b^3
		$2a^2b$	$2ab^3$	
$(a+b)^3$	a^3	$3a^2b$	$3ab^2$	b^3

$$\therefore (a+b)^3 = a^3 + 3a^2b + 3ab^2 + b^3$$

ସାରଣୀରେ ଉପଲବ୍ଧ ବିଶ୍ଳେଷଣ ହେଉଛି , ଆନୁରୂପ୍ୟେଣ ସୂତ୍ରର ପରିବର୍ତ୍ତିତ ଧାରଣା ମାତ୍ର।

ପ୍ରକାଶ ଥାଉକି, **'ଆନୁରୂପ୍ୟେଣ'ର ଅର୍ଥ ହେଲା ଆନୁପାତିକ ସମ୍ବନ୍ଧ ଦ୍ୱାରା।**

ଉଦାହରଣ-1: 12ର ଘନ ନିର୍ଣ୍ଣୟ କର।

ସମାଧାନ :

(i) ଦ୍ୱିତୀୟ ଅଙ୍କ : ପ୍ରଥମ ଅଙ୍କ = 2 : 1

(ii) ପ୍ରଥମ ଅଙ୍କର ଘନ ଅର୍ଥାତ $(1)^3 = 1$ ସ୍ଥିର କର ଏବଂ ଏହାକୁ ଧାଡ଼ିର ପ୍ରଥମ ଅଙ୍କ ରୂପେ ନିଅ।

(iii) 1 କୁ 2:1 ବା 2 ଦ୍ୱାରା ଗୁଣି ଧାଡ଼ିର ଦ୍ୱିତୀୟ ସଂଖ୍ୟାକୁ ଲେଖ ।

(iv) ପୁନଶ୍ଚ ଦ୍ୱିତୀୟ ସଂଖ୍ୟାକୁ 2 ଦ୍ୱାରା ଗୁଣି ତୃତୀୟ ସଂଖ୍ୟା ଏବଂ ତୃତୀୟ ସଂଖ୍ୟାକୁ 2 ଦ୍ୱାରା ଗୁଣି ଧାଡ଼ିର ଚତୁର୍ଥ ସଂଖ୍ୟାକୁ ଲେଖି ଧାଡ଼ିଟି ସମ୍ପୂର୍ଣ୍ଣ କର।

1 2 4 8
  4 8 (ଦ୍ୱିତୀୟ ଓ ତୃତୀୟ ସଂଖ୍ୟାର ଦୁଇଗୁଣକୁ
1/ 6 / 12 / 8 = 1728 ସଂପୃକ୍ତ ସ୍ତମ୍ଭ ଏବଂ ସଂଖ୍ୟାର ଠିକ୍ ତଳକୁ ରଖ)

$$\therefore 12^3 = 1728$$

ଉଦାହରଣ - 2 : 15 ର ଘନ ନିର୍ଣ୍ଣୟ କର।
ସମାଧାନ :

ଏଠାରେ $a = 1$, $4 = 5$ ଏବଂ $\dfrac{b}{a} = 5$

ଅର୍ଥାତ୍ ଏକକ ସ୍ଥାନୀୟ ଅଙ୍କ : ଦଶକ ସ୍ଥାନୀୟ ଅଙ୍କ = 5 : 1 ବା 5

	ପ୍ରଥମ ସଂଖ୍ୟା	ଦ୍ୱିତୀୟ ସଂଖ୍ୟା	ତୃତୀୟ ସଂଖ୍ୟା	ଚତୁର୍ଥ ସଂଖ୍ୟା
	$(1)^3$	1×5	5×5	25×5
ପ୍ରଥମ ଧାଡ଼ି →	1	5	25	125
ଦ୍ୱିତୀୟ ଧାଡ଼ି →		10	50	
	1 /	15 /	75 /	125

$15^3 = 1 / 15 / 75 / 125$
$ = 1 / 15 / 87 / 5$
$ = 1 / 23 / 7 / 5$
$ = 3375$

∴ $15^3 = 3375$

ଉଦାହରଣ - 3 : 32 ର ଘନ ନିର୍ଣ୍ଣୟ କର।
ସମାଧାନ :

ଏଠାରେ, $a = 3$, $b = 2$ ∴ $\dfrac{b}{a} = \dfrac{2}{3}$

ପ୍ରଥମ ଧାଡ଼ି →	27	18	12	8
ଦ୍ୱିତୀୟ ଧାଡ଼ି →		36	24	
	27 /	54 /	36 /	8

$32^3 = 27 / 54 / 36 / 8$
$ = 27 / 57 / 6 / 8$
$ = 32 / 7 / 6 / 8 = 32768$

∴ $32^3 = 32768$

ଉଦାହରଣ–4: 46ର ଘନ ନିର୍ଣ୍ଣୟ କର।
ସମାଧାନ : ଏଠାରେ, a = 4, b = 6

$$\therefore \frac{b}{a} = \frac{6}{4} = \frac{3}{2}$$

ପ୍ରଥମ ଧାଡ଼ି →   64   96   144   216
ଦ୍ୱିତୀୟ ଧାଡ଼ି →   192   288
                   64 / 288 / 432 / 216

46^3 = 64 / 288 / 432 / 216
       = 64 / 288 / 453 / 6
       = 64 / 333 / 3 / 6
       = 97 / 3 / 3 / 6 = 97336

$\therefore 46^3 = 97336$

ଉଦାହରଣ– 5 : 19 ର ଘନ ନିର୍ଣ୍ଣୟ କର।
ସମାଧାନ : ଏଠାରେ, a = 1, b = 9

$$\therefore \frac{b}{a} = \frac{9}{1} = 9$$

ପ୍ରଥମ ଧାଡ଼ି →   1   9   81   729
ଦ୍ୱିତୀୟ ଧାଡ଼ି →   18   162
                   1 / 27 / 243 / 729

19^3 = 1 / 27 / 243 / 729
      = 1 / 27 / 315 / 9 = 1 / 58 / 5 / 9
      = 6 / 8 / 5 / 9 = 6859

$\therefore 19^3 = 6859$

ପ୍ରଶ୍ନାବଳୀ – 8

1. 'ଯାବଦୂନଂ' ପଦ୍ଧତି ପ୍ରୟୋଗରେ ନିମ୍ନ ସଂଖ୍ୟାଗୁଡ଼ିକର ଘନ ସ୍ଥିର କର ।

   (a) 39 (b) 37 (c) 48 (d) 97

   (e) 104 (f) 103 (g) 92 (h) 88

2. 'ଆନୁରୂପ୍ୟେଣ' ପଦ୍ଧତି ପ୍ରୟୋଗରେ ନିମ୍ନ ସଂଖ୍ୟାଗୁଡ଼ିକର ଘନ ସ୍ଥିର କର ।

   (a) 14 (b) 23 (c) 27 (d) 13

   (e) 18 (f) 16 (g) 21 (h) 17

3. 'ନିଖିଳଂ' ପଦ୍ଧତି ପ୍ରୟୋଗରେ ନିମ୍ନ ସଂଖ୍ୟାଗୁଡ଼ିକର ଘନ ସ୍ଥିର କର ।

   (a) 58 (b) 63 (c) 38 (d) 99

   (e) 96 (f) 35 (g) 53 (h) 65

4. ସରଳ କର ।

   (a) $12^3 + 15^3$ (b) $21^3 + 17^3$ (c) $23^3 + 25^3$

   (d) $18^3 + 12^3$ (e) $113^3 + 92^3$

5. ସରଳ କର ।

   (a) $18^3 - 15^3$ (b) $32^3 - 12^3$ (c) $35^3 - 27^3$

   (d) $38^3 - 18^3$ (e) $104^3 - 97^3$

6. ଆଧାର ଏବଂ ଉପଆଧାର ନେଇ ନିମ୍ନ ସଂଖ୍ୟାଗୁଡ଼ିକର ଘନ ନିରୂପଣ କର ।

   (a) 16 (b) 23 (c) 53

   (d) 41 (e) 72 (f) 62

–o–

ନବମ ଅଧ୍ୟାୟ

ପୂର୍ଣ୍ଣଘନ ରାଶିର ଘନମୂଳ

(CUBE ROOT OF PERFECT CUBE NUMBERS)

ତିନିଗୋଟି ଏକା ସଂଖ୍ୟା ବା ସମାନ ସଂଖ୍ୟାକୁ ଗୁଣନ କଲେ ସଂଖ୍ୟାଟିର ଘନ ମିଳେ; ଏହାକୁ **ପୂର୍ଣ୍ଣଘନ ସଂଖ୍ୟା ବା ରାଶି** କୁହାଯାଏ। ପୂର୍ବରୁ ଜାଣିଛେ ଯଦି a ଏକ ଗଣନ ସଂଖ୍ୟା ହୁଏ, ତେବେ $a \times a = a^2$ ପୂର୍ଣ୍ଣବର୍ଗ ସଂଖ୍ୟା ଏବଂ a , a^2 ର ଧନାତ୍ମକ ବର୍ଗମୂଳ ହେବ ।

ସେହିପରି $a \times a \times a = a^3$ (ପୂର୍ଣ୍ଣ ଘନରାଶି)

ଯଦି $a^3 = x$ ହୁଏ ତେବେ $a = \sqrt[3]{x}$ ବା $x^{\frac{1}{3}}$

ଅର୍ଥାତ୍ x ର ଘନମୂଳ a ହେବ ।

ଅଧୁନା ବିଦ୍ୟାଳୟସ୍ତରରେ ମୌଳିକ ଉତ୍ପାଦକୀକରଣ ପ୍ରକ୍ରିୟାଦ୍ୱାରା ପୂର୍ଣ୍ଣଘନରାଶିର ଘନମୂଳ ନିର୍ଣ୍ଣୟ କରିବା ଶିଖାଯାଉଅଛି।

ଉଦାହରଣ ସ୍ୱରୂପ, 1728 ର ଘନମୂଳ ନିର୍ଣ୍ଣୟ ପାଇଁ 1728ର ସମସ୍ତ ମୌଳିକ ଗୁଣନୀୟକ (Prime Factors) ଗୁଡ଼ିକୁ ସ୍ଥିର କରିବା।

2	1728
2	864
2	432
2	216
2	108
2	54
3	27
3	9
	3

$$1728 = \underline{2 \times 2 \times 2} \times \underline{2 \times 2 \times 2} \times \underline{3 \times 3 \times 3}$$

$$\sqrt[3]{1827} = 2 \times 2 \times 3 = 12$$

$\therefore$ 1728 ର ଘନମୂଳ 12

ଉପରୋକ୍ତ ପ୍ରକ୍ରିୟାଟି ଛାତ୍ରୀଛାତ୍ରମାନଙ୍କ ପାଇଁ କଷ୍ଟସାଧ ଏବଂ ସମୟସାପେକ୍ଷ ହୋଇପାରେ। କିନ୍ତୁ ବେଦଗଣିତ ସମ୍ବନ୍ଧୀୟ ସୂତ୍ର **'ବିଲୋକନମ୍'** ର ପ୍ରୟୋଗରେ ପ୍ରତ୍ୟେକ (ଛଅ ଅଙ୍କବିଶିଷ୍ଟ ସଂଖ୍ୟା ପର୍ଯ୍ୟନ୍ତ) ପୂର୍ଣ୍ଣଘନ ସଂଖ୍ୟାର ଘନମୂଳ

ସହଜସାଧ୍ୟ ହୋଇପାରିବ । ଅବଶ୍ୟ ସାତଅଙ୍କ କିମ୍ୱା ତଦୂର୍ଦ୍ଧ୍ୱ ଅଙ୍କବିଶିଷ୍ଟ ଘନସଂଖ୍ୟାର ଘନମୂଳ ନିର୍ଣ୍ଣୟ ସମ୍ଭବ, କିନ୍ତୁ ଉଚ୍ଚ ପ୍ରାଥମିକସ୍ତରର ଛାତ୍ରୀଛାତ୍ରଙ୍କ ନିମନ୍ତେ କଷ୍ଟସାଧ୍ୟ ହୋଇପାରେ ।

'ବିଲୋକନମ୍' (Vilokanam) ସୂତ୍ର ପ୍ରୟୋଗ କରିବା ପୂର୍ବରୁ ନିମ୍ନ ସାରଣୀଗୁଡ଼ିକୁ ଭଲଭାବରେ ଅନୁଧ୍ୟାନ କରିବା ଆବଶ୍ୟକ ।

(a) **ପୂର୍ଣ୍ଣ ଘନସଂଖ୍ୟାର ଘନମୂଳର ଏକକ ସ୍ଥାନୀୟ ଅଙ୍କ ନିରୂପଣ :**
    ସାରଣୀ - 1 :

ଘନ ସଂଖ୍ୟାର ଏକକ ସ୍ଥାନୀୟ ଅଙ୍କ	ସଂଖ୍ୟାର ଘନମୂଳର ଏକକ ସ୍ଥାନୀୟ ଅଙ୍କ
0	0
1	1
2	8
3	7
4	4
5	5
6	6
7	3
8	2
9	9

ଉପରିସ୍ଥ ସାରଣୀରୁ ନିମ୍ନ ଦୁଇଟି ତଥ୍ୟ ସ୍ପଷ୍ଟ ହୁଏ ।

(i) ଯେଉଁ ଘନସଂଖ୍ୟାର ଏକକ ସ୍ଥାନୀୟ ଅଙ୍କ 1, 4, 5, 6, 9 ଏବଂ 0 ହୋଇଥାଏ, ସେହି ଘନସଂଖ୍ୟାର ଘନମୂଳର ଏକକ ସ୍ଥାନୀୟ ଅଙ୍କ ଅପରିବର୍ତ୍ତିତ ରହେ । ଅର୍ଥାତ୍ ଏକକ ସ୍ଥାନୀୟ ଅଙ୍କଗୁଡ଼ିକୁ ଯଥାକ୍ରମେ 1, 4, 5, 6, 9 ଓ 0 ରହିବ ।

(ii) ଯେଉଁ ଘନସଂଖ୍ୟାର ଏକକ ସ୍ଥାନୀୟ ଅଙ୍କ 2, 3, 7 ଏବଂ 8 ହୋଇଥାଏ, ସେହି ଘନସଂଖ୍ୟାର ଘନମୂଳର ଏକକ ସ୍ଥାନୀୟ ଅଙ୍କ ଯଥାକ୍ରମେ 8, 7, 3 ଏବଂ 2 ହେବ । ଅର୍ଥାତ୍ ସେମାନଙ୍କର ଏକକ ସ୍ଥାନୀୟ ଅଙ୍କ 10 ର ପୂରକ ସଂଖ୍ୟା ହେବ ।

(b) ଗୋଟିଏ ପୂର୍ଣ୍ଣଘନ ସଂଖ୍ୟାର ଘନମୂଳର ବାମପାର୍ଶ୍ୱସ୍ଥ ଅଙ୍କ ଅର୍ଥାତ୍ ଦଶକ ସ୍ଥାନୀୟ ଅଙ୍କ ନିରୂପଣ :

ସାରଣୀ - 2 : ପୂର୍ଣ୍ଣଘନ ସଂଖ୍ୟାର ଦଶକ ସ୍ଥାନୀୟ ଅଙ୍କ ନିରୂପଣ :

ଘନସଂଖ୍ୟାର ବାମପାର୍ଶ୍ୱସ୍ଥ ଅଙ୍କ ବା ସଂଖ୍ୟାଦ୍ୱୟ ବା ସଂଖ୍ୟାତ୍ରୟ ବିଶିଷ୍ଟ ସଂଭାଗ	ଘନମୂଳର ବାମପାର୍ଶ୍ୱସ୍ଥ ସଂଖ୍ୟା (ଦଶକ ସ୍ଥାନୀୟ ଅଙ୍କ)
1–7	1
8 - 26	2
27- 63	3
64–124	4
125 - 215	5
216 -342	6
343 - 511	7
512 - 728	8
729 - 999	9

(c) ପୂର୍ଣ୍ଣଘନ ସଂଖ୍ୟାର ବୀଜାଙ୍କ ବା ନବଶେଷ ନିର୍ଣ୍ଣୟ :

ସାରଣୀ - 3 :

ସଂଖ୍ୟା	ସଂଖ୍ୟାର ଘନ	ଘନସଂଖ୍ୟାର ବୀଜାଙ୍କ ବା ନବଶେଷ
1	1	1
2	8	8
3	27	9 ବା ଶୂନ
4	64	1
5	125	8
6	216	0
7	343	1
8	512	8
9	729	0

ବ୍ୟାବହାରିକ ବୈଦିକ ଗଣିତ   155

ଉପରିସ୍ଥ ସାରଣୀରୁ ସ୍ପଷ୍ଟ ଯେ,

(a) ଘନ ସଂଖ୍ୟାର ବୀଜାଙ୍କଗୁଡ଼ିକ 0, 1, ବା 8 ହେବ ।

(b) ବିପରୀତ କ୍ରମେ ଯେଉଁ ସଂଖ୍ୟାର ବୀଜାଙ୍କ 0, 1 ବା 8 ହୋଇଥାଏ, ସେ ସଂଖ୍ୟାଗୁଡ଼ିକ ପୂର୍ଣ୍ଣଘନ ସଂଖ୍ୟା ହୋଇପାରେ ବା ନହୋଇ ପାରେ ।

ବିଲୋକନମ୍ ସୂତ୍ରର ପ୍ରୟୋଗ :

ବିଲୋକନମ୍‌ର ଅର୍ଥ ପର୍ଯ୍ୟବେକ୍ଷଣ (Observation ବା Inspection)

ପର୍ଯ୍ୟବେକ୍ଷଣ ମାଧ୍ୟମରେ କୌଣସି ଏକ ସଂଖ୍ୟାର ଘନମୂଳର ଦଶକ ଏବଂ ଏକକ ସ୍ଥାନୀୟ ଅଙ୍କ ଯଥାକ୍ରମେ ସାରଣୀ – 2 ଏବଂ ସାରଣୀ – 1 ମାଧ୍ୟମରେ ସ୍ଥିର କରାଯାଇପାରେ ।

ପ୍ରୟୋଗ ବିଧି :

(i) ପୂର୍ଣ୍ଣ ଘନ ସଂଖ୍ୟାଟିକୁ ଡାହାଣରୁ ଆରମ୍ଭ କରି ତିନି ତିନୋଟି ଅଙ୍କକୁ ନେଇ ଗୋଟିଏ ଗୋଟିଏ ଗୋଷ୍ଠୀ ସୃଷ୍ଟି କର; ଅବଶ୍ୟ ବାମପାର୍ଶ୍ୱସ୍ଥ ଗୋଷ୍ଠୀରେ ଗୋଟିଏ କିମ୍ୱା ଦୁଇଟି ଅଙ୍କ ରହିପାରେ ।

ଯଥା :- $\overline{6}\,\overline{345}$, $\overline{63}\,\overline{183}$, $\overline{783}\,\overline{257}$

(ii) ସଂଖ୍ୟାରେ ଯେତେଗୋଟି ଗୋଷ୍ଠୀ ଥାଏ, ସଂଖ୍ୟାର ଘନମୂଳ ସେତେଗୋଟି ଅଙ୍କ ବିଶିଷ୍ଟ ହୋଇଥାଏ ।

ଉଦାହରଣ ସ୍ୱରୂପ,

$\overline{729}$ ର ଘନମୂଳ ଏକ ଅଙ୍କବିଶିଷ୍ଟ,

$\overline{1}\,\overline{728}$ ର ଘନମୂଳ ଦୁଇ ଅଙ୍କବିଶିଷ୍ଟ,

$\overline{300}\,\overline{763}$ ର ଘନମୂଳ ଦୁଇ ଅଙ୍କବିଶିଷ୍ଟ ଇତ୍ୟାଦି ।

(iii) ବାମପାର୍ଶ୍ୱସ୍ଥ ଅଙ୍କ ଗୋଷ୍ଠୀରୁ ଘନମୂଳର ଦଶକ ସ୍ଥାନୀୟ ଅଙ୍କ ସ୍ଥିର କରିପାରିବା । ଗୋଷ୍ଠୀର ସର୍ବବୃହତ୍ ଏକ ଅଙ୍କ ବିଶିଷ୍ଟ ଘନମୂଳ ନିର୍ଣ୍ଣୟ ମାଧ୍ୟମରେ ଦତ୍ତ ଘନମୂଳର ବାମପାର୍ଶ୍ୱସ୍ଥ ଅଙ୍କ ସ୍ଥିର କରିବା (ସାରଣୀ – 2 ଦେଖ) ।

(iv) ପରବର୍ତ୍ତୀ ସମୟରେ ଦକ୍ଷିଣପାର୍ଶ୍ୱସ୍ଥ ଅଙ୍କ ଗୋଷ୍ଠୀର ଏକକ ଅଙ୍କକୁ ଲକ୍ଷ୍ୟ କରି ସଂଖ୍ୟାର ଘନମୂଳର ଏକକ ଅଙ୍କଟିକୁ ସ୍ଥିର କରିପାରିବା (ସାରଣୀ – 1 ଦେଖ) ।

ଉଦାହରଣ- 1 : 1728 ର ଘନମୂଳ ନିର୍ଣ୍ଣୟ କର ।

ସମାଧାନ : 1728 ର ଘନମୂଳ ବା $\sqrt[3]{1728}$ ନିର୍ଣ୍ଣୟ କରିବା ।

$\overline{1}\ \overline{728}$ (ଦତ୍ତ ସଂଖ୍ୟାକୁ ଦକ୍ଷିଣରୁ ଆରମ୍ଭ କରି ଅଙ୍କଗୁଡ଼ିକୁ ଦୁଇଟି ଗୋଷ୍ଠୀରେ ପରିଣତ କରାଗଲା)

$\sqrt[3]{\overline{1}\overline{728}}$ (ବାମପାର୍ଶ୍ୱସ୍ଥ ଗୋଷ୍ଠୀ 1 ର ଘନମୂଳ 1)

(ଦକ୍ଷିଣପାର୍ଶ୍ୱସ୍ଥ ଅଙ୍କ ଗୋଷ୍ଠୀର ଏକକସ୍ଥାନୀୟ ଅଙ୍କ 8 ହେତୁ ଘନମୂଳର ଏକକ ସ୍ଥାନୀୟ ଅଙ୍କ 2 ହେବ । ($\because 2^3 = 8$)

$\therefore$ 1728 ର ଘନମୂଳ ଅଥବା $\sqrt[3]{1728} = 12$

ଦ୍ରଷ୍ଟବ୍ୟ : 1728 ର ବୀଜାଙ୍କ = 0 ହେତୁ ଏହା ଏକ ପୂର୍ଣ୍ଣ ଘନସଂଖ୍ୟା ।

ଉଦାହରଣ - 2 : 13824 ର ଘନମୂଳ ସ୍ଥିର କର ।

ସମାଧାନ :

ଏଠାରେ 13824 ର ବୀଜାଙ୍କ = 1 + 3 + 8 + 2 + 4 = 18 = 0

$\therefore$ 13824 ଏକ ପୂର୍ଣ୍ଣ ଘନ ସଂଖ୍ୟା ହୋଇପାରେ । ବର୍ତ୍ତମାନ ପରୀକ୍ଷାକରି ଦେଖିବା ।

(i) $\overline{13}\overline{824}$ ସଂଖ୍ୟାରେ ଦୁଇଟି ଗୋଷ୍ଠୀ ସଂପୃକ୍ତ ବାମପାର୍ଶ୍ୱସ୍ଥ ଗୋଷ୍ଠୀ 13 ଏବଂ ଦକ୍ଷିଣପାର୍ଶ୍ୱସ୍ଥ ଗୋଷ୍ଠୀ 824 ।

(ii) $\because 2^3 < 13 < 3^3$ ତେଣୁ ଘନମୂଳର ଦଶକ ସ୍ଥାନୀୟ ଅଙ୍କ 2 ।

(iii) ଦକ୍ଷିଣପାର୍ଶ୍ୱସ୍ଥ ଗୋଷ୍ଠୀ 824 ର ଏକକ ସ୍ଥାନୀୟ ଅଙ୍କ 4 ହେତୁ, ଘନମୂଳର ଏକକ ସ୍ଥାନୀୟ ଅଙ୍କ 4 ହେବ ।

$\therefore$ 13824 ର ଘନମୂଳ 24 ।

ଉଦାହରଣ - 3 : 97336 ର ଘନମୂଳ ନିର୍ଣ୍ଣୟ କର । ଦର୍ଶାଅ ଯେ, 97336 ଏକ ପୂର୍ଣ୍ଣ ଘନସଂଖ୍ୟା ।

ସମାଧାନ : 97336 = $\overline{097}\overline{336}$

'ବିଲୋକନମ୍' ପଦ୍ଧତି ଅନୁଯାୟୀ

$\because 4^3 < 97 < 5^3$, ତେଣୁ ଘନମୂଳ ସଂଖ୍ୟାର ଦଶକ ସ୍ଥାନୀୟ ଅଙ୍କ 4 ହେବ ।

ପରବର୍ତ୍ତୀ ଗୋଷ୍ଠୀ $\overline{336}$ ରୁ ଆମେ ସ୍ଥିର କରିବା ଯେ, ଘନମୂଳ ସଂଖ୍ୟାର ଏକକ ସ୍ଥାନୀୟ ଅଙ୍କ 6 ହେବ ।

$\therefore \sqrt[3]{97336} = 46$

$\therefore$ 97336 ଏକ ପୂର୍ଣ୍ଣ ଘନ ସଂଖ୍ୟା ।

ଉଦାହରଣ - 4 : 941192 ର ଘନମୂଳ ସ୍ଥିର କର ।

ସମାଧାନ : $941192 = \overline{941}\,\overline{192}$

ପ୍ରଥମ ଗୋଷ୍ଠୀକୁ $\overline{941}$ ଅନୁଧ୍ୟାନ କଲେ ଜାଣିବାକୁ ପାଇବା,

$729 < 941 < 1000$ ଅଥବା $9^3 < 941 < 10^3$

$\therefore$ ଘନମୂଳ ସଂଖ୍ୟାର ଦଶକ ସ୍ଥାନୀୟ ଅଙ୍କ 9 ହେବ ।

ବର୍ତ୍ତମାନ ଦ୍ୱିତୀୟ ଗୋଷ୍ଠୀ $\overline{192}$ ର ଏକକ ସ୍ଥାନୀୟ ଅଙ୍କ 2 ହେତୁ ଘନମୂଳର ଏକକ ସ୍ଥାନୀୟ ଅଙ୍କ 8 ହେବ ।

$\therefore \sqrt[3]{941192} = 98$

ସ୍ପଷ୍ଟ ଯେ, 941192 ଏକ ପୂର୍ଣ୍ଣ ଘନ ସଂଖ୍ୟା ।

ପରୀକ୍ଷା କରି ଦେଖାଯାଇ ପାରେ ଯେ, ସଂଖ୍ୟାର ବୀଜାଙ୍କ 8

ଉଦାହରଣ - 5 : 175616 ର ଘନମୂଳ ସ୍ଥିର କର ।

ସମାଧାନ : ଏଠାରେ 175616 ର ବୀଜାଙ୍କ

$= 1 + 7 + 5 + 6 + 1 + 6 = 8$

$\therefore$ 175616 ଏକ ପୂର୍ଣ୍ଣଘନ ସଂଖ୍ୟା । ସଂଖ୍ୟାଟିର ଘନମୂଳ ସ୍ଥିର କରିବା ।

$\overline{175}\,\overline{616}$

↙ ↘

5 6 $125 < 175 < 216 \Rightarrow 5^3 < 175 < 6^3$

$\therefore$ ଘନମୂଳର ଦଶକ ସ୍ଥାନୀୟ ଅଙ୍କ 5 ।

$\overline{616}$ ଗୋଷ୍ଠୀର ଏକକ ସ୍ଥାନୀୟ ଅଙ୍କ 6 ହେତୁ ଘନମୂଳର ଏକକ ସ୍ଥାନୀୟ ଅଙ୍କ 6 ହେବ ।

$\therefore$ 175616 ର ଘନମୁଳ = 56 ।

ଉଦାହରଣ - 6 : 681472 ର ଘନମୂଳ ସ୍ଥିର କର ।

ସମାଧାନ :

ଏଠାରେ 681472 ର ବୀଜାଙ୍କ = 1 (ବୀଜାଙ୍କ ନିରୂପଣ କର)

∴ 681472 ସଂଖ୍ୟା ଏକ ପୂର୍ଣ୍ଣଘନ ସଂଖ୍ୟା ।

$\overline{681}\,\overline{472}$ ଦତ୍ତ ସଂଖ୍ୟା ଦୁଇଟି ଗୋଷ୍ଠୀ ସଂପନ୍ନ,

ତେଣୁ ଏହାର ଘନମୂଳ ଦୁଇଅଙ୍କ ବିଶିଷ୍ଟ ।

$\overline{681}\,\overline{472}$
↙ ↘
8 8

$512 < 681 < 729 \Rightarrow 8^3 < 681 < 9^3$

ତେଣୁ 681 ରେ ଥିବା ସର୍ବାଧିକ ଘନସଂଖ୍ୟା 512, ଯାହା 8^3 ସହ ସମାନ ।

472ର ଏକକ ସ୍ଥାନୀୟ ଅଙ୍କ 2 ହେତୁ ଘନମୂଳର ଏକକ ସ୍ଥାନୀୟ ଅଙ୍କ 8 ହେବ ।

∴ 681472 ର ଘନମୂଳ 88 ।

ଉଦାହରଣ - 7 : 1061208 ର ଘନମୂଳ ସ୍ଥିର କର ।

ସମାଧାନ : ଏଠାରେ 1061208 ର ବୀଜାଙ୍କ = 0

∴ ଦତ୍ତ ସଂଖ୍ୟାଟି ଏକ ପୂର୍ଣ୍ଣଘନ ସଂଖ୍ୟା ।

$\overline{1061}\,\overline{208}$
↙ ↘
10 2

(i) ଏଠାରେ 208 କୁ ଏକ ଗୋଷ୍ଠୀ ଏବଂ 1061 କୁ ଅନ୍ୟ ଏକ ଗୋଷ୍ଠୀ ରୂପେ ଗ୍ରହଣ କରିବା ।

(ii) ବର୍ତ୍ତମାନ $10^3 < 1061 < 11^3$ ପର୍ଯ୍ୟବେକ୍ଷଣ ଦ୍ୱାରା 1061 ଗୋଷ୍ଠୀପାଇଁ ଘନମୂଳର ବାମପାର୍ଶ୍ୱସ୍ଥ ସଂଖ୍ୟା 10 ପାଇବା ।

(iii) ପରବର୍ତ୍ତୀ ଗୋଷ୍ଠୀ 208 ର ଏକକ ସ୍ଥାନୀୟ ଅଙ୍କ 8 ହେତୁ ଉକ୍ତ ସଂଖ୍ୟାର ଘନମୂଳର ଏକକ ସ୍ଥାନୀୟ ଅଙ୍କ 2 ହେବ ।

∴ 1061208 ର ଘନମୂଳ = 102

ଲକ୍ଷ୍ୟ କର : 1061208 ଏକ ସାତ ଅଙ୍କବିଶିଷ୍ଟ ସଂଖ୍ୟା ହେତୁ ଏହାର ଘନମୂଳ ତିନି ଅଙ୍କବିଶିଷ୍ଟ ହେଲା ।

ଉଦାହରଣ - 8 : 1030301 ର ଘନମୂଳ ସ୍ଥିର କର ।

ସମାଧାନ :

ଏଠାରେ ସଂଖ୍ୟାର ବୀଜାଙ୍କ = 1 + 0 + 3 + 0 + 3 + 0 + 1 = 8

∴ ସଂଖ୍ୟାଟି ଏକ ପୂର୍ଣ୍ଣଘନ ସଂଖ୍ୟା ।

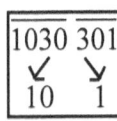

$\overline{1030}\ \overline{301}$
↙ ↘
10 1

(i) $10^3 < 1030 < 11^3$

∴ ଘନମୂଳର ବାମପାର୍ଶ୍ୱସ୍ଥ ସଂଖ୍ୟା 10 ।

(ii) 301 ଗୋଷ୍ଠୀର ଏକକ ସ୍ଥାନୀୟ ଅଙ୍କ 1 ହେତୁ ଘନମୂଳର ଏକକ ସ୍ଥାନୀୟ ଅଙ୍କ 1 ହେବ ।

∴ 1030301 ର ଘନମୂଳ 101 ।

ଉଦାହରଣ - 9 : 1906624 ର ଘନମୂଳ ସ୍ଥିର କର ।

ସମାଧାନ :

(i) 1906624 ର ବୀଜାଙ୍କ 1 + 9 + 0 + 6 + 6 + 2 + 4 = 1 ।

∴ ଦତ୍ତ ସଂଖ୍ୟାଟି ଏକ ପୂର୍ଣ୍ଣଘନ ସଂଖ୍ୟା ।

(i) ସଂଖ୍ୟାଟି ଯୁଗ୍ମ ସଂଖ୍ୟା ହେତୁ ସଂଖ୍ୟାକୁ 8 ଦ୍ୱାରା ଭାଗ କରି ଚାଲିବା ଯେପରିକି ଗୋଟିଏ ଅଯୁଗ୍ମ ଘନସଂଖ୍ୟା ଆମକୁ ମିଳିବ ।

8 | 1906624
8 | 238328
  29791

∴ 1906624 = 8 × 8 × 29791

ବର୍ତ୍ତମାନ 29791 ର ଘନମୂଳ ସ୍ଥିର କରିବା ।

(a) $\overline{29}\,\overline{791}$ (ଦୁଇଟି ଗୋଷ୍ଠୀରେ ପରିଣତ ହେଲା)

(b) $27 < 29 < 64 \Rightarrow 3^3 < 29 < 4^3$

∴ ଘନମୂଳର ଦଶକ ସ୍ଥାନୀୟ ଅଙ୍କ 3 ହେବ ।

(c) 791 ର ଏକକ ସ୍ଥାନୀୟ ଅଙ୍କ 1 ହେତୁ ଘନମୂଳର ଏକକ ସ୍ଥାନୀୟ ଅଙ୍କ 1 ହେବ ।

(d) 29791 ର ଘନମୂଳ 31 ।

(e) $1906624 = 8 \times 8 \times 29791 = 2^3 \times 2^3 \times 31^3$

$\therefore$ 1906624 ର ଘନମୂଳ $= 2 \times 2 \times 31 = 124$

ସାତ ଅଙ୍କବିଶିଷ୍ଟ ଯୁଗ୍ମ ପୂର୍ଣ୍ଣ ଘନସଂଖ୍ୟା କ୍ଷେତ୍ରରେ ଉପରିସ୍ଥ ପ୍ରଣାଳୀର ଆବଶ୍ୟକତା ଅଛି, ଯାହାଦ୍ୱାରା ଦତ୍ତ ସଂଖ୍ୟାର ଘନମୂଳ ନିର୍ଣ୍ଣୟ ସମ୍ଭବ ଏବଂ ସହଜ ହୋଇପାରିବ ।

ପ୍ରଶ୍ନାବଳୀ - 9

1. ନିମ୍ନଲିଖିତ ସଂଖ୍ୟା ମଧ୍ୟରୁ କେଉଁଗୁଡ଼ିକ ପୂର୍ଣ୍ଣ ଘନରାଶି ହୋଇପାରେ ପରୀକ୍ଷା କରି ଦେଖ ।

   (a) 1331 (b) 178 (c) 2197 (d) 1728

   (e) 29791 (f) 13820 (g) 2744 (h) 732001

2. ନିମ୍ନଲିଖିତ ପୂର୍ଣ୍ଣଘନରାଶିର ଘନମୂଳ 'ବିଲୋକନଂ' ପଦ୍ଧତିରେ ନିର୍ଣ୍ଣୟ କର ।

   (a) 13824 (b) 24389 (c) 74088 (d) 46656

   (e) 195112 (f) 681472 (g) 531441

3. ନିମ୍ନଲିଖିତ ଗାଣିତିକ ଉକ୍ତି ମଧ୍ୟରୁ କେଉଁ ଉକ୍ତିଗୁଡ଼ିକ ଠିକ୍ ଉକ୍ତି ବାଛି ଲେଖ ।

   (a) $\sqrt[3]{74088} = 42$ (b) $\sqrt[3]{17578} = 22$

   (c) $\sqrt[3]{39304} = 34$ (d) $\sqrt[3]{12321} = 11$

   (e) $\sqrt[3]{110592} = 48$

4. ଦର୍ଶାଅ ଯେ, ନିମ୍ନ ସଂଖ୍ୟାଗୁଡ଼ିକ ଗୋଟିଏ ଗୋଟିଏ ଘନ ସଂଖ୍ୟା -

   (a) 29791 (b) 1771561

   (c) 1,092,727 (d) 658503

   (e) 328,509 (f) 421875

–o–

ଦଶମ ଅଧ୍ୟାୟ

ବିଭାଜ୍ୟତା ଏବଂ ବେଷ୍ଟନପ୍ରକ୍ରିୟା

(DIVISIBILITY AND OSCULATION)

ଏକ ସଂଖ୍ୟା, କେଉଁ କେଉଁ ସଂଖ୍ୟା ଦ୍ୱାରା ବିଭାଜ୍ୟ ତାହା ଭାଗକ୍ରିୟା ମାଧ୍ୟମରେ ଜାଣି ହେବ। ଭାଗକ୍ରିୟାରେ ଯଦି ଭାଗଶେଷ '0' ହେଉଥାଏ। ତେବେ ଭାଜ୍ୟ ସଂଖ୍ୟାଟି ଭାଜକ ସଂଖ୍ୟାଦ୍ୱାରା ବିଭାଜ୍ୟ ବୋଲି ପରିଗଣିତ ହୋଇଥାଏ । ଏ କ୍ଷେତ୍ରରେ ଭାଜକ ସଂଖ୍ୟା, ଭାଜ୍ୟ ସଂଖ୍ୟାର ଏକ ଗୁଣନୀୟକ ହେବ।

ଉଦାହରଣ ସ୍ୱରୂପ :

(i) 21, 3 ଦ୍ୱାରା ବିଭାଜ୍ୟ; କାରଣ 21କୁ 3ଦ୍ୱାରା ଭାଗ କଲେ ଭାଗଶେଷ '0' ହୁଏ।

(ii) 75, 15 ଦ୍ୱାରା ବିଭାଜ୍ୟ; କାରଣ 75 କୁ 15 ଦ୍ୱାରା ଭାଗକଲେ ଭାଗଶେଷ ମଧ୍ୟ 0 ହୋଇଥାଏ ।

(ii) 123, 3 ଦ୍ୱାରା ବିଭାଜ୍ୟ; କାରଣ 123 କୁ 3 ଦ୍ୱାରା ଭାଗକଲେ ଭାଗଶେଷ 0 ହୋଇଥାଏ ଇତ୍ୟାଦି ।

ଭାଗକ୍ରିୟା ବିଭିନ୍ନ ବୈଦିକ ପଦ୍ଧତିର ସହାୟତାରେ ସମ୍ପାଦିତ ହୋଇଥାଏ । ଭାଗକ୍ରିୟା ମାଧ୍ୟମରେ କୌଣସି ସଂଖ୍ୟାର ବିଭାଜ୍ୟତାକୁ ଜାଣିବା ସମୟସାପେକ୍ଷ ଏବଂ କଷ୍ଟସାଧ୍ୟ ମଧ୍ୟ । ତେଣୁ 'ବିଭାଜ୍ୟତା'ର ଉପଲବ୍ଧି ପାଇଁ ବୈଦିକ ସୂତ୍ର **'ବେଷ୍ଟନମ୍' (Osculation)** ଅର୍ଥାତ୍ **'ବେଷ୍ଟନ କ୍ରିୟା'**ର ଆବଶ୍ୟକତା ପଡ଼ିଥାଏ। ଉପରୋକ୍ତ ପ୍ରକ୍ରିୟାର ଅବତାରଣା ପୂର୍ବରୁ ପ୍ରଥମେ ବିଭାଜ୍ୟତା ଦୃଷ୍ଟିକୋଣରୁ ସଂଖ୍ୟାଗୁଡ଼ିକୁ ଚିହ୍ନିବା ।

(i) **ସଂପ୍ରସାରିତ ସ୍ୱାଭାବିକ** ସଂଖ୍ୟାଗୁଡ଼ିକ (0, 1, 2, 3, 4, 5, ...) ମଧ୍ୟରୁ '1' କେବଳ 1 ବ୍ୟତୀତ ଅନ୍ୟ କୌଣସି ସଂଖ୍ୟା ଦ୍ୱାରା ବିଭାଜିତ ନୁହେଁ।

(ii) ସଂପ୍ରସାରିତ ସ୍ୱାଭାବିକ ସଂଖ୍ୟାଗୁଡ଼ିକ ମଧ୍ୟରୁ '0' (ଶୂନ) **ପ୍ରତ୍ୟେକ ସଂଖ୍ୟାଦ୍ୱାରା ବିଭାଜିତ,** ଯେଉଁଥିରେ ଭାଗଫଳ କେବଳ '0' ହେବ ।

(iii) ସଂପ୍ରସାରିତ ସ୍ୱାଭାବିକ ସଂଖ୍ୟା ମଧ୍ୟରୁ କୌଣସି ଏକ ସଂଖ୍ୟା କେବଳ ସେହି ସଂଖ୍ୟା ଓ 1 ଦ୍ୱାରା ବିଭାଜିତ ହେଉଥିଲେ ତାକୁ **'ମୌଳିକ ସଂଖ୍ୟା' (Prime Numbers)** କୁହାଯାଏ ।

(iv) 0, 1 ଏବଂ ମୌଳିକ ସଂଖ୍ୟାମାନଙ୍କୁ ବାଦ୍‌ଦେଲା ପରେ ସଂପ୍ରସାରିତ ସ୍ୱାଭାବିକ ସଂଖ୍ୟାମାନଙ୍କର ଅବଶିଷ୍ଟ ସଂଖ୍ୟାମାନଙ୍କୁ **'ଯୌଗିକ ସଂଖ୍ୟା' (Compound Numbers)** କୁହାଯାଏ ।

ଯୌଗିକ ସଂଖ୍ୟାର ବିଶେଷତ୍ୱ ହେଲା, ଏହା 1 ଏବଂ ସେହି ସଂଖ୍ୟା ବ୍ୟତୀତ ଅନ୍ୟ କୌଣସି ସଂଖ୍ୟାଦ୍ୱାରା ମଧ୍ୟ ବିଭାଜିତ ହୋଇପାରେ ।

କେତେକ ସଂଖ୍ୟାର ବିଭାଜ୍ୟତା ସମ୍ବନ୍ଧରେ ଆଲୋଚନା କରିବା । ସାଧାରଣ ଭାଗକ୍ରିୟାରେ କିଛି ମୌଳିକ ବିଭାଜ୍ୟତା ନିୟମ ବା ସୂତ୍ରକୁ ପ୍ରୟୋଗ କରିଥାଉ । ଏଥିପାଇଁ ସମୟ ସମୟରେ 'ଗୁଣନ ଖନ୍ଦା' (Multiplication Table) ର ମଧ୍ୟ ସହାୟତା ନିଆଯାଇଥାଏ ।

(i) 2 ଦ୍ୱାରା ବିଭାଜ୍ୟତା ନିୟମ :

ଯଦି କୌଣସି ସଂଖ୍ୟାର ଶେଷ ଅଙ୍କ 0 କିମ୍ବା କୌଣସି ଯୁଗ୍ମ ଅଙ୍କ ହୋଇଥାଏ, ତେବେ ସଂଖ୍ୟାଟି 2 ଦ୍ୱାରା ବିଭାଜ୍ୟ ହୁଏ ।

ଉଦାହରଣ ସ୍ୱରୂପ - 56, 258, 35736, 8438..... ଇତ୍ୟାଦି ।

(ii) '5' ଦ୍ୱାରା ବିଭାଜ୍ୟତା ନିୟମ :

ଯଦି କୌଣସି ସଂଖ୍ୟାର ଶେଷ ଅଙ୍କ 0 କିମ୍ବା 5 ହୋଇଥାଏ, ତେବେ ସଂଖ୍ୟାଟି 5 ଦ୍ୱାରା ବିଭାଜ୍ୟ ହୁଏ ।

ଉଦାହରଣ ସ୍ୱରୂପ : 165, 20750, 1835, 163300... ଇତ୍ୟାଦି।

(iii) '10' ଦ୍ୱାରା ବିଭାଜ୍ୟତା ନିୟମ :

ଯଦି କୌଣସି ସଂଖ୍ୟାର ଶେଷ ଅଙ୍କ 0 (ଶୂନ) ହୋଇଥାଏ, ତେବେ ସଂଖ୍ୟାଟି 10 ଦ୍ୱାରା ବିଭାଜ୍ୟ ହୁଏ।

ଏଠାରେ ମନେରଖିବାକୁ ହେବ ଯେ, 10 ଦ୍ୱାରା ବିଭାଜ୍ୟ ସଂଖ୍ୟାମାନ ମଧ୍ୟ 2 କିମ୍ବା 5 ଦ୍ୱାରା ବିଭାଜିତ ହେବେ ।

($\because$ 10 = 2 × 5) ଉଦାହରଣ ସ୍ୱରୂପ : 19370, 16700, 6530.... ଇତ୍ୟାଦି ।

(iv) '3' ଦ୍ୱାରା ବିଭାଜ୍ୟତା ନିୟମ :

ଯଦି ସଂଖ୍ୟାର ଅଙ୍କଗୁଡ଼ିକର ସମଷ୍ଟି '3' ଦ୍ୱାରା ବିଭାଜ୍ୟ, ତେବେ ସଂଖ୍ୟାଟି ମଧ୍ୟ '3' ଦ୍ୱାରା ବିଭାଜିତ ହେବ।

ଉଦାହରଣ - 1 : '24654' ର '3' ଦ୍ୱାରା ବିଭାଜ୍ୟତା ପରୀକ୍ଷା କର।

ସମାଧାନ : 24654 ର ଅଙ୍କମାନଙ୍କର ସମଷ୍ଟି = 2 +4+6+5+4 = 21 ।

21, 3 ଦ୍ୱାରା ବିଭାଜ୍ୟ । ତେଣୁ ସଂଖ୍ୟାଟି 3 ଦ୍ୱାରା ବିଭାଜ୍ୟ ।

ବି.ଦ୍ର. : ଯଦି ସଂଖ୍ୟାଟିର ବୀଜାଙ୍କ' 3 ଦ୍ୱାରା ବିଭାଜ୍ୟ, ତେବେ ସଂଖ୍ୟାଟି ମଧ୍ୟ 3 ଦ୍ୱାରା ବିଭାଜ୍ୟ ।

ଉଦାହରଣ - 2 : 63972 ସଂଖ୍ୟାର 3 ଦ୍ୱାରା ବିଭାଜ୍ୟତା ସ୍ଥିର କର ।

ସମାଧାନ :63972ର ବୀଜାଙ୍କ = 6+3+ 9+7+2= 27 ପୁନଶ୍ଚ 2+7 = 9

'9', 3 ଦ୍ୱାରା ବିଭାଜିତ ହେତୁ ସଂଖ୍ୟାଟି ମଧ୍ୟ 3 ଦ୍ୱାରା ବିଭାଜ୍ୟ ।

(v) '9' ଦ୍ୱାରା ବିଭାଜ୍ୟତା ନିୟମ :

ଯଦି ସଂଖ୍ୟାର ଅଙ୍କମାନଙ୍କର ସମଷ୍ଟି '9' ଦ୍ୱାରା ବିଭାଜ୍ୟ, ତେବେ ସଂଖ୍ୟାଟି '9' ଦ୍ୱାରା ବିଭାଜିତ ହେବ ।

ଉଦାହରଣ - 3 : 4322025 ର 9 ଦ୍ୱାରା ବିଭାଜ୍ୟତା ସ୍ଥିର କର ।

ସମାଧାନ : 4322025 ର ଅଙ୍କମାନଙ୍କର ସମଷ୍ଟି

= 4 + 3 + 2 + 2 + 0 + 2 + 5 = 18

18, 9 ଦ୍ୱାରା ବିଭାଜ୍ୟ । ତେଣୁ ସଂଖ୍ୟାଟି 9 ଦ୍ୱାରା ବିଭାଜ୍ୟ।

ବି.ଦ୍ର, : ଯଦି ଦତ୍ତ ସଂଖ୍ୟାଟିର ବୀଜାଙ୍କ ବା ନବଶେଷ 0 କିମ୍ବା 9 ହୁଏ, ତେବେ ସଂଖ୍ୟାଟି '9' ଦ୍ୱାରା ବିଭାଜ୍ୟ ହେବ । 9 ଦ୍ୱାରା ବିଭାଜ୍ୟ ସଂଖ୍ୟା, 3 ଦ୍ୱାରା ମଧ୍ୟ ବିଭାଜ୍ୟ ।

ଉଦାହରଣ-4: 456512 ସଂଖ୍ୟାଟି 9ଦ୍ୱାରା ବିଭାଜ୍ୟ କି ନାହିଁ ପରୀକ୍ଷା କର।

ସମାଧାନ : 456512 ର ବୀଜାଙ୍କ = 4 + 5 + 6 + 5 + 1 + 2 = 23 ପୁନଶ୍ଚ 2 +3 = 5; ସଂଖ୍ୟାଟିର ବୀଜାଙ୍କ '9' ଦ୍ୱାରା ବିଭାଜିତ ନୁହେଁ।

∴ ସଂଖ୍ୟାଟି '9' ଦ୍ୱାରା ବିଭାଜିତ ନୁହେଁ।

(vi) '4' ଦ୍ୱାରା ବିଭାଜ୍ୟତା ନିୟମ :

ଯଦି କୌଣସି ସଂଖ୍ୟାର ଶେଷଅଙ୍କଦ୍ୱୟ ଦ୍ୱାରା ଗଠିତ ସଂଖ୍ୟା '4' ଦ୍ୱାରା ବିଭାଜ୍ୟ ହୁଏ, ତେବେ ଦତ୍ତ ସଂଖ୍ୟାଟି '4' ଦ୍ୱାରା ବିଭାଜିତ ହେବ ।

ଉଦାହରଣ - 5 : '476548' ର '4' ଦ୍ୱାରା ବିଭାଜ୍ୟତା ପରୀକ୍ଷା କର।

ସମାଧାନ : 476548 ସଂଖ୍ୟାର ଶେଷ ଅଙ୍କଦ୍ୱୟ ଦ୍ୱାରା ଗଠିତ ସଂଖ୍ୟା 48, ଯାହା 4 ଦ୍ୱାରା ବିଭାଜ୍ୟ । ତେଣୁ 476548, 4 ଦ୍ୱାରା ବିଭାଜ୍ୟ ହେବ ।

ବି.ଦ୍ର. : ଯଦି ସଂଖ୍ୟାର ଶେଷଅଙ୍କ (ଏକକ ସ୍ଥାନୀୟ ଅଙ୍କ) ଏବଂ ଏହାର ପୂର୍ବ ଅଙ୍କ (ଦଶକ ସ୍ଥାନୀୟ ଅଙ୍କ) ର ଦୁଇଗୁଣର ସମଷ୍ଟି 4 ଦ୍ୱାରା ବିଭାଜ୍ୟ, ତେବେ ସଂଖ୍ୟାଟି 4 ଦ୍ୱାରା ବିଭାଜ୍ୟ ।

ଉଦାହରଣ- 6 : 350864 ସଂଖ୍ୟାର 4 ଦ୍ୱାରା ବିଭାଜ୍ୟତା ପରୀକ୍ଷା କର ।

ସମାଧାନ : 350864 ର ଏକକ ଓ ଦଶକ ସ୍ଥାନୀୟ ଅଙ୍କଦ୍ୱୟ ଯଥାକ୍ରମେ 4 ଓ 6 ।

ଏକକ ସ୍ଥାନୀୟ ଅଙ୍କ + 2 × ଦଶକ ସ୍ଥାନୀୟ ଅଙ୍କ = 4 + 2 × 6 = 16

16, 4 ଦ୍ୱାରା ବିଭାଜ୍ୟ ହେତୁ ଦତ୍ତ ସଂଖ୍ୟାଟି 4 ଦ୍ୱାରା ବିଭାଜ୍ୟ ।

(vii) '8' ଦ୍ୱାରା ବିଭାଜ୍ୟତା ନିୟମ :

ଯଦି କୌଣସି ସଂଖ୍ୟାର ଶେଷ ତିନି ଅଙ୍କଦ୍ୱାରା ଗଠିତ ସଂଖ୍ୟା (କ୍ରମ ଅପରିବର୍ତ୍ତିତ ରହି) 8 ଦ୍ୱାରା ବିଭାଜ୍ୟ, ତେବେ ସଂଖ୍ୟାଟି 8 ଦ୍ୱାରା ମଧ୍ୟ ବିଭାଜ୍ୟ ।

ଉଦାହରଣ-7 : 257216 ସଂଖ୍ୟାର '8' ଦ୍ୱାରା ବିଭାଜ୍ୟତା ପରୀକ୍ଷା କର ।

ସମାଧାନ : 257216 ସଂଖ୍ୟାର ଶେଷ ତିନି ଅଙ୍କକୁ ନେଇ ଗଠିତ ସଂଖ୍ୟା 216 ।

216, 8 ଦ୍ୱାରା ବିଭାଜିତ ହେତୁ ଦତ୍ତ ସଂଖ୍ୟାଟି ମଧ୍ୟ 8 ଦ୍ୱାରା ବିଭାଜ୍ୟ ।

ଉଦାହରଣ- 8 : 756000 ସଂଖ୍ୟାର 8 ଦ୍ୱାରା ବିଭାଜ୍ୟତା ପରୀକ୍ଷା କର ।

ସମାଧାନ : ଦତ୍ତ ସଂଖ୍ୟାର ଶେଷ ତିନିଅଙ୍କ ପ୍ରତ୍ୟେକ 0 ଅର୍ଥାତ୍ '000' ଦ୍ୱାରା ଗଠିତ ସଂଖ୍ୟା 0 ।

'0', 8 ଦ୍ୱାରା ବିଭାଜିତ ତେଣୁ ଦତ୍ତ ସଂଖ୍ୟାଟି ମଧ୍ୟ 8 ଦ୍ୱାରା ବିଭାଜ୍ୟ ।

ବି.ଦ୍ର : ଯଦି ସଂଖ୍ୟାର ଏକକ ସ୍ଥାନୀୟ ଅଙ୍କ, ଦଶକ ସ୍ଥାନୀୟ ଅଙ୍କର ଦୁଇଗୁଣ ଏବଂ ଶତକ ସ୍ଥାନୀୟ ଅଙ୍କ ର ଚାରି ଗୁଣର ସମଷ୍ଟି 8 ଦ୍ୱାରା ବିଭାଜ୍ୟ ତେବେ ସଂଖ୍ୟାଟି 8 ଦ୍ୱାରା ମଧ୍ୟ ବିଭାଜ୍ୟ ।

ଉଦାହରଣ-9 : 235472 ସଂଖ୍ୟାର '8' ଦ୍ୱାରା ବିଭାଜ୍ୟତା ପରୀକ୍ଷା କର ।

ସମାଧାନ : 235472 ର ଏକକ, ଦଶକ ଓ ଶତକ ସ୍ଥାନୀୟ ଅଙ୍କମାନ ଯଥାକ୍ରମେ 2, 7 ଓ 4 ।

ଏଠାରେ ଏକକ ସ୍ଥାନୀୟ ଅଙ୍କ + 2 × ଦଶକ ସ୍ଥାନୀୟ ଅଙ୍କ + 4 × ଶତକ ସ୍ଥାନୀୟ ଅଙ୍କ = 2 + 2 × 7 + 4 × 4 = 32

32, 8 ଦ୍ୱାରା ବିଭାଜ୍ୟ, ତେଣୁ ଦତ୍ତ ସଂଖ୍ୟା 235472, 8 ଦ୍ୱାରା ମଧ୍ୟ ବିଭାଜ୍ୟ । ଅପର ପକ୍ଷରେ 472 '8' ଦ୍ୱାରା ବିଭାଜ୍ୟ ହେତୁ ସଂଖ୍ୟାଟି ମଧ୍ୟ 8 ଦ୍ୱାରା ବିଭାଜ୍ୟ ।

(viii)) '11' ଦ୍ୱାରା ବିଭାଜ୍ୟତା ନିୟମ :

ଯଦି ସଂଖ୍ୟାର ଯୁଗ୍ମ ସ୍ଥାନୀୟ ଅଙ୍କମାନଙ୍କର ସମଷ୍ଟି ଓ ଅଯୁଗ୍ମ ସ୍ଥାନୀୟ ଅଙ୍କମାନଙ୍କର ସମଷ୍ଟିର ଅନ୍ତର 0 କିମ୍ବା 11 କିମ୍ବା 11 ର ଯେକୌଣସି ଗୁଣିତକ ହୁଏ, ତେବେ ସଂଖ୍ୟାଟି 11 ଦ୍ୱାରା ବିଭାଜ୍ୟ ।

ଉଦାହରଣ - 10 : 3544783 ର 11 ଦ୍ୱାରା ବିଭାଜ୍ୟତା ପରୀକ୍ଷା କର ।

3544783 ସଂଖ୍ୟାର ଯୁଗ୍ମସ୍ଥାନୀୟ ଅଙ୍କମାନ 8, 4 ଓ 5 ଏବଂ ସେମାନଙ୍କର ସମଷ୍ଟି = 8 + 4 + 5 = 17

ସେହିପରି 3544783 ସଂଖ୍ୟାର ଅଯୁଗ୍ମସ୍ଥାନୀୟ ଅଙ୍କମାନ 3, 7, 4 ଓ 3 ଏବଂ ସେମାନଙ୍କର ସମଷ୍ଟି = 3 + 7 + 4 + 3 = 17

ଯୁଗ୍ମସ୍ଥାନୀୟ ଅଙ୍କମାନଙ୍କର ସମଷ୍ଟି ଓ ଅଯୁଗ୍ମସ୍ଥାନୀୟ ଅଙ୍କମାନଙ୍କର ସମଷ୍ଟିର ଅନ୍ତର = 17 − 17 = 0; ∴ ଦତ୍ତ ସଂଖାଟି 11 ଦ୍ୱାରା ବିଭାଜ୍ୟ ।

1. ମୌଳିକ ସଂଖ୍ୟା 7, 13, 19 .... ପ୍ରଭୃତି ସଂଖ୍ୟା ଦ୍ୱାରା ବିଭାଜ୍ୟତା ପରୀକ୍ଷଣ :

କୌଣସି ସଂଖ୍ୟା, କେବଳ 1 କିମ୍ବା ସେହି ସଂଖ୍ୟାଦ୍ୱାରା ବିଭାଜିତ ହେଲେ, ଉକ୍ତ ସଂଖ୍ୟାକୁ ମୌଳିକ ସଂଖ୍ୟା କୁହାଯାଏ । ମୌଳିକ ସଂଖ୍ୟାମାନଙ୍କ ମଧ୍ୟରୁ ଆମେ 2, 3, 5 ଓ 11 ଦ୍ୱାରା ବିଭାଜ୍ୟତା ସଂପର୍କରେ ଆଲୋଚନା କରିସାରିଛେ । ବେଦଗଣିତରେ ମୌଳିକ ସଂଖ୍ୟାମାନଙ୍କର ବିଭାଜ୍ୟତା ପାଇଁ ସ୍ୱତନ୍ତ୍ର ସୂତ୍ର ରହିଛି । ସୂତ୍ରଟି ହେଲା- **'ବେଷ୍ଟନମ୍'** ।

ମୌଳିକ ସଂଖ୍ୟାମାନଙ୍କର ଦ୍ୱାରା ବିଭାଜ୍ୟତା ପରୀକ୍ଷଣ :

ମୌଳିକ ସଂଖ୍ୟାମାନଙ୍କ ଦ୍ୱାରା ବିଭାଜ୍ୟତା ପରୀକ୍ଷଣ ପାଇଁ ବେଦଗଣିତରେ ଥିବା ସୂତ୍ର **'ବେଷ୍ଟନମ୍'(Osculation)**ର ଆବଶ୍ୟକତା ଅନୁଭୂତ ହୋଇଥାଏ ।

ବେଷ୍ଟନ ଏକ ପ୍ରକ୍ରିୟା ଯାହାର ପ୍ରୟୋଗରେ ଭାଜକ ସହ ସଂପର୍କିତ ଏକ ନିର୍ଦ୍ଦିଷ୍ଟ ସଂଖ୍ୟାଦ୍ୱାରା ଭାଜ୍ୟର ବିଭାଜ୍ୟତା ପରୀକ୍ଷା କରାଯାଇପାରେ । **ଭାଜକ ସହ ସଂପର୍କିତ ସେହି ସଂଖ୍ୟାଗୁଡ଼ିକୁ ବେଷ୍ଟକ (Osculator) କୁହାଯାଏ । ବେଷ୍ଟକ ଧନାତ୍ମକ କିମ୍ବା ଋଣାତ୍ମକ ହୋଇପାରେ ।**

(A) ଭାଜକର ଧନାତ୍ମକ ବେଷ୍ଟକ (Positive Osculator) ନିର୍ଣ୍ଣୟ:

(i) କୌଣସି ସଂଖ୍ୟାର ଏକକ ସ୍ଥାନୀୟ ଅଙ୍କ ବା ଶେଷଅଙ୍କକୁ କୌଣସି ଏକ ଅଙ୍କଦ୍ୱାରା ଗୁଣି ଗୁଣଫଳର ଏକକ ସ୍ଥାନୀୟ ଅଙ୍କକୁ '9' ରେ ପରିଣତ କରାଯାଏ ।

(ii) ଗୁଣଫଳର 9 ପୂର୍ବରୁ ଥବା ସଂଖ୍ୟାରେ ଏକ (1) ଯୋଗ କରି (**ଏକାଧିକେନ ପୂର୍ବେଣ**) ଧନାତ୍ମକ ବେଷ୍ଟକ ବା ଭାଜକର **ଏକାଧିକ** ନିର୍ଣ୍ଣୟ କରାଯାଏ ।

ଉଦାହରଣ - 1 : 7 ର ଧନାତ୍ମକ ବେଷ୍ଟକ ନିରୂପଣ କର ।

ସମାଧାନ: (i) 7 × 7 = 49

(ii) 7ର ଧନାତ୍ମକ ବେଷ୍ଟକ ବା ଏକାଧିକ= 4 (9ର ପୂର୍ବସଂଖ୍ୟା)+1= 5

ଉଦାହରଣ - 2 : 13 ର ଧନାତ୍ମକ ବେଷ୍ଟକ ନିରୂପଣ କର ।

ସମାଧାନ : (i) 13 x 3 =39

(ii) 13 ର ଧନାତ୍ମକ ବେଷ୍ଟକ = 3 + 1 = 4

ସେହିପରି 29 ର ଧନାତ୍ମକ ବେଷ୍ଟକ = 2 + 1 = 3

ଧନାତ୍ମକ ବେଷ୍ଟକ ଦ୍ୱାରା ବିଭାଜ୍ୟତା ପରୀକ୍ଷଣ :

ଉଦାହରଣ-1: 23485, 7 ଦ୍ୱାରା ବିଭାଜ୍ୟ କି ? ପରୀକ୍ଷା କରି ଦେଖ ।

ସମାଧାନ : (i) 7 ର ଏକାଧିକ ବା ଧନାତ୍ମକ ବେଷ୍ଟକ = 5

(ii) 23485 ର ଶେଷ ଅଙ୍କ × ବେଷ୍ଟକ = 5 × 5 = 25

2348 ସହ 25 କୁ ଯୋଗକଲେ ପାଇବା 2373 ।

(iii) 2373 ର ଶେଷଅଙ୍କ × ବେଷ୍ଟକ = 3 × 5 = 15

237 +15 = 252

(iv) 252 ର ଶେଷଅଙ୍କ × ବେଷ୍ଟକ = 2 × 5 = 10

25 +10 = 35

(v) 35, 7 ଦ୍ୱାରା ବିଭାଜ୍ୟ, ତେଣୁ 23485 ମଧ୍ୟ 7 ଦ୍ୱାରା ବିଭାଜ୍ୟ ।

ପ୍ରୟୋଗ ବିଧି :

(i) ଦତ୍ତ ସଂଖ୍ୟାର ଶେଷ ଅଙ୍କକୁ ଧନାତ୍ମକ ବେଷ୍ଟକ ଦ୍ୱାରା ଗୁଣି ଗୁଣଫଳକୁ ଅବଶିଷ୍ଟ ଅଙ୍କମାନଙ୍କଦ୍ୱାରା ଗଠିତ ସଂଖ୍ୟାରେ ଯୋଗ କରିବାକୁ ହେବ ।

(ii) ଉକ୍ତ ପ୍ରଣାଳୀର ପୁନଃ ପୁନଃ ଉପଯୋଗ କରିବାକୁ ପଡ଼ିବ; ଯେତେବେଳ ପର୍ଯ୍ୟନ୍ତ ସଂଖ୍ୟାଟି 7 ଦ୍ୱାରା ବିଭାଜ୍ୟ ନହୋଇଛି, ଅବଶ୍ୟ ତାହା 7 ଦ୍ୱାରା ବିଭାଜ୍ୟ ନହୋଇପାରେ। ତଦନୁଯାୟୀ ସିଦ୍ଧାନ୍ତରେ ପହଞ୍ଚିବାକୁ ପଡ଼ିବ ।

ଉଦାହରଣ - 2 : 13 ଦ୍ୱାରା 126594 ସଂଖ୍ୟାଟି ବିଭାଜ୍ୟ କି ?

ସମାଧାନ: (i) 13 ର ଏକାଧିକ ବା ଧନାତ୍ମକ ବେଷ୍ଟକ = 13 × 3 = 39

∴ ଧନାତ୍ମକ ବେଷ୍ଟକ = 3 + 1 = 4

(ii) ଦତ୍ତ ସଂଖ୍ୟାର ଶେଷ ଅଙ୍କ 4

∴ 4 × 4 = 16, 16 କୁ 12659 ସହ ଯୋଗକଲେ ପାଇବା, 12675

(iii) 12675 ର ଶେଷ ଅଙ୍କ 5 × 4 = 20

∴ 1267 + 20 = 1287

1287 ର ଶେଷ ଅଙ୍କ 7 × 4 = 28

∴ 128 + 28 = 156

156 ର ଶେଷ ଅଙ୍କ 6 × 4 = 24

∴ 15 + 24 = 39

ଏଠାରେ 39, 13 ଦ୍ୱାରା ବିଭାଜ୍ୟ ।

∴ 126594 ସଂଖ୍ୟା 13 ଦ୍ୱାରା ବିଭାଜ୍ୟ ।

(B) ଭାଜକର ଋଣାତ୍ମକ ବେଷ୍ଟକ (Negative Osculator) ନିର୍ଣ୍ଣୟ :

(i) କୌଣସି ସଂଖ୍ୟାର ଏକକ ସ୍ଥାନୀୟ ଅଙ୍କକୁ ବା ଶେଷ ଅଙ୍କକୁ କୌଣସି ଏକ ଅଙ୍କ ଦ୍ୱାରା ଗୁଣି ଗୁଣଫଳର ଏକକ ସ୍ଥାନୀୟ ଅଙ୍କକୁ 1ରେ ପରିଣତ କରାଯାଏ ।

(ii) ପରିବର୍ତ୍ତିତ ସଂଖ୍ୟାର 1 ର ପୂର୍ବ ସଂଖ୍ୟାକୁ ଭାଜକର **ଋଣାତ୍ମକ ବେଷ୍ଟକ** କୁହାଯାଏ ।

ଉଦାହରଣ ସ୍ୱରୂପ,

31 ର ଋଣାତ୍ମକ ବେଷ୍ଟକ = 3

23 ର ଋଣାତ୍ମକ ବେଷ୍ଟକ = 16 (∵ 23 × 7 = 161)

7 ର ଋଣାତ୍ମକ ବେଷ୍ଟକ = 2 (∵ 7 × 3 = 21) ଇତ୍ୟାଦି ।

ଋଣାତ୍ମକ ବେଷ୍ଟକ ଦ୍ୱାରା ବିଭାଜ୍ୟତା ପରୀକ୍ଷଣ :

ଉଦାହରଣ-3: 61 ଦ୍ୱାରା **19581** ବିଭାଜ୍ୟ କି ନୁହେଁ ପରୀକ୍ଷା କରି ଦେଖ ।

ସମାଧାନ : ଏଠାରେ 61 ର ଋଣାତ୍ମକ ବେଷ୍ଟକ 6 ।

(i) 19581 ର ଶେଷଅଙ୍କ × 6 = 1 × 6 = 6

ପ୍ରଥମ ବେଷ୍ଟନ ଫଳ = 1958 - 6 = 1952

(ii) 1952 ର ଶେଷଅଙ୍କ × 6 = 2 × 6 = 12

ଦ୍ୱିତୀୟ ବେଷ୍ଟନ ଫଳ = 195 - 12 = 183

(iii) 183 ର ଶେଷଅଙ୍କ × 6 = 3 × 6 = 18

ତୃତୀୟ ବେଷ୍ଟନ ଫଳ = 18 − 18 = 0

(iv) 0, 61 ଦ୍ୱାରା ବିଭାଜ୍ୟ। ତେଣୁ 19581 ମଧ୍ୟ 61 ଦ୍ୱାରା ବିଭାଜ୍ୟ।

ଉଦାହରଣ-4 : '7' ଦ୍ୱାରା 743693 ବିଭାଜ୍ୟ କି ? ପରୀକ୍ଷା କରି ଦେଖ।

ସମାଧାନ :

7ର ଋଣାତ୍ମକ ବେଷ୍ଟକ = 2 (∵ 7 × 3 = 21)

ପ୍ରଥମ ବେଷ୍ଟନ ଫଳ = 74369 - 3 × 2 = 74363

ଦ୍ୱିତୀୟ ବେଷ୍ଟନ ଫଳ = 7436 - 3 × 2 = 7430

(ଶୂନକୁ ବାଦ୍ ଦିଆଯାଇଛି)

ତୃତୀୟ ବେଷ୍ଟନ ଫଳ = 74 - 3 × 2 = 68

∵ 68, 7 ଦ୍ୱାରା ବିଭାଜ୍ୟ ନୁହେଁ, ତେଣୁ 743693 ମଧ୍ୟ '7' ଦ୍ୱାରା ବିଭାଜିତ ନୁହେଁ ।

ପ୍ରୟୋଗବିଧି :

(i) ଦତ୍ତ ସଂଖ୍ୟାର ଶେଷ ଅଙ୍କକୁ ଋଣାତ୍ମକ ବେଷ୍ଟକ ଦ୍ୱାରା ଗୁଣି ଗୁଣଫଳକୁ ଅବଶିଷ୍ଟ ଅଙ୍କମାନଙ୍କ ଦ୍ୱାରା ଗଠିତ ସଂଖ୍ୟାରୁ ବିୟୋଗ କଲେ ପ୍ରଥମ ବେଷ୍ଟନ ଫଳ ମିଳେ।

(ii) ଉକ୍ତ ପ୍ରଣାଳୀର ପୁନଃପୁନଃ ଉପଯୋଗ କରି ଦ୍ୱିତୀୟ, ତୃତୀୟ, ଚତୁର୍ଥ ବେଷ୍ଟନ ଫଳ ଆଦି ସ୍ଥିର କରାଯିବ।

(iii) ଏପରି ଉପଯୋଗ ଦ୍ୱାରା ମିଳୁଥିବା ବେଷ୍ଟନ ଫଳ ଯଦି ସଂପୃକ୍ତ ଭାଜକ ଦ୍ୱାରା ବିଭାଜ୍ୟ ବା ଅବିଭାଜ୍ୟ ଅନୁଧ୍ୟାନ କରି ସିଦ୍ଧାନ୍ତରେ ପହଞ୍ଚିବାକୁ ପଡ଼ିବ ।

2. ଯୌଗିକ ସଂଖ୍ୟାମାନଙ୍କ ଦ୍ୱାରା ବିଭାଜ୍ୟତା ପରୀକ୍ଷଣ :

ମୌଳିକ ସଂଖ୍ୟାମାନଙ୍କ ଦ୍ୱାରା ବିଭାଜ୍ୟତା ପରୀକ୍ଷଣ ପରେ, ଯେକୌଣସି ଯୌଗିକ ସଂଖ୍ୟାର ବିଭାଜ୍ୟତା ପରୀକ୍ଷଣ ସହଜ ହୋଇଥାଏ। ଉଦାହରଣ ସ୍ୱରୂପ, 6 ଦ୍ୱାରା ବିଭାଜ୍ୟତା ପରୀକ୍ଷଣ ନିମିତ୍ତ ଆମକୁ 2 ଏବଂ 3 ଦ୍ୱାରା ବିଭାଜ୍ୟତାର ପରୀକ୍ଷଣ ନିୟମକୁ ପ୍ରୟୋଗ କରିବା । କାରଣ 6 = 2 × 3,

(i) କୌଣସି ସଂଖ୍ୟା 6 ଦ୍ୱାରା ବିଭାଜ୍ୟ ହେବ, ଯଦି ସଂଖ୍ୟାଟି ଉଭୟ 2 ଏବଂ 3 ଦ୍ୱାରା ବିଭାଜିତ ହେବ ।

(ii) କୌଣସି ସଂଖ୍ୟା 12 ଦ୍ୱାରା ବିଭାଜ୍ୟ ହେବ, ଯଦି ସଂଖ୍ୟାଟି ଉଭୟ 3 ଏବଂ 4 ଦ୍ୱାରା ବିଭାଜିତ ହେବ । କାରଣ 12 = 3 × 4

(iii) କୌଣସି ସଂଖ୍ୟା 15 ଦ୍ୱାରା ବିଭାଜ୍ୟ ହେବ, ଯଦି ସଂଖ୍ୟାଟି ଉଭୟ 3 ଏବଂ 5 ଦ୍ୱାରା ବିଭାଜିତ ହେବ ।

(iv) କୌଣସି ସଂଖ୍ୟା 18 ଦ୍ୱାରା ବିଭାଜିତ ହେବ, ଯଦି ସଂଖ୍ୟାଟି ଉଭୟ 2 ଏବଂ 9 ଦ୍ୱାରା ବିଭାଜିତ ହେବ ।

(v) କୌଣସି ସଂଖ୍ୟା 24 ଦ୍ୱାରା ବିଭାଜ୍ୟ ହେବ, ଯଦି ସଂଖ୍ୟାଟି ଉଭୟ 3 ଏବଂ 8 ଦ୍ୱାରା ବିଭାଜିତ ହେବ ।

(vi) କୌଣସି ସଂଖ୍ୟା 30 ଦ୍ୱାରା ବିଭାଜ୍ୟ ହେବ, ଯଦି ସଂଖ୍ୟାଟି ଉଭୟ 3 ଏବଂ 10 ଦ୍ୱାରା ବିଭାଜିତ ହେବ, ଇତ୍ୟାଦି।

ବି.ଦ୍ର. : ଯୌଗିକ ସଂଖ୍ୟା ଦ୍ୱାରା ବିଭାଜ୍ୟତା ପରୀକ୍ଷଣ ପାଇଁ ପ୍ରଥମେ ଯୌଗିକ ସଂଖ୍ୟାର ମୌଳିକ ଗୁଣନୀୟକଗୁଡ଼ିକୁ ସ୍ଥିର କରାଯିବ ଏବଂ ତତ୍ପରେ ପ୍ରତ୍ୟେକ ଗୁଣନୀୟକ ଦ୍ୱାରା ପୃଥକ୍ ଭାବେ ବିଭାଜ୍ୟତା ପରୀକ୍ଷା କରିବାକୁ ପଡ଼ିବ ।

ଉଦାହରଣ-5: 24 ଦ୍ୱାରା 1379112 ବିଭାଜ୍ୟ କି ? ପରୀକ୍ଷା କରି ଦେଖ ।

ସମାଧାନ : ଆମେ ଜାଣିଛେ, କୌଣସି ସଂଖ୍ୟା 24 ଦ୍ୱାରା ବିଭାଜ୍ୟ ହେବ ଯଦି ସଂଖ୍ୟାଟି 3 ଏବଂ 8 ଦ୍ୱାରା ବିଭାଜିତ ହେଉଥିବ ।

(a) 3 ଦ୍ୱାରା ବିଭାଜ୍ୟତା :

1379112 ର ଅଙ୍କଗୁଡ଼ିକୁ ଯୋଗକଲେ ପାଇବା

$1 + 3 + 7 + 9 + 1 + 1 + 2 = 24$

ପୁନଶ୍ଚ $2 + 4 = 6$

ଏଠାରେ 6, 3 ଦ୍ୱାରା ବିଭାଜ୍ୟ । ତେଣୁ ଦତ୍ତ ସଂଖ୍ୟାଟି 3 ଦ୍ୱାରା ବିଭାଜ୍ୟ ।

(b) 8 ଦ୍ୱାରା ବିଭାଜ୍ୟତା :

8 ଦ୍ୱାରା ବିଭାଜ୍ୟତା ପରୀକ୍ଷଣ ପାଇଁ ଶେଷ ତିନୋଟି ଅଙ୍କକୁ ନେଇ ସଂଖ୍ୟା ଗଠନ କରୁଥିବା ସଂଖ୍ୟାଟି 112 କୁ ନେବାକୁ ପଡ଼ିବ ।

ଏଠାରେ $2 + (2 \times 1) + (4 \times 1) = 8$;

∴ 112, 8 ଦ୍ୱାରା ବିଭାଜ୍ୟ

ତେଣୁ ସଂଖ୍ୟାଟି 3 ଏବଂ 8 ଦ୍ୱାରା ବିଭାଜ୍ୟ । ତେଣୁ ସଂଖ୍ୟାଟି 24 ଦ୍ୱାରା ବିଭାଜିତ ହେବ ।

3. ଭାଜକର ଧନାତ୍ମକ ଓ ଋଣାତ୍ମକ ବେଷ୍ଟକ ମଧ୍ୟରେ ସଂପର୍କ :

ଭାଜକ d ର ଧନାତ୍ମକ ବେଷ୍ଟକ x ଏବଂ ଋଣାତ୍ମକ ବେଷ୍ଟକ y ହେଲେ ଦତ୍ତ ସମ୍ପର୍କଟି ହେବ, $[d = x + y]$

ଅର୍ଥାତ ଭାଜକର ଧନାତ୍ମକ ଏବଂ ଋଣାତ୍ମକ ବେଷ୍ଟକର ସମଷ୍ଟି ଭାଜକ ସଂଖ୍ୟା ସହ ସମାନ ।

ଏଠାରେ ମନେରଖିବାକୁ ହେବ ଯେ,

ଭାଜକର ଏକକ ଅଙ୍କ '3' ହେଲେ $y > x$ ହେବ ଏବଂ ଭାଜକର ଏକକ ଅଙ୍କ '7' ହେଲେ $x > y$ ହେବ ।

ଉଦାହରଣ ସ୍ୱରୂପ,

7 ର ଧନାତ୍ମକ ବେଷ୍ଟକ = 5 ($\because$ $7 \times 7 = 49$)

ଏବଂ 7 ର ଋଣାତ୍ମକ ବେଷ୍ଟକ = 2 ($\because$ $7 \times 3 = 21$)

ଏଠାରେ ଲକ୍ଷ୍ୟକର $5 > 2$ ଏବଂ $5 + 2 = 7$

ଅର୍ଥାତ୍ ଧନାତ୍ମକ ବେଷ୍ଟକ + ଋଣାତ୍ମକ ବେଷ୍ଟକ = 7

ଉଦାହରଣ - 6 : 17 ର ବିଭାଜ୍ୟତା ପରୀକ୍ଷଣ ପାଇଁ ଧନାତ୍ମକ ଏବଂ ଋଣାତ୍ମକ ବେଷ୍ଟକ ନିରୂପଣ କରି ଦର୍ଶାଅ ଯେ, ଉଭୟର ସମଷ୍ଟି 17 ସହ ସମାନ ହେବ ।

ସମାଧାନ : 17 ର ଧନାତ୍ମକ ବେଷ୍ଟକ ନିରୂପଣ :

$$17 \times 7 = 119$$

$\therefore$ ଧନାତ୍ମକ ବେଷ୍ଟକ = 11 (9 ର ପୂର୍ବସଂଖ୍ୟା) + 1 = 12

17 ର ଋଣାତ୍ମକ ବେଷ୍ଟକ ନିରୂପଣ :

$$17 \times 3 = 51$$

$\therefore$ ଋଣାତ୍ମକ ବେଷ୍ଟକ = 5

$\therefore$ ଭାଜକ (17) = ଧନାତ୍ମକ ବେଷ୍ଟକ (12) + ଋଣାତ୍ମକ ବେଷ୍ଟକ (5)

ଉଦାହରଣ - 7 : କୌଣସି ସଂଖ୍ୟାର ଏକକ ସ୍ଥାନୀୟ ଅଙ୍କ 9 ଏବଂ ଏହାର ଧନାତ୍ମକ ବେଷ୍ଟକ '6'ହେଲେ, ସଂଖ୍ୟାର ଋଣାତ୍ମକ ବେଷ୍ଟକ କେତେ ?

ସମାଧାନ : ସଂଖ୍ୟାର ଦଶକ ଅଙ୍କ = 6 - 1 = 5,

$\therefore$ ସଂଖ୍ୟା ବା ଭାଜକ = 59

∴ ଋଣାତ୍ମକ ବେଷ୍ଟକ = 59 - 6 = 53

(∵ ଋଣାତ୍ମକ ବେଷ୍ଟକ + ଧନାତ୍ମକ ବେଷ୍ଟକ = ଭାଜକ ସଂଖ୍ୟା)

ଉଦାହରଣ - 8 : କୌଣସି ସଂଖ୍ୟାର ଏକକ ସ୍ଥାନୀୟ ଅଙ୍କ 1 ଏବଂ ଏହାର ଋଣାତ୍ମକ ବେଷ୍ଟକ '2' ହେଲେ ଧନାତ୍ମକ ବେଷ୍ଟକ କେତେ ?

ସମାଧାନ : ସଂଖ୍ୟାର ଦଶକ ଅଙ୍କ = 2,

∴ ସଂଖ୍ୟା ବା ଭାଜକ = 21 (∵ ସଂଖ୍ୟାର ଏକକ ସ୍ଥାନୀୟ ଅଙ୍କ 1)

∴ ଧନାତ୍ମକ ବେଷ୍ଟକ = 21 - 2 = 19 ।

(C) ବେଷ୍ଟକର ବିନା ଉପଯୋଗରେ କୌଣସି ସଂଖ୍ୟାର ବିଭାଜ୍ୟତା ନିର୍ଣ୍ଣୟ :

ମୌଳିକ ସଂଖ୍ୟା ଦ୍ୱାରା ବିଭାଜ୍ୟତା ପରୀକ୍ଷଣ ଅପେକ୍ଷାକୃତ କଷ୍ଟକର । କୌଣସି ସଂଖ୍ୟା ଦ୍ୱାରା ବିଭାଜ୍ୟତା ନିରୂପଣ ପାଇଁ ସଂଖ୍ୟାଟିର (ଆବଶ୍ୟକତା ଅନୁଯାୟୀ) କୌଣସି ଏକ ଗୁଣିତକକୁ ଦତ୍ତ ସଂଖ୍ୟାରେ ଯୋଗକରି ବା ବିୟୋଗକରି ନିର୍ଣ୍ଣିତ ଫଳାଫଳକୁ ଅନୁଶୀଳନ କରାଯାଏ। ନିମ୍ନ ଉଦାହରଣଗୁଡ଼ିକୁ ଅନୁଧ୍ୟାନ କର ।

ଉଦାହରଣ - 1 : 5292 ସଂଖ୍ୟାଟିର 7 ଦ୍ୱାରା ବିଭାଜ୍ୟତା ପରୀକ୍ଷା କର।

ସମାଧାନ : ଦତ୍ତ ସଂଖ୍ୟା = 5292

ଯେହେତୁ 7 ର ଏକ ଗୁଣିତକ 42, ତେଣୁ ଦତ୍ତ ସଂଖ୍ୟାରୁ 42 ବିୟୋଗ କରିବା ଯାହା ଦ୍ୱାରା ବିୟୋଗଫଳର ଏକକ ସ୍ଥାନୀୟ ଅଙ୍କ 0 ହେବ ।

∴ 5292 - (7 × 6) = 5292 - 42 = 5250

ଏଠାରେ 0' କୁ ବାଦ୍ ଦେଲେ ମଧ୍ୟ ସଂପୃକ୍ତ ସଂଖ୍ୟାଟିର 7 ଦ୍ୱାରା ବିଭାଜ୍ୟତା ପରୀକ୍ଷଣ ଅପରିବର୍ତ୍ତିତ ରହିବ ।

ପୁନଶ୍ଚ 525 + 7 × 5 = 525 + 35 = 560

(∵ 525 ସହ 7 ର 5 ଗୁଣ ଯୋଗକଲେ ଯୋଗଫଳର ଏକକ ସ୍ଥାନୀୟ ଅଙ୍କ 0 ହେଲା)

ନିର୍ଣ୍ଣିତ ଫଳାଫଳରୁ 0 କୁ ବାଦ ଦେବାରେ ସଂଖ୍ୟାଟି 56 ହେବ, ଯାହା '7' ଦ୍ୱାରା ବିଭାଜ୍ୟ। ତେଣୁ 5292 '7' ଦ୍ୱାରା ବିଭାଜ୍ୟ ।

ଉଦାହରଣ - 2 : 13 ଦ୍ୱାରା 8792 ସଂଖ୍ୟାର ବିଭାଜ୍ୟତା ପରୀକ୍ଷା କର ।

ସମାଧାନ : 8792 – 13 × 4 = 8792 - 52 = 8740

ନିର୍ଣ୍ଣିତ ସଂଖ୍ୟାରୁ 0 କୁ ବାଦ୍ ଦେଲେ 574 ରହିବ ଯାହା 13 ଦ୍ୱାରା ବିଭାଜ୍ୟତା ପରୀକ୍ଷଣ ପାଇଁ ଅପରିବର୍ତ୍ତିତ ରହିବ ।

ପୁନଶ୍ଚ $874 + 13 \times 2 = 874 + 26 = 900$

900 ରୁ ଦୁଇଟି ଶୂନକୁ ବାଦ ଦେଲେ ସଂଖ୍ୟାଟି ରହିବ 9; ଯାହା 13 ଦ୍ୱାରା ବିଭାଜ୍ୟ ନୁହେଁ ।

∴ ଦତ୍ତ ସଂଖ୍ୟା 8792, 13 ଦ୍ୱାରା ଅବିଭାଜ୍ୟ ।

ଦ୍ରଷ୍ଟବ୍ୟ : ଏଠାରେ ମୌଳିକ ସଂଖ୍ୟାର ଏପରି ଗୁଣିତକ ନିର୍ଣ୍ଣୟ କରିବା ଦରକାର ଯାହାକୁ ଦତ୍ତ ସଂଖ୍ୟାରେ ଯୋଗ ବା ବିୟୋଗ କରିବା ଦ୍ୱାରା ନିର୍ଣ୍ଣିତ ଫଳାଫଳର ଏକକ ସ୍ଥାନୀୟ ଅଙ୍କ ବା ଏକକ, ଦଶକ ସ୍ଥାନୀୟ ଅଙ୍କମାନ 0 ହେବ । କାରଣ 0କୁ ବାଦ୍ ଦେବାରେ ସଂଖ୍ୟାଟିର ବିଭାଜ୍ୟତା ନିରୂପଣ ପ୍ରକ୍ରିୟା ବ୍ୟାହତ ହେବ ନାହିଁ ।

ପ୍ରଶ୍ନାବଳୀ - 10

1. ନିମ୍ନ ସଂଖ୍ୟାଗୁଡ଼ିକ ମଧ୍ୟରୁ କେଉଁଗୁଡ଼ିକ 7 ଦ୍ୱାରା ବିଭାଜ୍ୟ ପରୀକ୍ଷା କର ।

(i) 3696 (ii) 1897 (iii) 42136 (iv) 43735 (v) 8477

2. ନିମ୍ନୋକ୍ତ ମଧ୍ୟରୁ କେଉଁଗୁଡ଼ିକ 11 ଦ୍ୱାରା ବିଭାଜ୍ୟ ସେଗୁଡ଼ିକୁ ବାଛି ଲେଖ ।

(i) 2696 (ii) 3795 (iii) 27159

(iv) 34521 (v) 116204 (vi) 235107

3. ନିମ୍ନୋକ୍ତ ମଧ୍ୟରୁ କେଉଁ ସଂଖ୍ୟାଗୁଡ଼ିକ '13' ଦ୍ୱାରା ବିଭାଜ୍ୟ ସ୍ଥିର କର ।

(i) 1178 (ii) 9673 (iii) 2279 (iv) 243906 (v) 281359

4. ନିମ୍ନଲିଖିତ ସଂଖ୍ୟାଗୁଡ଼ିକ ମଧ୍ୟରୁ କେଉଁ ସଂଖ୍ୟାଗୁଡ଼ିକ 4 ଏବଂ କେଉଁ ସଂଖ୍ୟାଗୁଡ଼ିକ 8 ଦ୍ୱାରା ବିଭାଜ୍ୟ ସେଗୁଡ଼ିକୁ ବାଛି ଲେଖ।

(ସୂଚନା : ଯେଉଁ ସଂଖ୍ୟାଗୁଡ଼ିକ '8' ଦ୍ୱାରା ବିଭାଜ୍ୟ, ସେ ସଂଖ୍ୟାଗୁଡ଼ିକ ମଧ୍ୟ '4' ଦ୍ୱାରା ବିଭାଜ୍ୟ)

(i) 37664 (ii) 10614 (iii) 701232 (iv) 12128 (v) 150658 (vi) 51936 (vii) 732048 (viii) 701232 (ix) 123412 (x) 513622

5. 1729ର ମୌଳିକ ଗୁଣନୀୟକଗୁଡ଼ିକୁ ସ୍ଥିର କର। (ଗୁଣନୀୟକ < 20)

6. 1001ର ମୌଳିକ ଗୁଣନୀୟକଗୁଡ଼ିକୁ ସ୍ଥିର କର। (ଗୁଣନୀୟକ < 15)

-o-

ଏକାଦଶ ଅଧ୍ୟାୟ

ସାଂଖ୍ୟକ ପ୍ରତିରୂପ
(NUMBER PATTERNS)

ଉକ୍ତ ଅଧ୍ୟାୟରେ କେବଳ ସାଂଖ୍ୟକ ପ୍ରତିରୂପକୁ ବୁଝିବା । କେବଳ ଯେ, ସଂଖ୍ୟାରେ ପ୍ରତିରୂପ ପରିଦୃଷ୍ଟ ହୁଏ ତାହା ନୁହେଁ, ଯେକୌଣସି ଚିତ୍ର ବା ଚିତ୍ର ସମୂହରେ ମଧ୍ୟ ପ୍ରତିରୂପ ପରିଦୃଷ୍ଟ ହୋଇଥାଏ । ସାଂଖ୍ୟକ ପ୍ରତିରୂପ ବିଭିନ୍ନ ଅନୁକ୍ରମର ଅବତାରଣାରେ ବହୁଳ ଭାବରେ ପରିଲକ୍ଷିତ ହୋଇଥାଏ ।

ଉଦାହରଣ ସ୍ୱରୂପ, 11, 16, 21, 26 .... ଏକ ଅନୁକ୍ରମ । ଅନୁକ୍ରମ (sequence)ରେ ସଂଖ୍ୟାଗୁଡ଼ିକର ଉତ୍ପନ୍ନ ବା ସୃଷ୍ଟିକୁ ଅନୁଧ୍ୟାନ କରି ପରବର୍ତ୍ତୀ ସଂଖ୍ୟାଗୁଡ଼ିକୁ ଲେଖି ପାରିବା ।

```
        +5
     ⌢      ⌢
11   16   21   26 .....
  ⌣      ⌣
  +5      +5
```

ଉପରିସ୍ଥ ବିଶ୍ଳେଷଣରୁ ପାଇଲେ ଯେ, ପ୍ରତ୍ୟେକ ସଂଖ୍ୟା (11 ବ୍ୟତୀତ) ପୂର୍ବବର୍ତ୍ତୀ ସଂଖ୍ୟାଠାରୁ 5 ଲେଖାଁଏ ଅଧିକ । ବର୍ତ୍ତମାନ 26 ପରେ ଅନୁକ୍ରମରେ ଥିବା କ୍ରମାନୁସାରେ ସଂଖ୍ୟାମାନ 31, 36, 41... ଇତ୍ୟାଦି ପାଇବା । ସାଂଖ୍ୟକ ପ୍ରତିରୂପ ପ୍ରସ୍ତୁତି ସମୟରେ ନିମ୍ନ ଦୁଇଟି ଧାରଣା ସ୍ପଷ୍ଟ ହୋଇଥାଏ ।

i) ଅନୁକ୍ରମରେ ସଂଖ୍ୟା ଲିଖନ ବା ସଂଖ୍ୟା ସୃଷ୍ଟି ସର୍ବଦା ଏକ ନିୟମର ବଶବର୍ତ୍ତୀ ହୋଇଥାଏ ।

ii) ପ୍ରଯୁକ୍ତ ନିୟମକୁ ଭିତ୍ତି କରି ଅନୁକ୍ରମରେ ଯେକୌଣସି ପଦକୁ ଚିହ୍ନଟ କରାଯିବା ପାଇଁ ଏକ ସାଧାରଣସୂତ୍ର ମଧ୍ୟ ନିରୂପିତ ହୋଇଥାଏ ।

ପରବର୍ତ୍ତୀ ଉଦାହରଣରୁ ସ୍ପଷ୍ଟ ହେବ ।

ଗଣନ ସଂଖ୍ୟା ସେଟ୍ $(N) = \{1, 2, 3, 4, 5, 6, 7, 8, ...\}$

ଗଣନ ସଂଖ୍ୟାଭିତ୍ତିକ ଏକ ଅନୁକ୍ରମ ସମ୍ବନ୍ଧରେ ଆଲୋଚନା କରିବା।

ଦ୍ରଷ୍ଟବ୍ୟ : ଏକ ନିର୍ଦ୍ଦିଷ୍ଟ ନିୟମକୁ ଭିତ୍ତିକରି ଯଦି ସଂଖ୍ୟାଗୁଡ଼ିକୁ ଏକ କ୍ରମରେ ଲେଖାଯାଏ, ତେବେ ଏହାକୁ ଏକ ଅନୁକ୍ରମ (sequence) କୁହାଯାଏ ।

ପ୍ରଥମ ସଂଖ୍ୟା = 1 = 1

ପ୍ରଥମ ଓ ଦ୍ୱିତୀୟ ସଂଖ୍ୟାର ଯୋଗ = 1 + 2 = 3

ପ୍ରଥମ ତିନୋଟି ସଂଖ୍ୟାର ଯୋଗ = 1 + 2 + 3 = 6

ପ୍ରଥମ ଚାରୋଟି ସଂଖ୍ୟାର ଯୋଗ = 1 + 2 + 3 + 4 = 10

ପ୍ରଥମ ପାଞ୍ଚ ଗୋଟି ସଂଖ୍ୟାର ଯୋଗ = 1 + 2 + 3 + 4 + 5 = 15 ଇତ୍ୟାଦି।.

ଏଠାରେ ଅନୁକ୍ରମଟି ହେଲା : 1, 3, 6, 10, 15, ...

ଏଠାରେ କହିପାରିବ କି ଉକ୍ତ ଅନୁକ୍ରମର ଦ୍ୱାଦଶ ପଦଟି କେତେ ?

ଦ୍ୱାଦଶ ପଦ = ପ୍ରଥମ ବାରଗୋଟି ଗଣନ ସଂଖ୍ୟାର ଯୋଗ

$$= 1+2+3+\dots\dots\dots+9+10+11+12$$

$$= (1+12)+(2+11)+(3+10)+(4+9)+(5+8)+(6+7)$$

$$= 13 \times 6 = 6(1+12) = 6 \times 13$$

$$= \frac{12\times13}{2} = \frac{12}{2}(1+12) = 78$$

ସାଧାରଣ ସୂତ୍ର : ପ୍ରଥମ 'n' ସଂଖ୍ୟକ ପଦର ସମଷ୍ଟି

$$= \frac{1}{2}\ (\text{ପଥମ ପଦ} + \text{ଶେଷ ପଦ})$$

ଦ୍ରଷ୍ଟବ୍ୟ : ଉକ୍ତ ଅନୁକ୍ରମରେ ଥବା ସଂଖ୍ୟାଗୁଡ଼ିକୁ ତ୍ରିଭୁଜୀୟ ସଂଖ୍ୟା (Triangular Numbers) କୁହାଯାଏ। ଉକ୍ତ ପ୍ରତିରୂପରୁ ସୃଷ୍ଟି ସଂଖ୍ୟାଗୁଡ଼ିକୁ ନେଇ ବର୍ଗସଂଖ୍ୟାର ଉତ୍ପତ୍ତି କିପରି ହୁଏ ଆସ ଜାଣିବା ।

$1 = (1^2)$, $1 + 3 = 4 = (2)^2$, $3 + 6 = 9 = (3)^2$,

$6 + 10 = 16 = (4)^2$, $10 + 15 = 25 = (5)^2$

ସେହିପରି $15 + 21 = 36 = (6)^2$, $21 + 28 = 49 = (7)^2$ ଇତ୍ୟାଦି।

ଏଠାରେ **1, 4, 9, 16, 25....** ଗୋଟିଏ ଗୋଟିଏ ବର୍ଗ ସଂଖ୍ୟା । ଏ ସଂଖ୍ୟାଗୁଡ଼ିକୁ ଯଥାକ୍ରମେ 1, 2, 3, 4, 5... ର ବର୍ଗ ସଂଖ୍ୟା କୁହାଯାଏ । ଏହା ମଧ୍ୟ ଏକ ସାଂଖ୍ୟିକ ପ୍ରତିରୂପ ଅଟେ ।

ଦ୍ରଷ୍ଟବ୍ୟ : ଦୁଇଟି କ୍ରମିକ ତ୍ରିଭୁଜୀୟ ସଂଖ୍ୟାର ଯୋଗ ଏକ ପୂର୍ଣ୍ଣବର୍ଗ ସଂଖ୍ୟା ।

ବର୍ତ୍ତମାନ ଆମେ କେତେକ ସାଂଖ୍ୟିକ ପ୍ରତିରୂପର ଅବତାରଣା କିପରି ହୁଏ ନିମ୍ନ ଉଦାହରଣଗୁଡ଼ିକ ମାଧ୍ୟମରେ ବୁଝିବା ।

ଉଦାହରଣ - 1 : ଗଣନ ସଂଖ୍ୟା କ୍ଷେତ୍ରରେ କେତେକ ସାଂଖ୍ୟିକ ପ୍ରତିରୂପ ।

ପ୍ରତିରୂପ-1 :
$1 = 1^2$
$1 + 3 = 2^2$
$1 + 3 + 5 = 3^2$
$1 + 3 + 5 + 7 = 4^2$ ଇତ୍ୟାଦି ।

(1, 3, 5, 7, 9, 11, 13.... ଅଯୁଗ୍ମ ସଂଖ୍ୟାର ଅନୁକ୍ରମ)

ପ୍ରଥମ ଅଯୁଗ୍ମ ସଂଖ୍ୟା $= 1 = 1^2$
ପ୍ରଥମ ଦୁଇଟି ଅଯୁଗ୍ମ ସଂଖ୍ୟାର ଯୋଗ $= 1 + 3 = 4 = 2^2$
ପ୍ରଥମ ତିନୋଟି ଅଯୁଗ୍ମ ସଂଖ୍ୟାର ଯୋଗ $= 1 + 3 + 5 = 9 = 3^2$
ପ୍ରଥମ ଚାରୋଟି ଅଯୁଗ୍ମ ସଂଖ୍ୟାର ଯୋଗ $= 1+3+5+7=16 = 4^2$

ଇତ୍ୟାଦି ।

ଉକ୍ତ ପ୍ରତିରୂପକୁ ଅନୁଧ୍ୟାନ କରି କହିପାରିବ କି, ପ୍ରଥମ କୋଡ଼ିଏଟି ଅଯୁଗ୍ମ ସଂଖ୍ୟାର ଯୋଗଫଳ କେତେ ?

ପ୍ରଥମ କୋଡ଼ିଏଟି ଅଯୁଗ୍ମ ସଂଖ୍ୟାର ଯୋଗଫଳ $= 20^2 = 400$ ହେବ ।

ପ୍ରତିରୂପ - 2 :
$1 = 1^3$
$3 + 5 = 2^3$
$7 + 9 + 11 = 3^3$
$13 + 15 + 17 + 19 = 4^3$ ଇତ୍ୟାଦି ।

ପ୍ରଥମ ଅଯୁଗ୍ମ ସଂଖ୍ୟା $1 = (1)^3$

ଦ୍ୱିତୀୟ ଓ ତୃତୀୟ ଅଯୁଗ୍ମ ସଂଖ୍ୟାର ଯୋଗ $= 3 + 5 = 8 = 2^3$

ଚତୁର୍ଥ, ପଞ୍ଚମ ଓ ଷଷ୍ଠ ଅଯୁଗ୍ମ ସଂଖ୍ୟାର ଯୋଗ $= 7+9+11 = 27 = 3^3$

ସପ୍ତମଠାରୁ ଆରମ୍ଭକରି ଦଶମ ଅଯୁଗ୍ମସଂଖ୍ୟାର ଯୋଗ $= 64 = 4^3$ ..

ଇତ୍ୟାଦି ।

ବର୍ତ୍ତମାନ, $5^3, 6^3, 7^3$ ଇତ୍ୟାଦିକୁ (ଅଯୁଗ୍ମ ସଂଖ୍ୟାର କ୍ରମକୁ ବଜାୟ ରଖି) ଅଯୁଗ୍ମ ସଂଖ୍ୟାର ଯୋଗ ମାଧ୍ୟମରେ ପ୍ରକାଶ କରିବାକୁ ଚେଷ୍ଟା କର ।

ଉଦାହରଣ-2 : ଗଣନ ସଂଖ୍ୟାର ଘନର ସମଷ୍ଟିକୁ, ସେମାନଙ୍କର ଯୋଗଫଳର ବର୍ଗ ମଧ୍ୟରେ ଥିବା ଏକ ସମ୍ପର୍କକୁ ସାଂଖ୍ୟିକ ପ୍ରତିରୂପ ମାଧ୍ୟମରେ ପ୍ରକାଶ କର ।

$1^3 = 1^2$

$1^3 + 2^3 = (1+2)^2$

$1^3 + 2^3 + 3^3 = (1 + 2 + 3)^2$

$1^3 + 2^3 + 3^3 + 4^3 = (1 + 2 + 3 + 4)^2$ ଇତ୍ୟାଦି ।

କହିପାରିବ କି ପ୍ରଥମ ଦଶଗୋଟି ଗଣନ ସଂଖ୍ୟାର ଘନର ସମଷ୍ଟି କେତେ ?

$1^3 + 2^3 + 3^3 + ... 9^3 + 10^3$

$= (1+2+3 + ... + 9 + 10)^2 = 55^2 = 3025$

($\because 55^2 = 5 \times (5 + 1) / 5^2 = 30 / 25 = 3025$)

ଉଦାହରଣ – 3 : ଫିବୋନାକି ଅନୁକ୍ରମ (Fibonacci Sequence)

ପ୍ରଥମେ 1 ଓ 1 କୁ ନେବା । ତତ୍ପରେ ପରବର୍ତ୍ତୀ ପଦଟି, ଉଭୟ ସଂଖ୍ୟାର ଯୋଗଫଳ 2 ହେବ ।

$\therefore$ ତୃତୀୟ ପଦ $= 1 + 1 = 2$

ଚତୁର୍ଥ ପଦ $= 1 + 2 = 3$, ପଞ୍ଚମ ପଦ $= 2 + 3 = 5$ ଇତ୍ୟାଦି।

ତେଣୁ ଏଠାରେ ଅନୁକ୍ରମଟି ହେବ : 1, 1, 2, 3, 5, 8, ...

Fibonacci Number sequence :

1, 1, 2, 3, 5, 8, 13, 21, 34, 55 ....

(ଅନୁକ୍ରମର ପରବର୍ତ୍ତୀ ସଂଖ୍ୟା = ପୂର୍ବବର୍ତ୍ତୀ ସଂଖ୍ୟାଦ୍ୱୟର ଯୋଗଫଳ)

ପ୍ରତିରୂପ-1: ଦତ୍ତ ଅନୁକ୍ରମର ପ୍ରତ୍ୟେକ ସଂଖ୍ୟାର ବର୍ଗ ନେଲେ ପାଇବା-

1, 1, 4, 9, 25, 64, 169, 441, 1156, 3025, ...

$1+1+4 = 6 = 2 \times 3$ (ତୃତୀୟ ପଦ × ଚତୁର୍ଥ ପଦ)

$1+1+4+9 = 15 = 3 \times 5$ (ଚତୁର୍ଥ ପଦ × ପଞ୍ଚମ ପଦ)

$1+1+4+9+25 = 40 = 5 \times 8$ (ପଞ୍ଚମ ପଦ × ଷଷ୍ଠ ପଦ)

$1+1+4+9+25+64 = 104$

$\qquad = 8 \times 13$ (ଷଷ୍ଠ ପଦ × ସପ୍ତମ ପଦ) ଇତ୍ୟାଦି ।

ଅର୍ଥାତ୍ $1^2 + 1^2 + 2^2 + 3^2 + 5^2 + 8^2 = 8 \times 13$

ସେହିପରି $1^2 + 1^2 + 2^2 + 3^2 + 5^2 + 8^2 + 13^2 = 13 \times 21$

$1^2 + 1^2 + 2^2 + 3^2 + 5^2 + 8^2 + 13^2 + 21^2 = 21 \times 34$ ଇତ୍ୟାଦି ।

ଅର୍ଥାତ୍ ପ୍ରଥମ ଆଠଗୋଟି ପଦର ବର୍ଗର ସମଷ୍ଟି, ଅନୁକ୍ରମର ଅଷ୍ଟମପଦ ଓ ନବମ ପଦଦ୍ୱୟର ଗୁଣଫଳ ସହ ସମାନ ।

ସାଧାରଣ ଭାବେ ସୂତ୍ରଟି ହେବ : ପ୍ରଥମ 'n' ସଂଖ୍ୟକ Fibonacci ସଂଖ୍ୟାର ବର୍ଗର ସମଷ୍ଟି = n ତମ ସଂଖ୍ୟା × (n + 1) ତମ ସଂଖ୍ୟା ।

ଉଦାହରଣ - 4 :

ପ୍ରତ୍ୟେକ ଅଯୁଗ୍ମ ସଂଖ୍ୟା (1 ବ୍ୟତୀତ) ର ବର୍ଗକୁ ଦୁଇଗୋଟି କ୍ରମିକ ଗଣନ ସଂଖ୍ୟାର ସମଷ୍ଟି ରୂପେ ପ୍ରକାଶ କର ।

ନିମ୍ନ ସାଂଖ୍ୟିକ ପ୍ରତିରୂପକୁ ଅନୁଧ୍ୟାନ କର ।

ପ୍ରତିରୂପ - 1 : $3^2 = 4 + 5, 5^2 = 12 + 13, 7^2 = 24 + 25$ ଓ $9^2 = 40 + 41$ ଇତ୍ୟାଦି ।

ନିମ୍ନ ପ୍ରତିରୂପ ମାଧ୍ୟମରେ ଉପରୋକ୍ତ ତଥ୍ୟଗୁଡ଼ିକର ଅବତାରଣା କରାଯାଇଛି ।

$3^2 = \dfrac{3^2-1}{2} + \dfrac{3^2+1}{2} = 4 + 5, \quad 5^2 = \dfrac{5^2-1}{2} + \dfrac{5^2+1}{2} = 12 + 13,$

$7^2 = \dfrac{7^2-1}{2} + \dfrac{7^2+1}{2} = 24 + 25$ ଇତ୍ୟାଦି ।

ଉପରିସ୍ଥ ପ୍ରତିରୂପକୁ ଅନୁଧ୍ୟାନ କରି କହିପାରିବ କି, 17^2 କେଉଁ କେଉଁ କ୍ରମିକ ଗଣନ ସଂଖ୍ୟାର ସମଷ୍ଟି ସହ ସମାନ ?

$$17^2 = \left(\frac{17^2-1}{2}\right)+\left(\frac{17^2+1}{2}\right) = 144 + 145$$

17^2, 144 ଓ 145 କ୍ରମିକ ଗଣନ ସଂଖ୍ୟାର ଯୋଗ ସହ ସମାନ ।

ଦ୍ରଷ୍ଟବ୍ୟ: ପ୍ରତିରୂପରୁ ଜାଣିବା (3,4,5),(5, 12, 13), (7, 24, 25), (17, 144, 145) ଇତ୍ୟାଦି ଗୋଟିଏ ଗୋଟିଏ ପିଥାଗୋରୀୟତ୍ରୟୀ ଅଟନ୍ତି;
$3^2+4^2 = 5^2$, $5^2+12^2 =13^2$, $7^2+24^2=25^2$, $17^2+144^2= 145^2$ ଇତ୍ୟାଦି ।

ପ୍ରତିରୂପ -2 : ନିମ୍ନ ପ୍ରତିରୂପକୁ ଅନୁଧ୍ୟାନ କର ।

$$3 = 2^2 - 1^2$$

$$5 = 3^2 - 2^2$$

$$7 = 4^2 - 3^2 \ldots.$$

ଉକ୍ତ ପ୍ରତିରୂପକୁ ଅନୁଧ୍ୟାନ କଲେ ଜାଣିବା ଯେ,

$$\textbf{ଯେକୌଣସି ଅଯୁଗ୍ମ ସଂଖ୍ୟା} = \mathbf{n} = \left(\frac{\mathbf{n+1}}{\mathbf{2}}\right)^2-\left(\frac{\mathbf{n-1}}{\mathbf{2}}\right)^2$$

ଉଦାହରଣ - 5 :

ପ୍ରତିରୂପ - 1 : ଦୁଇଟି କ୍ରମିକ ସଂଖ୍ୟାର ଅନ୍ତର 2 ହୋଇଥିଲେ ସେମାନଙ୍କର ଗୁଣଫଳକୁ ସ୍ଥିର କରିବା ପାଇଁ ଏକ ସାଂଖ୍ୟିକ ପ୍ରତିରୂପର ସହାୟତା ନେବା ।

$3 \times 5 = 4^2 - 1 = 15$ (5-3=2, 6-4=2, 7-5=2....)

$4 \times 6 = 5^2 - 1 = 24$

$5 \times 7 = 6^2 - 1 = 35$

....

....

$13 \times 15 = 14^2 - 1 = 195$

$14 \times 16 = 15^2 - 1 = 224$

....

$39 \times 41 = 40^2 - 1 = 1599$

$40 \times 42 = 41^2 - 1 = 1680$ ଇତ୍ୟାଦି ।

ଦ୍ରଷ୍ଟବ୍ୟ : ଦତ୍ତ ଗଣନ ସଂଖ୍ୟା ଦ୍ୱୟର ଗୁଣଫଳ

= ସଂଖ୍ୟାଦ୍ୱୟର ହାରାହାରି ବର୍ଗ - 1 ।

ପ୍ରତିରୂପ - 2. ଦୁଇଟି ଗଣନ ସଂଖ୍ୟାର ଅନ୍ତରଫଳ 4 ହୋଇଥିଲେ, ସଂଖ୍ୟାଦ୍ୱୟର ଗୁଣଫଳ ସ୍ଥିର କର ।

$11 \times 15 = 13^2 - 2^2 = 165$

ଏଠାରେ ଲକ୍ଷ୍ୟ କର: (15-11=4, 16-12=4, 17-13 = 4 .....)

$12 \times 16 = 14^2 - 2^2 = 192$

$13 \times 17 = 15^2 - 2^2 = 221$

....

....

$20 \times 24 = 22^2 - 2^2 = 480$

$21 \times 25 = 23^2 - 2^2 = 525$

$22 \times 26 = 24^2 - 2^2 = 572$ ଇତ୍ୟାଦି ।

ଦ୍ରଷ୍ଟବ୍ୟ: ଦତ୍ତ ଗଣନ ସଂଖ୍ୟାଦ୍ୱୟର ଗୁଣଫଳ

= ସଂଖ୍ୟାଦ୍ୱୟର ହାରାହାରିର ବର୍ଗ -2^2

ଉଦାହରଣ - 6 : ନିମ୍ନ ସାଂଖ୍ୟିକ ପ୍ରତିରୂପକୁ ଅନୁଧ୍ୟାନ କର ।

1	$1=2^0$
1 1	$1+1=2^1$
1 2 1	$1+2+1 = 2^2$
1 3 3 1	$1 +3+3+1 = 2^3$
1 4 6 4 1	$1+4+6+4+1 =2^4$
1 5 10 10 5 1	$1 + 5 + 10 + 10 + 5 + 1 = 2^5$
....	....

ବର୍ତ୍ତମାନ କହିପାରିବ କି ପରବର୍ତ୍ତୀ ଧାଡ଼ିରେ କେଉଁ ସଂଖ୍ୟାମାନ ରହିବ ଏବଂ ସେ ଧାଡ଼ିରେ ଥବା ସମସ୍ତ ସଂଖ୍ୟାମାନଙ୍କର ଯୋଗଫଳ 2 ର ଘାତ ଅନୁସାରେ କେତେ ହେବ ?

ଦ୍ରଷ୍ଟବ୍ୟ : ଉକ୍ତ ପ୍ରତିରୂପରେ ସଜ୍ଜିକୃତ ସଂଖ୍ୟାମାନ ପାସ୍କଲ୍‌ଙ୍କ ତ୍ରିଭୁଜ (Pascal's Triangle) ର ଅନ୍ତର୍ଭୁକ୍ତ ।

ଉଦାହରଣ - 7 : 11, 111, 1111 ଇତ୍ୟାଦି ସଂଖ୍ୟାର ବର୍ଗ ନିର୍ଣ୍ଣୟ ସମ୍ବନ୍ଧୀୟ ଏକ ପ୍ରତିରୂପକୁ ଅନୁଧାନ କର ।

ପ୍ରତିରୂପ - 1 :

$$11^2 = 121$$

$$111^2 = 12321$$

$$1111^2 = 1234321$$

$$11111^2 = 123454321$$

ସେହିପରି $(111111)^2 = 12345654321$ ଇତ୍ୟାଦି ।

ପ୍ରତିରୂପ - 2 : ବର୍ଗସଂଖ୍ୟାର ଅଙ୍କମାନଙ୍କର ଯୋଗଫଳ 2ର ଘାତ ଅନୁସାରେ ପ୍ରକାଶ କର ।

$11^2 = 121, = 1 + 2 + 1 = 4 = 2^2$

$111^2 = 12321$ ବର୍ଗ ସଂଖ୍ୟାର ସଂଖ୍ୟାମାନଙ୍କର ଯୋଗଫଳ

$= 1 + 2 + 3 + 2 + 1 = 9 = 3^2$

ସେହିପରି $1111^2 = 1234321$, ବର୍ଗସଂଖ୍ୟାର ଅଙ୍କମାନଙ୍କର ଯୋଗଫଳ

$= 1 + 2 + 3 + 4 + 3 + 2 + 1 = 16 = 4^2$ ଇତ୍ୟାଦି ।

ସେହିପରି $11111^2 = 123454321$

$\therefore$ ବର୍ଗ ସଂଖ୍ୟାର ଅଙ୍କମାନଙ୍କର ଯୋଗଫଳ $= 5^2$ ହେବ ।

ପ୍ରତିରୂପ-3: 11 ର ବର୍ଗ × ବର୍ଗ ସଂଖ୍ୟାର ଅଙ୍କମାନଙ୍କର ଯୋଗଫଳ

$= 121 \times (1 + 2 + 1) = 484 = 22^2$

ସେହିପରି $12321 \times (1+2+3+2+1) = (111)^2 \times 3^2$

$$= (111 \times 3)^2 = 333^2$$

$1111^2 \times (1+2+3+4+3+2+1) = (1111) \times 4^2 = (4444)^2$

ସେହିପରି $(11111)^2 \times (1 + 2 + 3 + 4 + 5 + 4 + 3 + 2 + 1)$

$$= (11111)^2 \times 5^2 = 55555^2$$

ଜ୍ୟାମିତିରେ ପ୍ରତିରୂପ :

ଉଦାହରଣ - ୪. ନିମ୍ନସ୍ଥ ଚିତ୍ରଗୁଡ଼ିକୁ ଦେଖି ପ୍ରତ୍ୟେକ ଚିତ୍ରରେ କେତୋଟି ତ୍ରିଭୁଜ ରହିଛି ସେ ସବୁକୁ ହିସାବକୁ ନେଲେ କ'ଣ ଦେଖିବାକୁ ପାଇବା ?

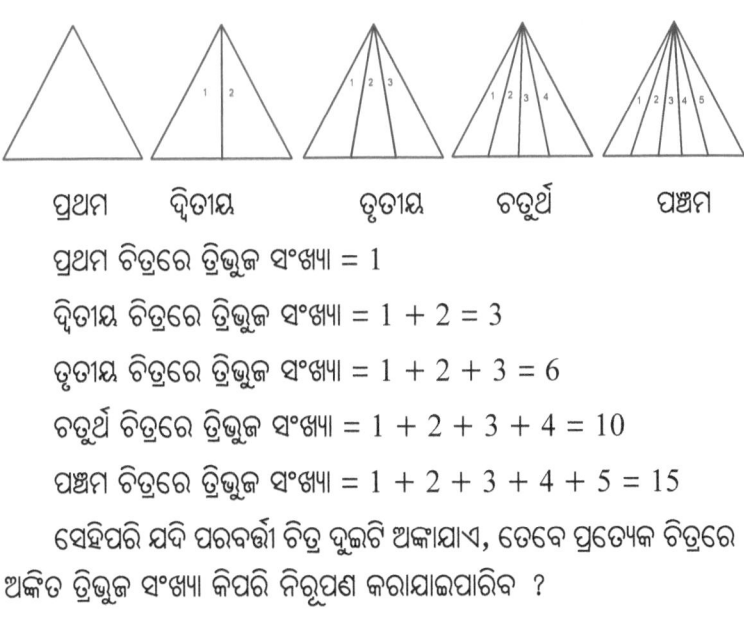

ପ୍ରଥମ ଦ୍ୱିତୀୟ ତୃତୀୟ ଚତୁର୍ଥ ପଞ୍ଚମ

ପ୍ରଥମ ଚିତ୍ରରେ ତ୍ରିଭୁଜ ସଂଖ୍ୟା = 1

ଦ୍ୱିତୀୟ ଚିତ୍ରରେ ତ୍ରିଭୁଜ ସଂଖ୍ୟା = 1 + 2 = 3

ତୃତୀୟ ଚିତ୍ରରେ ତ୍ରିଭୁଜ ସଂଖ୍ୟା = 1 + 2 + 3 = 6

ଚତୁର୍ଥ ଚିତ୍ରରେ ତ୍ରିଭୁଜ ସଂଖ୍ୟା = 1 + 2 + 3 + 4 = 10

ପଞ୍ଚମ ଚିତ୍ରରେ ତ୍ରିଭୁଜ ସଂଖ୍ୟା = 1 + 2 + 3 + 4 + 5 = 15

ସେହିପରି ଯଦି ପରବର୍ତ୍ତୀ ଚିତ୍ର ଦୁଇଟି ଅଙ୍କାଯାଏ, ତେବେ ପ୍ରତ୍ୟେକ ଚିତ୍ରରେ ଅଙ୍କିତ ତ୍ରିଭୁଜ ସଂଖ୍ୟା କିପରି ନିରୂପଣ କରାଯାଇପାରିବ ?

ନିଜେ ସ୍ଥିର କର ।

ଉଦାହରଣ - 9 : ନିମ୍ନ ପ୍ରତିରୂପକୁ ଲକ୍ଷ୍ୟ କରି ଏହାର ପରବର୍ତ୍ତୀ ଦୁଇଟି ଧାଡ଼ିକୁ ଲେଖ ।

$$1 + 2 = 3$$
$$4 + 5 + 6 = 7 + 8$$
$$9 + 10 + 11 + 12 = 13 + 14 + 15$$
$$16 + 17 + 18 + 19 + 20 = 21 + 22 + 23 + 24$$

....

ସୂଚନା : (ପଞ୍ଚମ ଧାଡ଼ି 5 ର ବର୍ଗରୁ ଆରମ୍ଭ ହେଲାବେଳେ, ଷଷ୍ଠ ଧାଡ଼ି 6ର ବର୍ଗ ଅର୍ଥାତ୍ 36 ରୁ ଆରମ୍ଭ ହେବ)

ପ୍ରଶ୍ନବଳୀ - 11

1. ନିମ୍ନଲିଖିତ ସାଂଖ୍ୟିକ ଅନୁକ୍ରମର ପରବର୍ତ୍ତୀ ତିନୋଟି ଲେଖାଏଁ ପଦ ସ୍ଥିର କର ।

(i) 3, 8, 13, 18, 23 .... (ii) 19, 27, 35, 43.............

(iii) 25, 23, 21, 19, 17....... (iv) 1,3,9,27.........

2. ନିମ୍ନ ଜ୍ୟାମିତିକ ଚିତ୍ରଗୁଡ଼ିକୁ ଅନୁଧାନ କରି ଗୋଟିଏ ସଂଖ୍ୟା ଅନୁକ୍ରମ ସ୍ଥିର କର । (ପ୍ରତ୍ୟେକ ଚିତ୍ରରେ ଥିବା ଡଟ୍ ସଂଖ୍ୟାକୁ ନେଇ ସଂଖ୍ୟାକ୍ରମ ସ୍ଥିର କର ।)

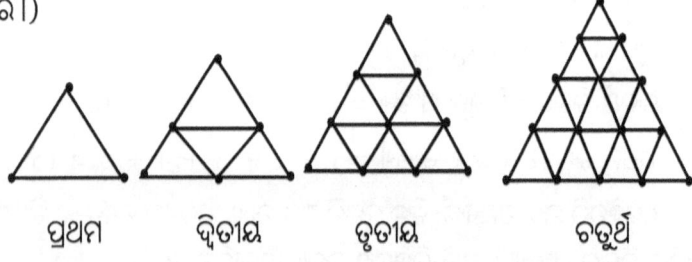

ପ୍ରଥମ ଦ୍ୱିତୀୟ ତୃତୀୟ ଚତୁର୍ଥ

3. ନିମ୍ନ ସଂଖ୍ୟା ଅନୁକ୍ରମକୁ ନେଇ ଗୋଟିଏ ସାଧାରଣସୂତ୍ର ନିଗମନ କର। ଏଥିପାଇଁ ଏକ ପ୍ରତିରୂପର ସାହାଯ୍ୟ ନିଅ ।

1, 3,5,7,9,11,..... (ସୂଚନା : ସାଧାରଣ ସୂତ୍ର : 2 ×ପଦସଂଖ୍ୟା – 1)

4. ପିଥାଗୋରୀୟ ତ୍ରୟୀ କହିଲେ କ'ଣ ବୁଝ ? ଉକ୍ତ ତ୍ରୟୀ ସୃଷ୍ଟି କରିବା ପାଇଁ ଏକ ସାଧାରଣ ସୂତ୍ରର ନିଗମନ କର ।

5. ପ୍ରଥମ ନିର୍ଦ୍ଦିଷ୍ଟ ସଂଖ୍ୟକ ଗଣନ ସଂଖ୍ୟାର ଘନର ସମଷ୍ଟି ସହ ସେମାନଙ୍କର ଯୋଗଫଳର ବର୍ଗ ସହ କେଉଁ ସମ୍ପର୍କ ରହିପାରେ ? ଏକ ପ୍ରତିରୂପ ମାଧ୍ୟମରେ ଦର୍ଶାଅ ।

6. ପ୍ରଥମ ନିର୍ଦ୍ଦିଷ୍ଟ ସଂଖ୍ୟକ ଅଯୁଗ୍ମ ସଂଖ୍ୟାର ସମଷ୍ଟି ସହ, ସଂପୃକ୍ତ ସଂଖ୍ୟାର କେଉଁ ସମ୍ପର୍କ ରହିଛି ? ଏକ ପ୍ରତିରୂପ ମାଧ୍ୟମରେ ଦର୍ଶାଅ ।

7.

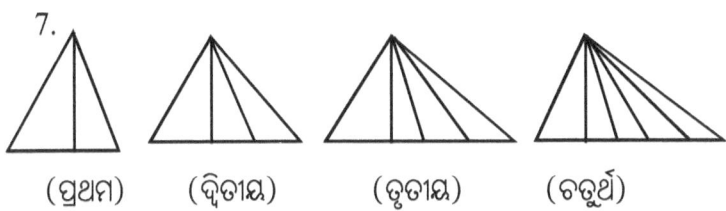

(ପ୍ରଥମ)   (ଦ୍ୱିତୀୟ)   (ତୃତୀୟ)   (ଚତୁର୍ଥ)

ଦତ୍ତ ଚିତ୍ରଗୁଡ଼ିକରେ କେତେ ସଂଖ୍ୟକ ତ୍ରିଭୁଜ ରହିଛି ? ଉକ୍ତ ସଂଖ୍ୟାମାନଙ୍କୁ ନେଇ ଏକ ଅନୁକ୍ରମର ଅବତାରଣା କର ।

8.

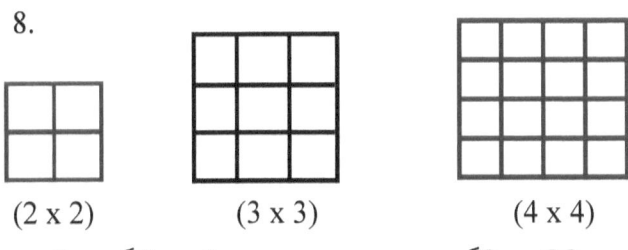

(2 x 2)   (3 x 3)   (4 x 4)

ଉପରିସ୍ଥ ବର୍ଗଚିତ୍ର ଗୁଡ଼ିକରେ କେତେ ସଂଖ୍ୟକ ବର୍ଗଚିତ୍ର ରହିଛି ? ପରବର୍ତ୍ତୀ 5 × 5 ଏବଂ 6 × 6 ଚିତ୍ରଗୁଡ଼ିକରେ କ୍ଷୁଦ୍ର ବର୍ଗଚିତ୍ର ସଂଖ୍ୟା କେତେ ହେବ ? ଉକ୍ତ ସଂଖ୍ୟାମାନଙ୍କୁ ନେଇ ଏକ ଅନୁକ୍ରମର ଅବତାରଣା କର ।

9. ଗୋଟିଏ ଅନୁକ୍ରମର ସାଧାରଣ ସୂତ୍ର $(2n+1)$ ହେଲେ, 'n' ର ମାନ ଯଥାକ୍ରମେ 1, 2, 3... ଇତ୍ୟାଦି ନେଇ ଅନୁକ୍ରମଟିକୁ ଲେଖ ।

10. ଗୋଟିଏ ଅନୁକ୍ରମର ସାଧାରଣ ସୂତ୍ର $(3n-1)$ ହେଲେ, 'n' ର ମାନ ଯଥାକ୍ରମେ 1, 2, 3... ଇତ୍ୟାଦି ନେଇ ଅନୁକ୍ରମଟିକୁ ଲେଖ ।

−o−

ଦ୍ୱାଦଶ ଅଧ୍ୟାୟ
କୁହୁକବର୍ଗ
(MAGIC SQUARES)

ଯେଉଁ ଚତୁର୍ଭୁଜର ପ୍ରତ୍ୟେକ କୋଣ ସମକୋଣ ଏବଂ ଚିତ୍ରର ବାହୁମାନଙ୍କର ଦୈର୍ଘ୍ୟ ସମାନ ଅଟେ ତାକୁ ବର୍ଗଚିତ୍ର କୁହାଯାଏ । ବର୍ଗଚିତ୍ରକୁ ଯଦି ଆମେ ସମାନ ସଂଖ୍ୟକ କ୍ଷୁଦ୍ର ବର୍ଗଚିତ୍ରରେ ପରିଣତ କରିବା ତେବେ ସୃଷ୍ଟି ହେଉଥିବା ଚିତ୍ର ଏକ ବର୍ଗ-ଜାଲି (Square grid) ରେ ପରିଣତ ହୁଏ। ତିନି ଏକକ ଦୈର୍ଘ୍ୟ ବିଶିଷ୍ଟ ଏକ ବର୍ଗଚିତ୍ରକୁ ନେବା । ପ୍ରତ୍ୟେକ ବାହୁକୁ ସମାନ ତିନି ଭାଗରେ ବିଭକ୍ତ କରି ଉଲ୍ଲମ୍ବ ଏବଂ ଆନୁଭୂମିକ ରେଖାଖଣ୍ଡ ଅଙ୍କନ କରିବା ଯାହା ଦ୍ୱାରା ମୂଳ ବର୍ଗଚିତ୍ରଟିକୁ ସମାନ ନଅ ଗୋଟି କ୍ଷୁଦ୍ର ବର୍ଗଚିତ୍ରରେ ପରିଣତ ହେବ । ସୃଷ୍ଟି ହେଉଥିବା ଚିତ୍ରକୁ (3 × 3) ବର୍ଗ ଜାଲି କହିବା ।

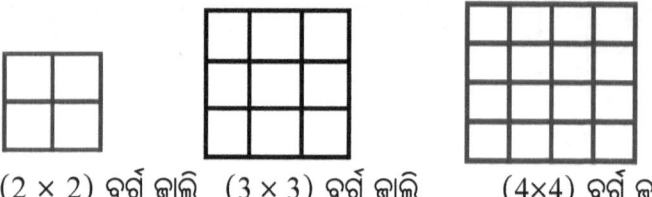

(2 × 2) ବର୍ଗ ଜାଲି (3 × 3) ବର୍ଗ ଜାଲି   (4×4) ବର୍ଗ ଜାଲି

ସେହିପରି 5 × 5 ବର୍ଗଜାଲି, 6 × 6 ଇତ୍ୟାଦି ବର୍ଗଜାଲି ସୃଷ୍ଟି କରିପାରିବା । ବର୍ତ୍ତମାନ ବର୍ଗଜାଲିରେ ଯାଦୁ (Magic in Square Grid) ବା କୁହୁକ ବର୍ଗକୁ ଆମେ ଦର୍ଶାଇବା କିପରି ?

ଆମେ ବୁଝିବା ସେ ଯାଦୁଟି କ'ଣ ?

ପ୍ରଥମେ (3 × 3) ବର୍ଗଜାଲିକୁ ନେଇ ଯାଦୁଟି କ'ଣ ବୁଝିବା ।

1 ରୁ 9 ପର୍ଯ୍ୟନ୍ତ କ୍ରମିକ ସଂଖ୍ୟାଗୁଡ଼ିକୁ ଉକ୍ତ ଜାଲିରେ ଥିବା କ୍ଷୁଦ୍ର ବର୍ଗ ଚିତ୍ରରେ ଏପରି ସଜାଇ ରଖିବା ଯେପରି ପ୍ରତ୍ୟେକ ଧାଡ଼ିରେ ଭର୍ତ୍ତି ହେଉଥିବା ସଂଖ୍ୟାଗୁଡ଼ିକର ସମଷ୍ଟି, ପ୍ରତ୍ୟେକ ସ୍ତମ୍ଭରେ ଭର୍ତ୍ତି ହେଉଥିବା ସଂଖ୍ୟାଗୁଡ଼ିକର ସମଷ୍ଟି ଏବଂ ବର୍ଗଜାଲିର ପ୍ରତ୍ୟେକ କର୍ଣ୍ଣ ଉପରେ ଥିବା ସଂଖ୍ୟା ଗୁଡ଼ିକର ସମଷ୍ଟି, ପରସ୍ପର ଏକ ନିର୍ଦ୍ଦିଷ୍ଟ ସଂଖ୍ୟା ସହ ସମାନ ହେବ ।

ବର୍ତ୍ତମାନ ପ୍ରଶ୍ନ ଉଠେ 1 ରୁ ଆରମ୍ଭ କରି 9 ପର୍ଯ୍ୟନ୍ତ ଅଙ୍କ ବା ସଂଖ୍ୟାଗୁଡ଼ିକୁ କିପରି (3 × 3) ବର୍ଗ ଜାଲିରେ ସଜାଇ ରଖିବା ?

(A) ପ୍ରଥମ

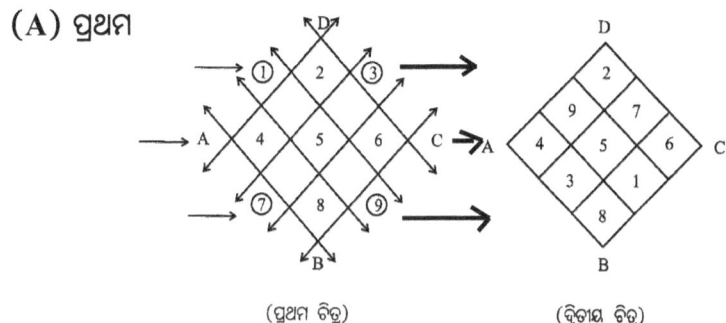

(ପ୍ରଥମ ଚିତ୍ର)   (ଦ୍ୱିତୀୟ ଚିତ୍ର)

ପ୍ରଥମେ 1, 2, 3; 4, 5, 6; 7, 8, 9 ଅଙ୍କଗୁଡ଼ିକୁ ଯଥାକ୍ରମେ ପ୍ରଥମ, ଦ୍ୱିତୀୟ ଓ ତୃତୀୟ ଧାଡ଼ିରେ ଲେଖ । ତତ୍ପରେ କେତେକ ପରସ୍ପରଚ୍ଛେଦୀ ରେଖା ମାଧ୍ୟମରେ ସଂଖ୍ୟାଗୁଡ଼ିକୁ ଅନ୍ୟ ସଂଖ୍ୟାଗୁଡ଼ିକ ଠାରୁ ଅଲଗା କରିବା । ପ୍ରଥମ ଚିତ୍ରକୁ ଦେଖ ।

ପରସ୍ପରଚ୍ଛେଦୀ ରେଖାଗୁଡ଼ିକ ଦ୍ୱାରା ABCD ଏକ ଚିତ୍ର ସୃଷ୍ଟି ହେଲା; ଯାହା 3 × 3 ବର୍ଗ ଜାଲି ସଦୃଶ ହେବ ।

1, 7, 9 ଓ 3 ସଂଖ୍ୟାକୁ ଗୋଟିଏ ଗୋଟିଏ ବୃତ୍ତ ଦ୍ୱାରା ଚିହ୍ନଟ କର ।

ସଂପୃକ୍ତ ଧାଡ଼ିରେ 5 ର ଉପରେ ଥିବା 1 କୁ 5 ର ନିମ୍ନରେ ଥିବା ଖାଲି ସ୍ଥାନରେ ଏବଂ 5 ର ନିମ୍ନରେ ଥିବା 9 କୁ 5 ର ଉପରେ ଥିବା ଖାଲି ସ୍ଥାନରେ ରଖିବା । ସେହିପରି ସଂପୃକ୍ତ ଧାଡ଼ିରେ 7 କୁ 5 ର ଦକ୍ଷିଣ ପାର୍ଶ୍ୱରେ ଥିବା ଖାଲି ସ୍ଥାନରେ ଏବଂ 3 କୁ 5 ର ବାମପାର୍ଶ୍ୱରେ ଥିବା ଖାଲି ସ୍ଥାନକୁ ଆଣି ରଖ ।

ବର୍ତ୍ତମାନ ଜାଲିଟିକୁ ଅଲଗା କରି ରଖି ସଂଖ୍ୟାଗୁଡ଼ିକୁ କ୍ଷୁଦ୍ର କୋଠରି ଗୁଡ଼ିକରେ ଠିକ୍ ଭାବରେ ସଜାଇ ରଖିବା । (ତୃତୀୟ ଚିତ୍ର ଦେଖ)

A		D
4	9	2
3	5	7
8	1	6
B		C

ତୃତୀୟ ଚିତ୍ର

ବର୍ତ୍ତମାନ ABCD ଏକ 3 × 3 ବର୍ଗଜାଲିଟି 1 ରୁ 9 ପର୍ଯ୍ୟନ୍ତ ସଂଖ୍ୟାମାନଙ୍କୁ ନେଇ ରଖିଲେ ଏକ ସ୍ୱତନ୍ତ୍ର

ବର୍ଗଜାଲିରେ ପରିଣତ ହେବ । ଏହାକୁ କୁହୁକ ବର୍ଗ (Magic Square) ମଧ୍ୟ କହିବା ।

ଏଠାରେ ଲକ୍ଷ୍ୟ କର, ପ୍ରତ୍ୟେକ ଧାଡ଼ି, ପ୍ରତ୍ୟେକ ସ୍ତମ୍ଭ ଏବଂ ପ୍ରତ୍ୟେକ କର୍ଣ୍ଣ ଉପରେ ଥିବା ସଂଖ୍ୟାମାନଙ୍କର ସମଷ୍ଟି 15 ସହ ସମାନ ହେବ ।

$4 + 9 + 2 = 15$
$3 + 5 + 7 = 15$ — ଧାଡ଼ି
$8 + 1 + 6 = 15$

$4 + 3 + 8 = 15$
$9 + 5 + 1 = 15$ — ସ୍ତମ୍ଭ
$2 + 7 + 6 = 15$

$4 + 5 + 6 = 15$ — କର୍ଣ୍ଣ
$2 + 5 + 8 = 15$

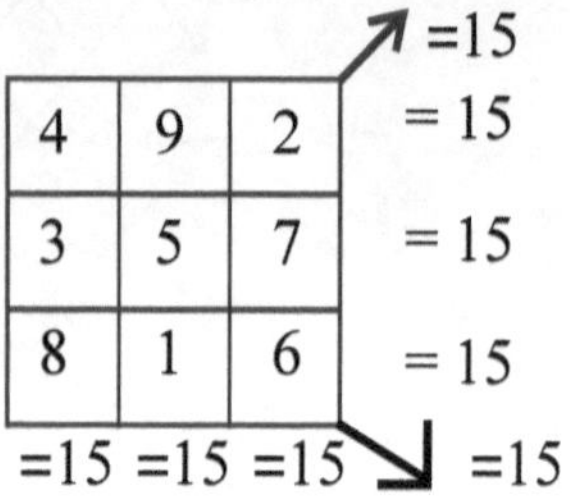

4	9	2
3	5	7
8	1	6

(ଚତୁର୍ଥ ଚିତ୍ର)

ଏଠାରେ 15 କୁ ସଂପୃକ୍ତ କୁହୁକବର୍ଗର କୁହୁକ ସଂଖ୍ୟା (Magic Number) କୁହାଯାଏ । ବ୍ୟବହୃତ ସଂଖ୍ୟାଗୁଡ଼ିକର ସମଷ୍ଟିର ଏକ-ତୃତୀୟାଂଶକୁ କୁହୁକ ବର୍ଗର କୁହୁକ ସଂଖ୍ୟା କୁହାଯାଏ ।

ଅର୍ଥାତ୍ $\dfrac{1+2+3+4+5+6+7+8+9}{3} = 15 = 5 \times 3$

(କୁହୁକ ବର୍ଗର ମଝି ସଂଖ୍ୟାର ତିନି ଗୁଣ)

(B) ଦ୍ୱିତୀୟ ପ୍ରଣାଳୀ : ପାର୍ଶ୍ୱସ୍ଥ ପଞ୍ଚମ ଚିତ୍ରକୁ ଠିକ୍ ଭାବରେ ଅନୁଧ୍ୟାନ କର ।

ବୈଦିକ ସୂତ୍ର : 'ପରାବର୍ତ୍ତ୍ୟଯୋଜୟେତ୍' ଯାହାର ଅର୍ଥ ପରିବର୍ତ୍ତନ ଏବଂ ଏହାର ଉପଯୋଗ ବା 'ପ୍ରତିସ୍ଥାପନ' । ଏହି ସୂତ୍ରର ପ୍ରୟୋଗ ଅନୁଯାୟୀ ଉପରୁ ତଳକୁ ଓ ତଳୁ ଉପରକୁ ଏବଂ ବାମରୁ ଦକ୍ଷିଣକୁ ଓ ଦକ୍ଷିଣରୁ ବାମକୁ ସଂଖ୍ୟା ପ୍ରତିସ୍ଥାପନ କରି କୁହୁକବର୍ଗକୁ ପ୍ରସ୍ତୁତ କରାଯାଏ ।

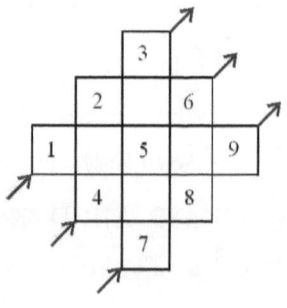

(ପଞ୍ଚମ ଚିତ୍ର)

ବ୍ୟାବହାରିକ ବୈଦିକ ଗଣିତ 187

2	7	6
9	5	1
4	3	8

(ଷଷ୍ଠ ଚିତ୍ର)

ପ୍ରଦର୍ଶିତ ପଞ୍ଚମ ଚିତ୍ରରେ ପ୍ରଥମ ପ୍ରଣାଳୀ ଭଳି 3 କୁ 5 ର ତଳ କୋଠରି ଏବଂ 7 କୁ 5 ର ଉପର କୋଠରିରେ ରଖାଯାଇଛି ଏବଂ 1 କୁ 5ର ଦକ୍ଷିଣକୁ ଏବଂ 9 କୁ 5 ର ବାମକୁ ରଖାଯାଇଛି । ସଂଖ୍ୟା ପ୍ରତିସ୍ଥାପନ ଦ୍ୱାରା ପ୍ରସ୍ତୁତ କୁହୁକ ବର୍ଗକୁ ପାର୍ଶ୍ୱରେ (ଷଷ୍ଠ ଚିତ୍ର ଦେଖ) ଦିଆଯାଇଛି ।

ଏଠାରେ ପୂର୍ବପରି ଧାଡ଼ି, ସ୍ତମ୍ଭ ଏବଂ କର୍ଣ୍ଣ ଉପରିସ୍ଥ ସଂଖ୍ୟାମାନଙ୍କର ଯୋଗଫଳ ସ୍ଥିର କର । ଦେଖିବାକୁ ପାଇବ ଯେ, ପ୍ରତ୍ୟେକ କ୍ଷେତ୍ରରେ ଯୋଗଫଳ 15 ହେବ ।

ଦ୍ରଷ୍ଟବ୍ୟ : ଉକ୍ତ କୁହୁକ ବର୍ଗ କେବଳ ମାତ୍ର ଗୋଟିଏ ପ୍ରକାରର ।

1 ଠାରୁ 9 ପର୍ଯ୍ୟନ୍ତ ଅଙ୍କଗୁଡ଼ିକୁ ନେଇ କୁହୁକ ବର୍ଗ ପରିଣତ କରିବା ଜାଣିଲ । ବର୍ତ୍ତମାନ ସଂପୃକ୍ତ ବର୍ଗର ଅନ୍ୟ ପ୍ରକାରର କୁହୁକ ବର୍ଗ ଗୁଡ଼ିକୁ ଅନୁଧାନ କରିବା । ନିମ୍ନ କୁହୁକ ବର୍ଗ ଗୁଡ଼ିକୁ ଦେଖ ।

4	9	2
3	5	7
8	1	6

(ପ୍ରଥମ)

8	1	6
3	5	7
4	9	2

(ଦ୍ୱିତୀୟ)

2	9	4
7	5	3
6	1	8

(ତୃତୀୟ)

2	7	6
9	5	1
4	3	8

(ଚତୁର୍ଥ)

ଦତ୍ତ ଚାରିଗୋଟି ଉଦାହରଣ ମାଧ୍ୟମରେ 1 ରୁ 9 ପର୍ଯ୍ୟନ୍ତ ଅଙ୍କଗୁଡ଼ିକୁ ବ୍ୟବହାର କରି କୁହୁକ ବର୍ଗ ପ୍ରସ୍ତୁତ କରାଯାଇଛି । ଏତଦ୍ ବ୍ୟତୀତ ଅନ୍ୟ କୌଣସି ପ୍ରକାରର କୁହୁକ ବର୍ଗ ସୃଷ୍ଟି ହୋଇପାରିବ କି ? ନିଜେ ଚେଷ୍ଟା କରି ଦେଖ ।

ଦ୍ରଷ୍ଟବ୍ୟ : କେବଳ ଧାଡ଼ି କିମ୍ବା ସ୍ତମ୍ଭର ପ୍ରତିଫଳନ ବା ପ୍ରତ୍ୟେକର ଘୂର୍ଣ୍ଣନରେ କୁହୁକ ବର୍ଗ ସୃଷ୍ଟି କରାଯାଇପାରିବ । ପରୀକ୍ଷା କରି ଦେଖ ।

ଅନ୍ୟ କେତେକ କୌତୂହଳପୂର୍ଣ୍ଣ କୁହୁକବର୍ଗ (3 × 3) ର ସୃଷ୍ଟିକୁ ନିମ୍ନ ଉଦାହରଣ ମାଧମରେ ବୁଝିବା ।

ଉଦାହରଣ - 1 : 3, 4, 5, 6, 7, 8, 9, 10 ଓ 11 କୁ ବ୍ୟବହାର କରି 3 × 3 କୁହୁକବର୍ଗ ପ୍ରସ୍ତୁତ କର ଯେପରି ପ୍ରତ୍ୟେକ ସ୍ତମ୍ଭ, ପ୍ରତ୍ୟେକ ଧାଡ଼ି ଓ ପ୍ରତ୍ୟେକ କର୍ଣ୍ଣ ଉପରେ ଥିବା ସଂଖ୍ୟାମାନଙ୍କର ସମଷ୍ଟି ଏକ ନିର୍ଦ୍ଦିଷ୍ଟ ସଂଖ୍ୟା ସହ ସମାନ ହେବ ।

ସମାଧାନ :

(ସପ୍ତମ ଚିତ୍ର)

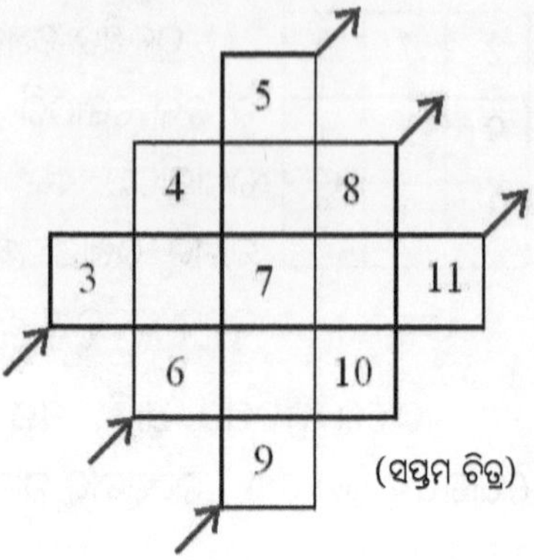

କୁହୁକ ବର୍ଗ ପ୍ରସ୍ତୁତିର ଦ୍ୱିତୀୟ ପ୍ରଣାଳୀକୁ ଅନୁଧ୍ୟାନ କର ।

5 କୁ ସଂପୃକ୍ତ ସ୍ତମ୍ଭର ଲେଖାଥିବା 7 ର ନିମ୍ନ କୋଠରିରେ ଏବଂ 9 କୁ ଲେଖାଥିବା 7 ର ଉପର କୋଠରିରେ ଲେଖିବା ।

3 କୁ ସଂପୃକ୍ତ ଧାଡ଼ିର ଲେଖାଥିବା 7 ଦକ୍ଷିଣପାର୍ଶ୍ୱରେ ଥିବା କୋଠରିରେ ଏବଂ 11 କୁ ଲେଖାଥିବା 7 ର ବାମପାର୍ଶ୍ୱରେ ଥିବା କୋଠରିରେ ଲେଖିବା ।

ବର୍ତ୍ତମାନ କୁହୁକ ବର୍ଗକୁ ଅଲଗା କରି ଦର୍ଶାଇବା । (ଅଷ୍ଟମ ଚିତ୍ର ଦେଖ)

ଏଠାରେ ଲକ୍ଷ୍ୟ କର ଯେ ପ୍ରତ୍ୟେକ ଧାଡ଼ି, ପ୍ରତ୍ୟେକ ସ୍ତମ୍ଭ ଏବଂ ଉଭୟ କର୍ଣ୍ଣ ଉପରିସ୍ଥ ସଂଖ୍ୟାମାନଙ୍କର ଯୋଗଫଳ 21 ହେବ । ଯାହା 7 × 3 ସହ ସମାନ

			=21
4	9	8	= 21
11	7	3	= 21
6	5	10	= 21
=21	=21	=21	=21

(ଅଷ୍ଟମ ଚିତ୍ର)

ଦ୍ରଷ୍ଟବ୍ୟ : 1. କୁହୁକ ବର୍ଗର ଠିକ୍ ମଝି କୋଠରିରେ ଥିବା ସଂଖ୍ୟାର ତିନିଗୁଣ ଅର୍ଥାତ 21, କୁହୁକସଂଖ୍ୟା ହେବ ।

2. ଅପରପକ୍ଷରେ ସଂପୃକ୍ତ ସଂଖ୍ୟାଗୁଡ଼ିକର ଯୋଗଫଳର ଏକ ତୃତୀୟାଂଶ 21 (କୁହୁକ ସଂଖ୍ୟା) ହେବ। ସଂଖ୍ୟାଗୁଡ଼ିକର ଯୋଗର ଏକ ତୃତୀୟାଂଶ

$$= \frac{3+4+5+6+7+8+9+10+11}{3} = 21 = 7 \times 3$$

ଉଦାହରଣ - 2 :

2, 4, 6, 8, 10, 12, 14, 16 ଓ 18 ସଂଖ୍ୟା ଗୁଡ଼ିକୁ ବ୍ୟବହାର କରି ଏକ କୁହୁକ ବର୍ଗ ପ୍ରସ୍ତୁତ କର ଯେପରିକି, ପ୍ରତ୍ୟେକ ସ୍ତମ୍ଭ, ପ୍ରତ୍ୟେକ

ଧାଡ଼ି ଏବଂ ପ୍ରତ୍ୟେକ କର୍ଣ୍ଣ ଉପରେ ଥିବା ସଂଖ୍ୟାମାନଙ୍କର ଯୋଗଫଳ 30 (କୁହୁକ ସଂଖ୍ୟା) ହେବ ।

ଉଦାହରଣ - 1 ରେ ବ୍ୟବହୃତ ପ୍ରଣାଳୀର ଉପଯୋଗରେ କୁହୁକ ବର୍ଗ ପ୍ରସ୍ତୁତ କରାଯାଇଛି ପାର୍ଶ୍ୱସ୍ଥ ଚିତ୍ର (ନବମ ଚିତ୍ର)କୁ ଦେଖ ।

			=30
16	2	12	= 30
6	10	14	= 30
8	18	4	= 30
=30	=30	=30	=30

(ନବମ ଚିତ୍ର)

ପରୀକ୍ଷା କରି ଦେଖ ଯେ, ପ୍ରତ୍ୟେକ ସ୍ତମ୍ଭ, ପ୍ରତ୍ୟେକ ଧାଡ଼ି ଓ ପ୍ରତ୍ୟେକ କର୍ଣ୍ଣ ଉପରେ ଥିବା ସଂଖ୍ୟାମାନଙ୍କ ଯୋଗଫଳ 30 (3×10) ହେବ ।

ଦ୍ରଷ୍ଟବ୍ୟ :

1. ଉପରିସ୍ଥ ଉଦାହରଣ - 2 ରେ ଦତ୍ତ ସଂଖ୍ୟାଗୁଡ଼ିକ ସମାନ ଅନ୍ତରରେ ଅଛନ୍ତି ଏବଂ

2. ସଂଖ୍ୟାଗୁଡ଼ିକ ସମାନ ଅନ୍ତରରେ ଥାଇ ମଧ୍ୟ କ୍ରମିକ ଅଟନ୍ତି ।

ଉଦାହରଣ - 3 : 3, 7, 11, 15, 19, 23, 27, 31 ଓ 35 ସଂଖ୍ୟାଗୁଡ଼ିକୁ ନେଇ ଏକ କୁହୁକବର୍ଗ ପ୍ରସ୍ତୁତ କର, ଯେପରିକି ପ୍ରତ୍ୟେକ ସ୍ତମ୍ଭ ଧାଡ଼ି ଓ କର୍ଣ୍ଣ ଉପରେ ଥିବା ସଂଖ୍ୟାମାନଙ୍କର ଯୋଗଫଳ 57 ହେବ ।

ନିଜେ ପୂର୍ବ ପ୍ରଶ୍ନର ସମାଧାନର ଅନୁସରଣରେ କୁହୁକ ବର୍ଗଟିକୁ ପ୍ରସ୍ତୁତ କର ।

ପରୀକ୍ଷା କରି ଦେଖ ଯେ, ଉକ୍ତ କୁହୁକ ବର୍ଗର କୁହୁକ ସଂଖ୍ୟାଟି 57 ହେବ ।

ଏଠାରେ ଦତ୍ତ ସଂଖ୍ୟାମାନଙ୍କର ସମଷ୍ଟିର ଏକ ତୃତୀୟାଂଶ 57 ଏବଂ କୁହୁକ ବର୍ଗର ମଧ୍ୟବର୍ତ୍ତୀ ସଂଖ୍ୟା = $57 \div 3 = 19$ ହେବ ।

31	3	23
11	19	27
15	35	7

ପ୍ରଶ୍ନାବଳୀ - 12

1. 1, 5, 9, 13, 17, 21, 25, 29 ଓ 31 ସଂଖ୍ୟାମାନଙ୍କୁ ନେଇ ଏକ କୁହୁକ ବର୍ଗ (3 × 3) ପ୍ରସ୍ତୁତ କର, ଯାହାର କୁହୁକ ସଂଖ୍ୟାଟି 51 ହେବ ।

2. 10, 15, 20, 25, 30, 35, 40, 45 ଓ 50 ସଂଖ୍ୟାଗୁଡ଼ିକୁ ନେଇ ଏକ (3×3) କୁହୁକ ବର୍ଗ ପ୍ରସ୍ତୁତ କର; ଯେପରିକି କୁହୁକ ସଂଖ୍ୟାଟି 90 ହେବ ।

3. ଦତ୍ତ କୁହୁକ ବର୍ଗଗୁଡ଼ିକରେ ଥିବା ପାର୍ଥକ୍ୟଗୁଡ଼ିକୁ ଲେଖ ।

8	1	6
3	5	7
4	9	2

(ପ୍ରଥମ)

8	3	4
1	5	9
6	7	2

(ଦ୍ୱିତୀୟ)

6	7	2
1	5	9
8	3	4

(ତୃତୀୟ)

6	1	8
7	5	3
2	9	4

(ଚତୁର୍ଥ)

4. 5 ରୁ ଆରମ୍ଭ କରି 13 ପର୍ଯ୍ୟନ୍ତ କ୍ରମିକ ସଂଖ୍ୟାଗୁଡ଼ିକୁ ନେଇ (3 × 3) କୁହୁକ ବର୍ଗ ଦୁଇଟି ଉପାୟରେ ସ୍ଥିର କର; ଯେପରି କୁହୁକ ସଂଖ୍ୟା 27 ହେବ ।

5. ଦତ୍ତ କୁହୁକ ବର୍ଗକୁ ଅନୁଧାନ କର । ସେଥିରେ ଥିବା ସଂଖ୍ୟାଗୁଡ଼ିକୁ ଦେଖି ସେମାନଙ୍କ ମଧ୍ୟରେ କଣ କ'ଣ ସମ୍ପର୍କ ରହିଛି ସେସବୁକୁ ଲେଖ ।

32	25	30
27	29	31
28	33	26

6. ଉପରିସ୍ଥ ଦତ୍ତ କୁହୁକ ବର୍ଗରେ ଥିବା ଧାଡ଼ି ଓ ସ୍ତମ୍ଭକୁ ଅଦଳ ବଦଳ କରି ଅନ୍ତତଃ ଚାରିଗୋଟି କୁହୁକ ବର୍ଗ ପ୍ରସ୍ତୁତ କର ।

7. 4 ରୁ ଆରମ୍ଭକରି ପରବର୍ତ୍ତୀ ଆଠଗୋଟି କ୍ରମିକ ଯୁଗ୍ମ ସଂଖ୍ୟାନେଇ ଏକ କୁହୁକ ବର୍ଗ (3×3) ପ୍ରସ୍ତୁତ କର । କୁହୁକ ବର୍ଗର କୁହୁକ ସଂଖ୍ୟାଟିକୁ ସ୍ଥିର କର ।

8. ପ୍ରସ୍ତୁତ କୁହୁକ ବର୍ଗରେ ଖାଲିଥିବା ଶୂନ୍ୟସ୍ଥାନଗୁଡ଼ିକୁ ପୂରଣ କର ।

20		
15	17	
	21	

-୦-

ଉତ୍ତରମାଳା

ପ୍ରଥମ ଅଧ୍ୟାୟ

1. (i) $4\bar{2}4$ (ii) $5\overline{24}$ (iii) $11\overline{12}$ (iv) $24\bar{2}1$ (v) $4\bar{4}2\bar{3}$
(vi) $6\bar{3}\bar{3}3$ (vii) $24\bar{2}3\bar{1}$ (viii) $1\bar{3}3\bar{2}1$ (ix) $1\overline{22}$ (x) $1\bar{3}4\bar{2}2$
2. (i) 238 (ii) 279 (iii) 3877 (iv) 562 (v) 1775 (vi) 276
(vii) 37928 (viii) 2707 (ix) 1765 (x)7722 (xi)1432 (xii) 3699
3. (i) $1\bar{1}\bar{4}$ (ii) $1\bar{3}2\bar{4}$ (iii) $1\bar{3}\bar{4}$ (iv) $1\bar{3}\bar{2}\bar{5}2$ (v) $1\bar{1}\bar{1}\bar{3}\bar{3}$ (vi) $3\bar{2}\bar{1}\bar{1}$
4. (i) 38728 (ii) 18361 (iii) 7851 (iv) 6819 (v) 36792(vi)3585

ଦ୍ୱିତୀୟ ଅଧ୍ୟାୟ

1. (a) 360 (b) 1210 (c) 1313 (d) 236 (e) 1980
2. (a) 1734 (b) 7299 (c) 24247 (d) 1888 (e) 4997
3. (a) 2204 (b) 1160 (c) 1000 (d) 600 (e) 440
4. (a) 75 (b) 231 (c) 4297 (d) 3471 (e) 11961

ତୃତୀୟ ଅଧ୍ୟାୟ

1. (a) 191 (b) 108 (c) 261 (d) 1370 (e) 2628 (f) 476
2. (a) 210 (b) 475 (c) 3585 (d) 274 (e) 1913 (f) 889
3. (a) 616 (b) 8127 (c) 9218 (d) 51717 (e) 27562 (f) 38644
4. (a) 88 (b) 169 (c) 217 (d) 1641 (e) 2729 (f) 285
5. (a) 88 (b) 169 (c) 217 (d) 1641 (e) 2729 (f) 2060

(ନବଶେଷ ସହାୟତାରେ ସଠିକତା ଯାଞ୍ଚ କର)

ଚତୁର୍ଥ ଅଧ୍ୟାୟ (ଗୁଣନ-୧)

1. (a) 90717 (b) 272052 (c) 467643 (d) 8103
(e) 468087 (f) 467731 (g) 39183 (h) 123321
2. (a) 122877 (b) 22977 (c) 320116 (d) 4374156258
(e) 1439856 (f) 229779 (g) 123552 (h) 13507479
3. (a) 1216 (b) 624 (c) 7221 (d) 1225
(e) 3264 (f) 2709 (g) 2349 (h) 2916
4. (a) 2604 (b) 2409 (c) 1739 (d) 936
(e) 1932 (f) 992 (g) 2209

ଚତୁର୍ଥ ଅଧ୍ୟାୟ (ଗୁଣନ - ୨)

1. (a) 8633 (b) 8526 (c) 8835 (d) 8439 (e) 9216
   (f) 8096 (g) 8645 (h) 8448 (i) 7742 (j) 9021
2. (a) 13699 (b) 11556 (c) 10608 (d) 13161 (e) 9373
   (f) 10094 (g) 9737 (h) 992922 (i) 9898 (j) 9434 (k) 10304
3. (a) 792 (b) 1716 (c) 1287 (d) 1092624
4. (a) 241072 (b) 2496 (c) 39402 (d) 436770
   (e) 11224 (f) 10246 (g) 1018958 (h) 36848

ଚତୁର୍ଥ ଅଧ୍ୟାୟ (ଗୁଣନ - ୩)

1. (a) 1844 (b) 1824 (c) 5022 (d) 4672 (e) 2059 (f) 2080
   (g) 3886 (h) 1036 (i) 522 (j) 2080
2. (a) 60264 (b) 239206 (c) 26455 (d) 51912
   (e) 5396 (f) 19722 (g) 598944 (h) 26668
3. (a) 1044384 (b) 675000 (c) 288135 (d) 3462604
   (e) 15665412 (f) 1465308 (g) 86508
4. ସଠିକତା ଯାଞ୍ଚ କର ।
5. (a) 1521 (b) 20559 (c) 14672 (d) 3078 (e) 9261 (f) 10125

ପଞ୍ଚମ ଅଧ୍ୟାୟ

1. (a) (24, 48) (b) (19, 77) (c) (17, 6) (d) (30, 63)
   (e) (44, 7) (f) (23, 76) (g) (24, 3) (h) (14, 86)
2. (a) (17, 1) (b) (29,1) (c) (12,1) (d) (23, 92)
   (e) (11, 11) (f) (231, 3) (g) (12,1) (h) (33,55)
3. (a) (42, 7) (b) (46, 35) (c) (35, 41) (d) (34, 19)
   (e) (465, 7) (f) (91, 19)
4. (a) (5, 2) (b) (23, 5) (c) (344, 2) (d) 683, 6) (e) (79, 2) (f) (705, 6)
5. (a) (31, 4) (b) (468, 3) (c) (112, 1) (d) (384, 10)
   (e) (150, 1) (f) (1419, 3)

ଷଷ୍ଠ ଅଧ୍ୟାୟ

1. (i) 1225 (ii) 4225 (iii) 7225 (iv) 11025 (v) 15625 (vi) 42025
2. (i) 1156 (ii) 1936 (iii) 4096 (iv) 17956
   (v) 1296 (vi) 4356 (vii) 3136 (viii) 13456
3. (i) 256 (ii) 1369 (iii) 1024 (iv) 8649 (v) 12769

ବ୍ୟାବହାରିକ ବୈଦିକ ଗଣିତ   193

4. (i) 529 (ii) 1296 (iii) 1764 (iv) 15129 (v) 4502884
   (vi) 1304164
5. (i) 784 (ii) 1764 (iii) 2704 (iv) 5329 (v) 3969 (vi) 6724

ସପ୍ତମ ଅଧ୍ୟାୟ

1. (a) 23 (b) 33 (c) 49 (d) 79 (e) 82 (f) 97 (g) 204
2. (a) 135 (b) 131 (c) 109 (d) 154 (e) 112 (f) 96 (g) 91
3. (a) 65 (b) 63 (c) 128 (d) 83 (e) 243 (f) 41 (g) 85
4. 240 , 5. 0.021, 6. $\frac{60}{13}$, 7. 255, 8. 260

ଅଷ୍ଟମ ଅଧ୍ୟାୟ

1. (a) 59319 (b) 50653 (c) 110592 (d) 912673
   (e) 1124864 (f) 1092727 (g) 778688 (h) 681472
2. (a) 2744 (b) 12167 (c) 19683 (d) 2197 (e) 5832
   (f) 4096 (g) 9261 (h) 4913
3. (a) 195112 (b) 250047 (c) 54872 (d) 970299 (e) 884736
   (f) 42875 (g) 148877 (h) 274625
4. 5103, 1474, 27792, 7560, 2221585
5. 2457, 31040, 23192, 49040, 212191
6. 4096, 12167, 148877, 68921, 373248, 238838

ନବମ ଅଧ୍ୟାୟ

1. (a) 11 (c) 13 (d) 12 (e) 31 (g) 14
   (b), (f), (h) ଅନ୍ତର୍ଭୁକ୍ତ ସଂଖ୍ୟାମାନ ପୂର୍ଣ୍ଣ ଘନରାଶି ନୁହଁନ୍ତି ।
2. (a) 24 (b) 29 (c) 42 (d) 86 (e) 58 (f) 88 (g) 81
3. ଠିକ୍ ଉକ୍ତି : (a) , (c) ଏବଂ (e); ଭୁଲ୍ ଉକ୍ତି : (b) ଏବଂ (d)
4. (a) 31 (b) 121 (c) 103 (d) 87 (e) 69 (f) 75

ଦଶମ ଅଧ୍ୟାୟ

1. 7 ଦ୍ୱାରା ବିଭାଜିତ ସଂଖ୍ୟା : (i), (ii) ଏବଂ (v)
2. 11 ଦ୍ୱାରା ବିଭାଜିତ ସଂଖ୍ୟା : (ii), (iii) ଏବଂ (v)
3. 13 ଦ୍ୱାରା ବିଭାଜିତ ସଂଖ୍ୟା : (iv) ଏବଂ (v)
4. 8 ଏବଂ 4 ଦ୍ୱାରା ବିଭାଜିତ ସଂଖ୍ୟା:(i), (iii), (iv), (vi), (vii) ଓ (viii)
   କେବଳ 4 ଦ୍ୱାରା ବିଭାଜିତ ସଂଖ୍ୟା (ix)

5. 1729 ର ମୌଳିକ ଗୁଣନୀୟକ : 7, 13 ଏବଂ 19

6. 1001 ର ମୌଳିକ ଗୁଣନୀୟକ : 7, 11 ଏବଂ 13

ଏକାଦଶ ଅଧ୍ୟାୟ

1. (i) 28, 33 ଓ 38; (ii) 51, 59, 67 (iii) 15, 13, 11 (iv) 81, 243, 729
2. 3, 6, 9, 12 ....
3. ସାଧାରଣ ସୂତ୍ର : 2n–1, n : ପଦସଂଖ୍ୟା
4. 2n, n^2-1 ଏବଂ n^2+1 (n ଯେକୌଣସି ଗଣନ ସଂଖ୍ୟା >1)
5. $1^3+2^3+3^3+ \ldots\ldots + n^3 = (1+2+3+\ldots\ldots+n)^2$
6. $\{1+3+5+ \ldots\ldots + (2n-1)\} = n^2$
7. 3, 6, 10, 15, ... (Triangular Numbers)
8. 25 ଏବଂ 36 ସଂଖ୍ୟକ କ୍ଷୁଦ୍ରବର୍ଗ ଚିତ୍ର ।

ଦ୍ୱାଦଶ ଅଧ୍ୟାୟ

1.

29	1	21
9	17	25
13	33	5

2.

45	10	35
20	30	40
25	50	15

3. ପାର୍ଥକ୍ୟଗୁଡ଼ିକୁ ନିଜେ ଅନୁଧ୍ୟାନ କର ।

(a) ଧାଡ଼ିକୁ ସ୍ତମ୍ଭରେ ପରିଣତ କର ଏବଂ

(b) ଧାଡ଼ି ବା ସ୍ତମ୍ଭର ପାର୍ଶ୍ୱ ପରିବର୍ତ୍ତନ କର ।

4.

12	5	10
7	9	11
8	13	6

5 ଏବଂ 6 ର ଉତ୍ତର ନିଜେ ଅନୁଧ୍ୟାନ କରି ଉତ୍ତର ସମ୍ପୂର୍ଣ୍ଣ କର ।

7.

18	4	14
8	12	16
10	20	6

କୁହୁକ ସଂଖ୍ୟା 36

8.

20	13	18
15	17	19
16	21	14

କୁହୁକ ସଂଖ୍ୟା 51

–o–

BLACK EAGLE BOOKS

www.blackeaglebooks.org
info@blackeaglebooks.org

Black Eagle Books, an independent publisher, was founded as a nonprofit organization in April, 2019. It is our mission to connect and engage the Indian diaspora and the world at large with the best of works of world literature published on a collaborative platform, with special emphasis on foregrounding Contemporary Classics and New Writing.

www.ingramcontent.com/pod-product-compliance
Lightning Source LLC
Chambersburg PA
CBHW022221090526
44585CB00013BB/668
* 9 7 8 1 6 4 5 6 0 5 5 5 3 *